TURING

图灵教育

站在巨人的肩上

Standing on the Shoulders of Giants

图灵程序设计丛书

Linux Shell Scripting Cookbook Third Edition

Linux Shell脚本攻略

（第3版）

【美】Clif Flynt 【印】Sarath Lakshman Shantanu Tushar 著

门佳 译

人民邮电出版社

北 京

图书在版编目（CIP）数据

Linux Shell脚本攻略：第3版 /（美）克里夫·弗
林特（Clif Flynt），（印）萨拉特·拉克什曼
(Sarath Lakshman)，（印）山塔努·图沙尔
(Shantanu Tushar) 著；门佳 译. -- 北京：人民邮
电出版社，2018.3（2022.1重印）
　（图灵程序设计丛书）
　ISBN 978-7-115-47738-5

　Ⅰ．①L… Ⅱ．①克… ②萨… ③山… ④门… Ⅲ．①
Linux操作系统－程序设计 Ⅳ．①TP316.89

中国版本图书馆CIP数据核字(2018)第003826号

内 容 提 要

本书结合丰富的实际案例介绍了如何利用 shell 命令实现与 Linux 操作系统的高效沟通，具体内容包括：各类日常任务以及如何利用 shell 命令更快速地解决问题；编写脚本从 Web 中挖掘数据并进行处理；在脚本中与简单的 Web API 进行交互；任务的执行及自动化；创建及维护文件和文件夹归档，利用 shell 进行压缩和加密。第 3 版讲解了最新的 Linux 发行版中加入的令人激动的新特性，帮助你完成从未想到过的功能。

本书适合 Linux 系统管理员和程序员阅读，是编写 shell 脚本的绝佳参考资料。

◆ 著　　　[美] Clif Flynt [印] Sarath Lakshman　Shantanu Tushar
　　译　　　门　佳
　　责任编辑　朱　巍
　　执行编辑　张海艳
　　责任印制　周昇亮
◆ 人民邮电出版社出版发行　　北京市丰台区成寿寺路11号
　　邮编　100164　电子邮件　315@ptpress.com.cn
　　网址　http://www.ptpress.com.cn
　　北京天宇星印刷厂印刷
◆ 开本：800×1000　1/16
　　印张：25.5　　　　　　　　2018年3月第1版
　　字数：603千字　　　　　　2022年1月北京第11次印刷
　　著作权合同登记号　图字：01-2017-6484号

定价：89.00元
读者服务热线：(010)84084456-6009　印装质量热线：(010)81055316
反盗版热线：(010)81055315
广告经营许可证：京东市监广登字 20170147 号

版权声明

致　谢

感谢妻子在漫长的写作期间对于我的容忍，感谢Packt出版社的编辑Sanjeet Rao、Radhika Atitkar和Nidhisha Shetty给予我的支持与帮助。

——Clif Flynt

感谢朋友和家人给予我事业上的大力支持和鼓励。我的朋友Anu Mahadevan和Neenu Jacob，感谢你们持有的那份不倦的热情，以及在本书写作期间的耐心审读和所提出的宝贵意见。感谢Atanu Datta先生帮助拟定了每一章的标题。感谢Packt出版社团队，本书的诞生离不开你们的帮助。

——Sarath Lakshman

前　言

本书将向你展示如何驾驭Linux操作系统。书中描述了如何执行诸如文件查找这类常见任务，解释了复杂的系统管理工作，例如系统监控和调优，还讨论了网络、安全、应用分发以及云的应用。

普通用户会乐于看到重新格式化照片、下载视频和音频文件以及文件归档这些技巧。

高级用户可以从中找到复杂问题的解决攻略及详细讲解，比如备份、版本控制和网络分组嗅探。

系统管理员和集群管理员则能够学会利用容器、虚拟机和云来简化自己的工作。

本书内容

第1章：小试牛刀。本章讲解了命令行的用法、bash脚本的编写与调试，以及管道和shell配置。

第2章：命令之乐。本章介绍了一些可用于命令行或bash脚本中的常用Linux命令。另外还讲解了如何从文件中读取数据，按照名称、类型或日期查找文件以及进行文件比较。

第3章：以文件之名。本章讲解了文件的相关操作，其中包括文件的查找与比较、文本搜索、目录导航以及处理图像和视频文件。

第4章：让文本飞。本章讲解了如何使用正则表达式以及awk、sed和grep命令。

第5章：一团乱麻？没这回事！本章讲解了在不使用浏览器的情况下如何实现Web交互。另外还演示了如何利用脚本检查网站中的无效链接，以及下载及解析HTML数据。

第6章：仓库管理。本章介绍了如何使用Git和Fossil进行版本控制，跟踪变更以及维护历史记录。

第7章：B计划。本章讨论了传统的和现代的Linux备份工具。磁盘容量越大，你要备份的东西就越多。

第8章：无网不利。本章讲解了网络配置及排错、网络共享以及搭建VPN。

第9章：明察秋毫。本章会帮助你了解系统的运行细节，另外还讲解了如何跟踪磁盘及内存的使用情况、跟踪登录用户以及检查日志文件。

第10章：管理重任。本章讲解了如何管理任务、向用户发送信息、调度自动化任务、书写工作文档以及有效地使用终端。

第11章：觅迹寻踪。本章讲解了如何通过嗅探网络找出故障所在以及跟踪库和系统调用中的问题。

第12章：系统调优。本章帮助你理解如何提升系统性能，如何有效地使用内存、磁盘、I/O以及CPU。

第13章：在云端。本章讲解了何时以及如何利用容器、虚拟机和云来分发应用程序和共享数据。

阅读本书要求

本书中所讲到的攻略可以运行在任何安装了Linux操作系统的计算机上——无论是树莓派还是IBM大型机。

本书读者对象

无论你是新手还是经验老到的系统管理员，都可以从本书中受益。书中兼顾了基本工具和高级概念，除此之外，还有各种实用技巧。

小节

在本书中，你会发现有些标题频繁地出现（预备知识、实战演练、工作原理、补充内容以及参考）。

为了清晰地指明如何完成攻略，我们使用了下面这些小节。

预备知识

本节中给出了攻略的要求，讲述了实现该攻略所需要设置的软件或其他预备知识。

实战演练

本节包含了实现攻略所要完成的步骤。

工作原理

本节通常详细解释了实现步骤背后的原理。

补充内容

为了加深用户的理解，本节给出了有关攻略的一些扩展信息。

参考

本节提供了其他相关的信息源。

本书约定

本书用多种不同格式的文本来区分不同种类的信息。下面是各类格式的例子及其所代表的含义。

正文中的代码、用户输入会像这样显示："shebang是一个文本行，其中#!位于解释器路径之前。"

代码块以如下形式显示：

```
$> env
PWD=/home/clif/ShellCookBook
HOME=/home/clif
SHELL=/bin/bash
# ... And many more lines
```

如果我们希望你注意代码块的某个部分，会使用粗体显示相关的代码行或条目：

```
$> env
PWD=/home/clif/ShellCookBook
HOME=/home/clif
SHELL=/bin/bash
# ... And many more lines
```

命令行输入或输出写成如下形式：

```
$ chmod a+x sample.sh
```

新术语和**重要的词句**显示为黑体。

警告或重要的提示出现在这里。

建议和窍门则会以这种方式出现。

读者反馈

十分欢迎读者提供反馈意见。我们想知道你对本书的看法：喜欢哪些部分，不喜欢哪些部分。这些反馈对于协助我们编写出真正对读者有所裨益的书至关重要。

你只需要向feedback@packtpub.com发送电子邮件，并在邮件标题中注明书名即可。

如果你在某方面有所专长并且愿意参与图书编写或出版，请参阅我们的作者指南www.packtpub.com/authors。

客户支持

现在你已经拥有了这本由Packt出版的图书，为了让此书尽可能物有所值，我们还为你提供了其他诸多方面的服务。

下载示例代码

你可以在http://www.packtput.com下载本书的示例代码。如果你是在其他地方购买的本书的英文版，可以访问http://www.packtput.com/support并注册，示例代码将用电子邮件发送给你。

按照以下步骤下载代码：

(1) 使用电子邮件地址和密码登录或注册；
(2) 将鼠标指针放在页面顶部的**SUPPORT**标签上；
(3) 点击**Code Downloads & Errata**；
(4) 在**Search**框中输入书名；
(5) 选择你要下载代码的书；
(6) 从下拉菜单中选择书本的购买途径；
(7) 点击**Code Download**。

你也可以进入Packt Publishing的网站，点击书籍页面上的**Code Files**按钮来下载代码文件。在**Search**栏中输入书名就可以访问到该页面。注意，你需要先登录你的Packt账户。

代码文件下载好之后，使用最新版的解压缩软件提取其中的文件：

- ❏ WinRAR / 7-Zip（Windows）
- ❏ Zipeg / iZip / UnRarX（Mac）
- ❏ 7-Zip / PeaZip（Linux）

本书的配套代码也可在GitHub上找到：

https://github.com/PacktPublishing/Linux-Shell-Scripting-Cookbook-Third-Edition。

其他书籍的代码和视频可以在这里找到：https://github.com/PacktPublishing/。任意挑选吧！

下载本书的彩色图片

我们还为你提供了含有本书中彩色截图/图示的PDF文件。这些彩色的图片有助于你理解书中的内容。可以从下面的链接下载：

https://www.packtpub.com/sites/default/files/downloads/LinuxShellScriptingCookbookThirdEdition_ColorImages.pdf

勘误

尽管我们已经竭尽全力确保本书内容准确，但错误终难避免。如果你发现了书中的任何错误，无论是出现在正文中还是代码中的，我们都非常乐于见到你将错误提交给我们。这样不仅能够减少其他读者的困惑，还能帮助我们改进本书后续版本的质量。如果需要提交勘误，请访问http://www.packtpub.com/submit-errata，选择相应的书名，单击**Errata Submission Form**链接，就可以开始输入详细的勘误信息了。[①]一旦勘误得到确认，我们将接受你的提交，同时勘误内容也将被上传到我们的网站，或者被添加到对应书目勘误区的现有勘误表中。

要查看图书当前的勘误，可以进入https://www.packtpub.com/books/content/support，在搜索栏中输入相应的书名。在**Errata**下就会出现之前提交过的勘误信息。

举报盗版

各种媒体在Internet上一直饱受版权侵害的困扰。Packt坚持严格保护版权和授权。如果你在网上发现我社图书的任何形式的盗版，请立即为我们提供地址或网站名称，以便我们采取进一步的措施。

[①] 读者也可登录图灵社区本书主页（ituring.com.cn/book/2439）提交反馈意见、勘误以及下载本书示例代码。

——编者注

请将疑似侵权的网站链接发送至copyright@packtpub.com。

非常感谢你对保护作者知识产权所做的工作，我们将竭诚为读者提供有价值的内容。

疑难解答

如果你对本书的某方面抱有疑问，请通过questions@packtpub.com联系我们，我们会尽力为你解决。

电子书

扫描如下二维码，即可购买本书电子版。

目　录

第1章 小试牛刀

1

本章内容

- ❑ 在终端中显示输出
- ❑ 使用变量与环境变量
- ❑ 使用函数添加环境变量
- ❑ 使用shell进行数学运算
- ❑ 玩转文件描述符与重定向
- ❑ 数组与关联数组
- ❑ 别名
- ❑ 采集终端信息
- ❑ 获取并设置日期及延时

- ❑ 调试脚本
- ❑ 函数和参数
- ❑ 将一个命令的输出发送给另一个命令
- ❑ 在不按下回车键的情况下读入n个字符
- ❑ 持续运行命令直至执行成功
- ❑ 字段分隔符与迭代器
- ❑ 比较与测试
- ❑ 使用配置文件定制 bash

1.1 简介

　　起初，计算机从卡片或磁带中读入程序并生成单个报表。没有操作系统，也没有图形化显示器，甚至连交互式提示符都没有。

　　到了20世纪60年代，计算机开始支持使用交互式终端（通常是电传打字设备或高级打字机）来调用命令。

　　当贝尔实验室为全新的Unix操作系统创建了交互式用户界面之后，计算机便拥有了一项独有的特性。它可以从文本文件（称为shell脚本）中读取并执行命令，就好像这些命令是在终端中输入的一样。

　　这种能力是生产力上的一次巨大飞跃。程序员们再也不用输入一堆命令来执行一系列操作，只需要把这些命令保存在文件中，随后轻敲几次按键运行这个文件就可以了。shell脚本不仅节省了时间，而且清楚明白地表明了所执行的操作。

Unix刚开始只支持一种交互式shell，它是由Stephen Bourne所编写的**Bourne Shell**（**sh**）。

1989年，GNU项目的Brian Fox吸收了大量其他用户界面的特性，编写出了一种全新的shell：**Bourne Again Shell**（**bash**）。bash shell与Bourne Shell完全兼容，同时又增添了一些来自csh、ksh等的功能。

随着Linux成为最流行的类Unix操作系统实现，bash shell也变成了Unix和Linux中既成事实的标准shell。

本书关注的是Linux和bash。即便如此，书中的大部分脚本都可以运行在使用了bash、sh、ash、dash、ksh或其他sh风格shell的Linux和Unix系统中。

本章将带领读者熟悉shell环境并演示一些基本的shell特性。

1.2　在终端中显示输出

用户是通过终端会话同shell环境打交道的。如果你使用的是基于图形用户界面的系统，这指的就是终端窗口。如果没有图形用户界面（生产服务器或SSH会话），那么登录后你看到的就是shell提示符。

在终端中显示文本是大多数脚本和实用工具经常需要执行的任务。shell可以使用多种方法和格式显示文本。

1.2.1　预备知识

命令都是在终端会话中输入并执行的。打开终端时会出现一个提示符。有很多方法可以配置提示符，不过其形式通常如下：

username@hostname$

或者也可以配置成root@hostname #，或者简单地显示为$或#。

$表示普通用户，#表示管理员用户root。root是Linux系统中权限最高的用户。

> 以root用户（管理员）的身份直接使用shell来执行任务可不是个好主意。因为如果shell具备较高的权限，命令中出现的输入错误有可能造成更严重的破坏，所以推荐使用普通用户（shell会在提示符中以$来表明这种身份）登录系统，然后借助sudo这类工具来运行特权命令。使用sudo <command> <arguments>执行命令的效果和root一样。

1

shell脚本通常以shebang①起始：

```
#!/bin/bash
```

shebang是一个文本行，其中#!位于解释器路径之前。/bin/bash是Bash的解释器命令路径。bash将以#符号开头的行视为注释。脚本中只有第一行可以使用shebang来定义解释该脚本所使用的解释器。

脚本的执行方式有两种。

(1) 将脚本名作为命令行参数：

```
bash myScript.sh
```

(2) 授予脚本执行权限，将其变为可执行文件：

```
chmod 755 myScript.sh
./myScript.sh.
```

如果将脚本作为bash的命令行参数来运行，那么就用不着使用shebang了。可以利用shebang来实现脚本的独立运行。可执行脚本使用shebang之后的解释器路径来解释脚本。

使用chmod命令赋予脚本可执行权限：

```
$ chmod a+x sample.sh
```

该命令使得所有用户可以按照下列方式执行该脚本：

```
$ ./sample.sh      #./表示当前目录
```

或者

```
$ /home/path/sample.sh      #使用脚本的完整路径
```

内核会读取脚本的首行并注意到shebang为#!/bin/bash。它会识别出/bin/bash并执行该脚本：

```
$ /bin/bash sample.sh
```

当启动一个交互式shell时，它会执行一组命令来初始化提示文本、颜色等设置。这组命令来自用户主目录中的脚本文件~/.bashrc（对于登录shell则是~/.bash_profile）。Bash shell还维护了一个历史记录文件~/.bash_history，用于保存用户运行过的命令。

---

① shebang这个词其实是两个字符名称（sharp-bang）的简写。在Unix的行话里，用sharp或hash（有时候是mesh）来称呼字符"#"，用bang来称呼惊叹号"!"，因而shebang合起来就代表了这两个字符。详情请参考：http://en.wikipedia.org/wiki/ Shebang_(Unix)。（注：书中脚注均为译者注。）

~表示主目录，它通常是/home/user，其中user是用户名，如果是root用户，则为/root。登录shell是登录主机后创建的那个shell。但登录图形化环境（比如GNOME、KDE等）后所创建的终端会话并不是登录shell。使用GNOME或KDE这类显示管理器登录后并不会读取.profile或.bash_profile（绝大部分情况下不会），而使用ssh登录远程系统时则会读取.profile。shell使用分号或换行符来分隔单个命令或命令序列。比如：

```
$ cmd1 ; cmd2
```

这等同于：

```
$ cmd1
$ cmd2
```

注释部分以#为起始，一直延续到行尾。注释行通常用于描述代码或是在调试期间禁止执行某行代码[①]：

```
# sample.sh - echoes "hello world"
echo "hello world"
```

现在让我们继续讨论基本特性。

1.2.2   实战演练

echo是用于终端打印的最基本命令。

默认情况下，echo在每次调用后会添加一个换行符：

```
$ echo "Welcome to Bash"
Welcome to Bash
```

只需要将文本放入双引号中，echo命令就可以将其中的文本在终端中打印出来。类似地，不使用双引号也可以得到同样的输出结果：

```
$ echo Welcome to Bash
Welcome to Bash
```

实现相同效果的另一种方式是使用单引号：

```
$ echo 'text in quotes'
```

这些方法看起来相似，但各有特定的用途及副作用。双引号允许shell解释字符串中出现的特殊字符。单引号不会对其做任何解释。

思考下面这行命令：

---

① shell不执行脚本中的任何注释部分。

```
$ echo "cannot include exclamation - ! within double quotes"
```

命令输出如下：

```
bash: !: event not found error
```

如果需要打印像!这样的特殊字符，那就不要将其放入双引号中，而是使用单引号，或是在特殊字符之前加上一个反斜线（\）：

```
$ echo Hello world !
```

或者

```
$ echo 'Hello world !'
```

或者

```
$ echo "Hello world \!"      #将转义字符放在前面
```

如果不使用引号，我们无法在echo中使用分号，因为分号在Bash shell中用作命令间的分隔符：

```
echo hello; hello
```

对于上面的命令，Bash将echo hello作为一个命令，将hello作为另外一个命令。

在下一条攻略中将讨论到的变量替换不会在单引号中执行。

另一个可用于终端打印的命令是printf。该命令使用的参数和C语言中的printf函数一样。例如：

```
$ printf "Hello world"
```

printf命令接受引用文本或由空格分隔的参数。我们可以在printf中使用格式化字符串来指定字符串的宽度、左右对齐方式等。默认情况下，printf并不会自动添加换行符，我们必须在需要的时候手动指定，比如在下面的脚本中：

```
#!/bin/bash
#文件名: printf.sh

printf  "%-5s %-10s %-4s\n" No Name  Mark
printf  "%-5s %-10s %-4.2f\n" 1 Sarath 80.3456
printf  "%-5s %-10s %-4.2f\n" 2 James 90.9989
printf  "%-5s %-10s %-4.2f\n" 3 Jeff 77.564
```

可以得到如下格式化的输出：

```
No    Name      Mark
1     Sarath    80.35
2     James     91.00
3     Jeff      77.56
```

1.2.3　工作原理

`%s`、`%c`、`%d`和`%f`都是格式替换符（format substitution character），它们定义了该如何打印后续参数。`%-5s`指明了一个格式为左对齐且宽度为5的字符串替换（`-`表示左对齐）。如果不指明`-`，字符串就采用右对齐形式。宽度指定了保留给某个字符串的字符数量。对`Name`而言，其保留宽度是10。因此，任何`Name`字段的内容都会被显示在10字符宽的保留区域内，如果内容不足10个字符，余下的则以空格填充。

对于浮点数，可以使用其他参数对小数部分进行舍入（round off）。

对于`Mark`字段，我们将其格式化为`%-4.2f`，其中`.2`指定保留两位小数。注意，在每行的格式字符串后都有一个换行符（`\n`）。

1.2.4　补充内容

使用`echo`和`printf`的命令选项时，要确保选项出现在命令中的所有字符串之前，否则Bash会将其视为另外一个字符串。

1. 在echo中转义换行符

默认情况下，`echo`会在输出文本的尾部追加一个换行符。可以使用选项`-n`来禁止这种行为。`echo`同样接受双包含转义序列的双引号字符串作为参数。在使用转义序列时，需要使用`echo -e "包含转义序列的字符串"`这种形式。例如：

```
echo -e "1\t2\t3"
1   2   3
```

2. 打印彩色输出

脚本可以使用转义序列在终端中生成彩色文本。

文本颜色是由对应的色彩码来描述的。其中包括：重置=0，黑色=30，红色=31，绿色=32，黄色=33，蓝色=34，洋红=35，青色=36，白色=37。

要打印彩色文本，可输入如下命令：

```
echo -e "\e[1;31m This is red text \e[0m"
```

其中`\e[1;31m`是一个转义字符串，可以将颜色设为红色，`\e[0m`将颜色重新置回。只需要将31替换成想要的色彩码就可以了。

对于彩色背景，经常使用的颜色码是：重置=0，黑色=40，红色=41，绿色=42，黄色=43，蓝色=44，洋红=45，青色=46，白色=47。

要设置彩色背景的话，可输入如下命令：

```
echo -e "\e[1;42m Green Background \e[0m"
```

这些例子中包含了一些转义序列。可以使用man console_codes来查看相关文档。

1.3 使用变量与环境变量

所有的编程语言都利用变量来存放数据，以备随后使用或修改。和编译型语言不同，大多数脚本语言不要求在创建变量之前声明其类型。用到什么类型就是什么类型。在变量名前面加上一个美元符号就可以访问到变量的值。shell定义了一些变量，用于保存用到的配置信息，比如可用的打印机、搜索路径等。这些变量叫作**环境变量**。

1.3.1 预备知识

变量名由一系列字母、数字和下划线组成，其中不包含空白字符。常用的惯例是在脚本中使用大写字母命名环境变量，使用驼峰命名法或小写字母命名其他变量。

所有的应用程序和脚本都可以访问环境变量。可以使用env或printenv命令查看当前shell中所定义的全部环境变量：

```
$> env
PWD=/home/clif/ShellCookBook
HOME=/home/clif
SHELL=/bin/bash
# …… 其他行
```

要查看其他进程的环境变量，可以使用如下命令：

```
cat /proc/$PID/environ
```

其中，PID是相关进程的进程ID（PID是一个整数）。

假设有一个叫作gedit的应用程序正在运行。我们可以使用pgrep命令获得gedit的进程ID：

```
$ pgrep gedit
12501
```

那么，你就可以执行以下命令来查看与该进程相关的环境变量：

```
$ cat /proc/12501/environ
GDM_KEYBOARD_LAYOUT=usGNOME_KEYRING_PID=1560USER=slynuxHOME=/home/slynux
```

注意，实际输出的环境变量远不止这些，只是考虑到页面篇幅的限制，这里删除了不少内容。

特殊文件/proc/PID/environ是一个包含环境变量以及对应变量值的列表。每一个变量以name=value的形式来描述，彼此之间由null字符（\0）分隔。形式上确实不太易读。

要想生成一份易读的报表，可以将cat命令的输出通过管道传给tr，将其中的\0替换成\n：

```
$ cat /proc/12501/environ  | tr '\0' '\n'
```

1.3.2　实战演练

可以使用等号操作符为变量赋值：

```
varName=value
```

varName是变量名，value是赋给变量的值。如果value不包含任何空白字符（例如空格），那么就不需要将其放入引号中，否则必须使用单引号或双引号。

注意，var = value不同于var=value。把var=value写成var = value是一个常见的错误。两边没有空格的等号是赋值操作符，加上空格的等号表示的是等量关系测试。

在变量名之前加上美元符号（$）就可以访问变量的内容。

```
var="value"      #将"value"赋给变量var
echo $var
```

也可以这样写：

```
echo ${var}
```

输出如下：

```
value
```

我们可以在printf、echo或其他命令的双引号中引用变量值：

```
#!/bin/bash
#文件名:variables.sh
fruit=apple
count=5
echo "We have $count ${fruit}(s)"
```

输出如下：

```
We have 5 apple(s)
```

因为shell使用空白字符来分隔单词，所以我们需要加上一对花括号来告诉shell这里的变量名是fruit，而不是fruit(s)。

环境变量是从父进程中继承而来的变量。例如环境变量HTTP_PROXY，它定义了Internet连接应该使用哪个代理服务器。

该环境变量通常被设置成：

```
HTTP_PROXY=192.168.1.23:3128
export HTTP_PROXY
```

export命令声明了将由子进程所继承的一个或多个变量。这些变量被导出后，当前shell脚本所执行的任何应用程序都会获得这个变量。shell创建并用到了很多标准环境变量，我们也可以导出自己的环境变量。

例如，PATH变量列出了一系列可供shell搜索特定应用程序的目录。一个典型的PATH变量包含如下内容：

```
$ echo $PATH
/home/slynux/bin:/usr/local/sbin:/usr/local/bin:/usr/sbin:/usr/bin:/sbin:/bin:/usr
/games
```

各目录路径之间以:分隔。$PATH通常定义在/etc/environment、/etc/profile或~/.bashrc中。

如果需要在PATH中添加一条新路径，可以使用如下命令：

```
export PATH="$PATH:/home/user/bin"
```

也可以使用

```
$ PATH="$PATH:/home/user/bin"
$ export PATH
$ echo $PATH
/home/slynux/bin:/usr/local/sbin:/usr/local/bin:/usr/sbin:/usr/bin:/sbin:/bin:/usr
/games:/home/user/bin
```

这样，我们就将/home/user/bin添加到了PATH中。

另外还有一些众所周知的环境变量：HOME、PWD、USER、UID、SHELL等。

> 使用单引号时，变量不会被扩展(expand)，仍依照原样显示。这意味着$ echo '$var'会显示$var。
>
> 但如果变量$var已经定义过，那么$ echo "$var"会显示出该变量的值；如果没有定义过，则什么都不显示。

1.3.3　补充内容

shell还有很多内建特性。下面就是其中一些。

1. 获得字符串的长度

可以用下面的方法获得变量值的长度：

```
length=${#var}
```

考虑这个例子：

```
$ var=12345678901234567890
$ echo ${#var}
20
```

length就是字符串所包含的字符数。

2. 识别当前所使用的shell

可以通过环境变量SHELL获知当前使用的是哪种shell：

```
echo $SHELL
```

也可以用

```
echo $0
```

例如：

```
$ echo $SHELL
/bin/bash
```

执行echo $0命令也可以得到同样的输出：

```
$ echo $0
/bin/bash
```

3. 检查是否为超级用户

环境变量UID中保存的是用户ID。它可以用于检查当前脚本是以root用户还是以普通用户的身份运行的。例如：

```
if [ $UID -ne 0 ]; then
  echo Non root user. Please run as root.
else
  echo Root user
fi
```

注意，[实际上是一个命令，必须将其与剩余的字符串用空格隔开。上面的脚本也可以写成：

```
if test $UID -ne 0
  then
    echo Non root user. Please run as root.
  else
```

```
     echo Root user
fi
```

root用户的UID是0。

4. 修改Bash的提示字符串（`username@hostname:~$`）

当我们打开终端或是运行shell时，会看到类似于`user@hostname:/home/$`的提示字符串。不同的GNU/Linux发布版中的提示字符串及颜色各不相同。我们可以利用PS1环境变量来定义主提示字符串。默认的提示字符串是在文件~/.bashrc中的某一行设置的。

❑ 查看设置变量PS1的那一行：

```
$ cat ~/.bashrc | grep PS1
PS1='${debian_chroot:+($debian_chroot)}\u@\h:\w\$ '
```

❑ 如果要修改提示字符串，可以输入：

```
slynux@localhost: ~$ PS1="PROMPT>"        #提示字符串已经改变
PROMPT> Type commands here.
```

❑ 我们可以利用类似于\e[1;31的特定转义序列来设置彩色的提示字符串（参考1.2节的内容）。

还有一些特殊的字符可以扩展成系统参数。例如：\u可以扩展为用户名，\h可以扩展为主机名，而\w可以扩展为当前工作目录。

1.4　使用函数添加环境变量

环境变量通常保存了可用于搜索可执行文件、库文件等的路径列表。例如$PATH和$LD_LIBRARY_PATH，它们通常看起来像这样：

```
PATH=/usr/bin;/bin
LD_LIBRARY_PATH=/usr/lib;/lib
```

这意味着只要shell执行应用程序（二进制文件或脚本）时，它就会首先查找/usr/bin，然后查找/bin。

当你使用源代码构建并安装程序时，通常需要为新的可执行文件和库文件添加特定的路径。假设我们要将myapp安装到/opt/myapp，它的二进制文件在/opt/myapp/bin目录中，库文件在/opt/myapp /lib目录中。

1.4.1　实战演练

这个例子展示了如何将新的路径添加到环境变量的起始部分。第一个例子利用我们目前所讲过的知识来实现，第二个例子创建了一个函数来简化修改操作。本章随后会讲到函数。

```
export PATH=/opt/myapp/bin:$PATH
export LD_LIBRARY_PATH=/opt/myapp/lib; $LD_LIBRARY_PATH
```

PATH和LD_LIBRARY_PATH现在看起来应该像这样：

```
PATH=/opt/myapp/bin:/usr/bin:/bin
LD_LIBRARY_PATH=/opt/myapp/lib:/usr/lib:/lib
```

我们可以在.bashrc文件中定义如下函数，简化路径添加操作：

```
prepend() { [ -d "$2" ] && eval $1=\"$2':'\$$1\" && export $1; }
```

该函数用法如下：

```
prepend PATH /opt/myapp/bin
prepend LD_LIBRARY_PATH /opt/myapp/lib
```

1.4.2 工作原理

函数prepend()首先确认该函数第二个参数所指定的目录是否存在。如果存在，eval表达式将第一个参数所指定的变量值设置成第二个参数的值加上：（路径分隔符），随后再跟上第一个参数的原始值。

在进行添加时，如果变量为空，则会在末尾留下一个：。要解决这个问题，可以对该函数再做一些修改：

```
prepend() { [ -d "$2" ] && eval $1=\"$2\$\{$1:+':'\$$1\}\" && export $1 ; }
```

在这个函数中，我们引入了一种shell参数扩展的形式：

```
${parameter:+expression}
```

如果parameter有值且不为空，则使用expression的值。

通过这次修改，在向环境变量中添加新路径时，当且仅当旧值存在，才会增加：。

1.5 使用 shell 进行数学运算

Bash shell使用let、(( ))和[]执行基本的算术操作。工具expr和bc可以用来执行高级操作。

实战演练

(1) 可以像为变量分配字符串值那样为其分配数值。这些值会被相应的操作符视为数字。

```
#!/bin/bash
no1=4;
no2=5;
```

(2) let命令可以直接执行基本的算术操作。当使用let时，变量名之前不需要再添加$，例如：

```
let result=no1+no2
echo $result
```

let命令的其他用法如下：

❏ 自加操作

```
$ let no1++
```

❏ 自减操作

```
$ let no1--
```

❏ 简写形式

```
let no+=6
let no-=6
```

它们分别等同于let no=no+6和let no=no-6。

❏ 其他方法

操作符[]的使用方法和let命令一样：

```
result=$[ no1 + no2 ]
```

在[]中也可以使用$前缀，例如：

```
result=$[ $no1 + 5 ]
```

也可以使用操作符(())。出现在(())中的变量名之前需要加上$：

```
result=$(( no1 + 50 ))
```

expr同样可以用于基本算术操作：

```
result=`expr 3 + 4`
result=$(expr $no1 + 5)
```

以上这些方法不支持浮点数，只能用于整数运算。

(3) bc是一个用于数学运算的高级实用工具，这个精密的计算器包含了大量的选项。我们可以借助它执行浮点数运算并使用一些高级函数：

```
echo "4 * 0.56" | bc
2.24
no=54;
result=`echo "$no * 1.5" | bc`
echo $result
81.0
```

bc可以接受操作控制前缀。这些前缀之间使用分号分隔。

❑ **设定小数精度**。在下面的例子中，参数scale=2将小数位个数设置为2。因此，bc将
会输出包含两个小数位的数值：

```
echo "scale=2;22/7" | bc
3.14
```

❑ **进制转换**。用bc可以将一种进制系统转换为另一种。来看看下面的代码是如何在十进
制与二进制之间相互转换的：

```
#!/bin/bash
用途：数字转换
no=100
echo "obase=2;$no" | bc
1100100
no=1100100
echo "obase=10;ibase=2;$no" | bc
100
```

❑ **计算平方以及平方根**。

```
echo "sqrt(100)" | bc #Square root
echo "10^10" | bc #Square
```

1.6　玩转文件描述符与重定向

文件描述符是与输入和输出流相关联的整数。最广为人知的文件描述符是stdin、stdout
和stderr。我们可以将某个文件描述符的内容重定向到另一个文件描述符中。下面展示了一些
文件描述符操作和重定向的例子。

1.6.1　预备知识

在编写脚本的时候会频繁用到标准输入（stdin）、标准输出（stdout）和标准错误
（stderr）。脚本可以使用大于号将输出重定向到文件中。命令产生的文本可能是正常输出，也
可能是错误信息。默认情况下，正常输出（stdout）和错误信息（stderr）都会显示在屏幕上。
我们可以分别为其指定特定的文件描述符来区分两者。

文件描述符是与某个打开的文件或数据流相关联的整数。文件描述符0、1以及2是系统预留的。

❑ **0** —— stdin （标准输入）。
❑ **1** —— stdout（标准输出）。
❑ **2** —— stderr（标准错误）。

1.6.2　实战演练

(1) 使用大于号将文本保存到文件中：

```
$ echo "This is a sample text 1" > temp.txt
```

该命令会将输出的文本保存在temp.txt中。如果temp.txt已经存在，大于号会清空该文件中先前的内容。

(2) 使用双大于号将文本追加到文件中：

```
$ echo "This is sample text 2" >> temp.txt
```

(3) 使用cat查看文件内容：

```
$ cat temp.txt
This is sample text 1
This is sample text 2
```

接着来看看如何重定向stderr。当命令产生错误信息时，该信息会被输出到stderr流。考虑下面的例子：

```
$ ls +
ls: cannot access +: No such file or directory
```

这里，+是一个非法参数，因此会返回错误信息。

成功和不成功的命令

TIP

当一个命令发生错误并退回时，它会返回一个非0的退出状态；而当命令成功完成后，它会返回为0的退出状态。退出状态可以从特殊变量$?中获得（在命令结束之后立刻运行echo $?，就可以打印出退出状态）。

下面的命令会将stderr文本打印到屏幕上，而不是文件中（因为stdout并没有输出，所以out.txt的内容为空）：

```
$ ls + > out.txt
ls: cannot access +: No such file or directory
```

在下面的命令中，我们使用2>（数字2以及大于号）将stderr重定向到out.txt：

```
$ ls + 2> out.txt        #没有问题
```

你可以将stderr和stdout分别重定向到不同的文件中：

```
$ cmd 2>stderr.txt 1>stdout.txt
```

下面这种更好的方法能够将stderr转换成stdout，使得stderr和stdout都被重定向到同一个文件中：

```
$ cmd > alloutput.txt 2>&1
```

或者这样

```
$ cmd &> output.txt
```

　　如果你不想看到或保存错误信息，那么可以将stderr的输出重定向到/dev/null，保证一切都会被清除得干干净净。假设我们有3个文件，分别是a1、a2、a3。但是普通用户对文件a1没有"读–写–执行"权限。如果需要打印文件名以a起始的所有文件的内容，可以使用cat命令。来设置一些测试文件：

```
$ echo A1 > a1
$ echo A2 > a2
$ echo A3 > a3
$ chmod 000 a1      #清除所有权限
```

　　使用通配符（a*）显示这些文件内容的话，系统会显示出错信息，因为文件a1没有可读权限：

```
$ cat a*
cat: a1: Permission denied
A2
A3
```

其中，cat: a1: Permission denied属于stderr信息。我们可以将其重定向到一个文件中，同时将stdout信息发送到终端。

```
$ cat a* 2> err.txt     # stderr被重定向到err.txt
A2
A3

$ cat err.txt
cat: a1: Permission denied
```

　　我们在处理一些命令输出的同时还想将其保存下来，以备后用。stdout作为单数据流（single stream），可以被重定向到文件或是通过管道传入其他程序，但是无法两者兼得。

　　有一种方法既可以将数据重定向到文件，还可以提供一份重定向数据的副本作为管道中后续命令的stdin。tee命令从stdin中读取，然后将输入数据重定向到stdout以及一个或多个文件中。

```
command | tee FILE1 FILE2 | otherCommand
```

　　在下面的代码中，tee命令接收到来自stdin的数据。它将stdout的一份副本写入文件out.txt，同时将另一份副本作为后续命令的stdin。命令cat -n为从stdin中接收到的每一行数据前加上行号并将其写入stdout：

```
$ cat a* | tee out.txt | cat -n
cat: a1: Permission denied
     1 A2
     2 A3
```

使用cat查看out.txt的内容：

```
$ cat out.txt
A2
A3
```

> 注意，cat: a1: Permission denied 并没有在文件内容中出现，因为这些信息被发送到了stderr，而tee只能从stdin中读取。

默认情况下，tee命令会将文件覆盖，但它提供了一个-a选项，可用于追加内容。

```
$ cat a* | tee -a out.txt | cat -n
```

带有参数的命令可以写成：command FILE1 FILE2 ...，或者就简单地使用command FILE。

要发送输入内容的两份副本给stdout，使用-作为命令的文件名参数即可：

```
$ cmd1 | cmd2 | cmd -
```

例如：

```
$ echo who is this | tee -
who is this
who is this
```

也可以将/dev/stdin作为输出文件名来代替stdin。类似地，使用/dev/stderr代表标准错误，/dev/stdout代表标准输出。这些特殊的设备文件分别对应stdin、stderr和stdout。

1.6.3　工作原理

重定向操作符（>和>>）可以将输出发送到文件中，而不是终端。>和>>略有差异。尽管两者都可以将文本重定向到文件，但是前者会先清空文件，然后再写入内容，而后者会将内容追加到现有文件的尾部。

默认情况下，重定向操作针对的是标准输出。如果想使用特定的文件描述符，你必须将描述符编号置于操作符之前。

>等同于1>；对于>>来说，情况也类似（即>>等同于1>>）。

处理错误时，来自stderr的输出被倾倒入文件/dev/null中。/dev/null是一个特殊的设备文件，它会丢弃接收到的任何数据。null设备通常也被称为黑洞，因为凡是进入其中的数据都将一去不返。

1.6.4　补充内容

从stdin读取输入的命令能以多种方式接收数据。可以用cat和管道来指定我们自己的文件描述符。考虑下面的例子：

```
$ cat file | cmd
$ cmd1 | cmd2
```

1. 将文件重定向到命令

借助小于号（<），我们可以像使用stdin那样从文件中读取数据：

```
$ cmd < file
```

2. 重定向脚本内部的文本块

可以将脚本中的文本重定向到文件。要想将一条警告信息添加到自动生成的文件顶部，可以使用下面的代码：

```
#!/bin/bash
cat<<EOF>log.txt
This is a generated file. Do not edit. Changes will be overwritten.
EOF
```

出现在cat <<EOF>log.txt与下一个EOF行之间的所有文本行都会被当作stdin数据。log.txt文件的内容显示如下：

```
$ cat log.txt
This is a generated file. Do not edit. Changes will be overwritten.
```

3. 自定义文件描述符

文件描述符是一种用于访问文件的抽象指示器（abstract indicator）。存取文件离不开被称为"文件描述符"的特殊数字。0、1和2分别是stdin、stdout和stderr预留的描述符编号。

exec命令创建全新的文件描述符。如果你熟悉其他编程语言中的文件操作，那么应该对文件打开模式也不陌生。常用的打开模式有3种。

- 只读模式。
- 追加写入模式。
- 截断写入模式。

<操作符可以将文件读入stdin。>操作符用于截断模式的文件写入（数据在目标文件内容被截断之后写入）。>>操作符用于追加模式的文件写入（数据被追加到文件的现有内容之后，而且该目标文件中原有的内容不会丢失）。文件描述符可以用以上3种模式中的任意一种来创建。

创建一个用于读取文件的文件描述符：

```
$ exec 3<input.txt        #使用文件描述符3打开并读取文件
```

我们可以这样使用它：

```
$ echo this is a test line > input.txt
$ exec 3<input.txt
```

现在你就可以在命令中使用文件描述符3了。例如：

```
$ cat<&3
this is a test line
```

如果要再次读取，我们就不能继续使用文件描述符3了，而是需要用exec重新创建一个新的文件描述符（可以是4）来从另一个文件中读取或是重新读取上一个文件。

创建一个用于写入（截断模式）的文件描述符：

```
$ exec 4>output.txt    #打开文件进行写入
```

例如：

```
$ exec 4>output.txt
$ echo newline >&4
$ cat output.txt
newline
```

创建一个用于写入（追加模式）的文件描述符：

```
$ exec 5>>input.txt
```

例如：

```
$ exec 5>>input.txt
$ echo appended line >&5
$ cat input.txt
newline
appended line
```

1.7 数组与关联数组

数组允许脚本利用索引将数据集合保存为独立的条目。Bash支持普通数组和关联数组，前者使用整数作为数组索引，后者使用字符串作为数组索引。当数据以数字顺序组织的时候，应该使用普通数组，例如一组连续的迭代。当数据以字符串组织的时候，关联数组就派上用场了，例如主机名称。本节会介绍普通数组和关联数组的用法。

1.7.1 预备知识

Bash从4.0版本才开始支持关联数组。

1.7.2　实战演练

定义数组的方法有很多种。

(1) 可以在单行中使用数值列表来定义一个数组：

```
array_var=(test1 test2 test3 test4)
#这些值将会存储在以0为起始索引的连续位置上
```

另外，还可以将数组定义成一组"索引-值"：

```
array_var[0]="test1"
array_var[1]="test2"
array_var[2]="test3"
array_var[3]="test4"
array_var[4]="test5"
array_var[5]="test6"
```

(2) 打印出特定索引的数组元素内容：

```
echo ${array_var[0]}
test1
index=5
echo ${array_var[$index]}
test6
```

(3) 以列表形式打印出数组中的所有值：

```
$ echo ${array_var[*]}
test1 test2 test3 test4 test5 test6
```

也可以这样使用：

```
$ echo ${array_var[@]}
test1 test2 test3 test4 test5 test6
```

(4) 打印数组长度（即数组中元素的个数）：

```
$ echo ${#array_var[*]}6
```

1.7.3　补充内容

关联数组从Bash 4.0版本开始被引入。当使用字符串（站点名、用户名、非顺序数字等）作为索引时，关联数组要比数字索引数组更容易使用。

1. 定义关联数组

在关联数组中，我们可以用任意的文本作为数组索引。首先，需要使用声明语句将一个变量定义为关联数组：

```
$ declare -A ass_array
```

声明之后，可以用下列两种方法将元素添加到关联数组中。

□ 使用行内"索引–值"列表：

```
$ ass_array=([index1]=val1 [index2]=val2)
```

□ 使用独立的"索引–值"进行赋值：

```
$ ass_array[index1]=val1
$ ass_array'index2]=val2
```

举个例子，试想如何用关联数组为水果制定价格：

```
$ declare -A fruits_value
$ fruits_value=([apple]='100 dollars' [orange]='150 dollars')
```

用下面的方法显示数组内容：

```
$ echo "Apple costs ${fruits_value[apple]}"
Apple costs 100 dollars
```

2. 列出数组索引

每一个数组元素都有对应的索引。普通数组和关联数组的索引类型不同。我们可以用下面的方法获取数组的索引列表：

```
$ echo ${!array_var[*]}
```

也可以这样

```
$ echo ${!array_var[@]}
```

以先前的fruits_value数组为例，运行如下命令：

```
$ echo ${!fruits_value[*]}
orange apple
```

对于普通数组，这个方法同样可行。

1.8　别名

别名就是一种便捷方式，可以为用户省去输入一长串命令序列的麻烦。下面我们会看到如何使用alias命令创建别名。

1.8.1　实战演练

你可以执行多种别名操作。

(1) 创建别名。

```
$ alias new_command='command sequence'
```

下面的命令为apt-get install创建了一个别名：

```
$ alias install='sudo apt-get install'
```

定义好别名之后，我们就可以用install来代替sudo apt-get install了。

(2) alias命令的效果只是暂时的。一旦关闭当前终端，所有设置过的别名就失效了。为了使别名在所有的shell中都可用，可以将其定义放入~/.bashrc文件中。每当一个新的交互式shell进程生成时，都会执行 ~/.bashrc中的命令。

```
$ echo 'alias cmd="command seq"' >> ~/.bashrc
```

(3) 如果需要删除别名，只需将其对应的定义（如果有的话）从~/.bashrc中删除，或者使用unalias命令。也可以使用alias example=，这会取消别名example。

(4) 我们可以创建一个别名rm，它能够删除原始文件，同时在backup目录中保留副本。

```
alias rm='cp $@ ~/backup && rm $@'
```

> 创建别名时，如果已经有同名的别名存在，那么原有的别名设置将被新的设置取代。

1.8.2　补充内容

如果身份为特权用户，别名也会造成安全问题。为了避免对系统造成危害，你应该将命令转义。

1. 对别名进行转义

创建一个和原生命令同名的别名很容易，你不应该以特权用户的身份运行别名化的命令。我们可以转义要使用的命令，忽略当前定义的别名：

```
$ \command
```

字符\可以转义命令，从而执行原本的命令。在不可信环境下执行特权命令时，在命令前加上\来忽略可能存在的别名总是一种良好的安全实践。这是因为攻击者可能已经将一些别有用心的命令利用别名伪装成了特权命令，借此来盗取用户输入的重要信息。

2. 列举别名

alias命令可以列出当前定义的所有别名：

```
$ aliasalias lc='ls -color=auto'
alias ll='ls -l'
alias vi='vim'
```

1.9　采集终端信息

编写命令行shell脚本时，总是免不了处理当前终端的相关信息，比如行数、列数、光标位置、遮盖的密码字段等。这则攻略将帮助你学习如何采集并处理终端设置。

1.9.1　预备知识

tput和stty是两款终端处理工具。

1.9.2　实战演练

下面是一些tput命令的功能演示。

❑ 获取终端的行数和列数：

```
tput cols
tput lines
```

❑ 打印出当前的终端名：

```
tput longname
```

❑ 将光标移动到坐标(100,100)处：

```
tput cup 100 100
```

❑ 设置终端背景色：

```
tput setb n
```

其中，n可以在0到7之间取值。

❑ 设置终端前景色：

```
tput setf n
```

其中，n可以在0到7之间取值。

包括常用的color ls在内的一些命令可能会重置前景色和背景色。

❑ 设置文本样式为粗体：

```
tput bold
```

❑ 设置下划线的起止：

```
tput smul
tput rmul
```

❑ 删除从当前光标位置到行尾的所有内容：

```
tput ed
```

❑ 输入密码时，脚本不应该显示输入内容。在下面的例子中，我们将看到如何使用stty来实现这一需求：

```
#!/bin/sh
#Filename: password.sh
echo -e "Enter password: "
# 在读取密码前禁止回显
stty -echo
read password
# 重新允许回显
stty echo
echo
echo Password read.
```

> stty命令的选项-echo禁止将输出发送到终端，而选项echo则允许发送输出。

1.10   获取并设置日期及延时

延时可以用来在程序执行过程中等待一段时间（比如1秒），或是每隔几秒钟（或是几个月）监督某项任务。与时间和日期打交道需要理解如何描述并处理这两者。这则攻略会告诉你怎样使用日期以及延时。

1.10.1   预备知识

日期能够以多种格式呈现。在系统内部，日期被存储成一个整数，其取值为自1970年1月1日0时0分0秒[①]起所流逝的秒数。这种计时方式称为**纪元时**或**Unix时间**。

可以在命令行中设置系统日期。下面来看看对其进行读取和设置的方法。

[①] Unix认为UTC 1970年1月1日0点是纪元时间。POSIX标准推出后，这个时间也被称为POSIX时间。

1.10.2 实战演练

可以以不同的格式来读取、设置日期。

(1) 读取日期：

```
$ date
Thu May 20 23:09:04 IST 2010
```

(2) 打印纪元时：

```
$ date +%s
1290047248
```

date命令可以将很多不同格式的日期转换成纪元时。这就允许你使用多种日期格式作为输入。如果要从系统日志中或者其他标准应用程序生成的输出中获取日期信息，就完全不用烦心日期的格式问题。

将日期转换成纪元时：

```
$ date --date "Wed mar 15 08:09:16 EDT 2017" +%s
1489579718
```

选项--date指定了作为输入的日期。我们可以使用任意的日期格式化选项来打印输出。data命令可以根据指定的日期找出这一天是星期几：

```
$ date --date "Jan 20 2001" +%A
Saturday
```

1.10.3节中的表1-1是一份日期格式字符串列表。

(3) 用带有前缀+的格式化字符串作为date命令的参数，可以按照你的选择打印出相应格式的日期。例如：

```
$ date "+%d %B %Y"
20 May 2010
```

(4) 设置日期和时间：

```
# date -s "格式化的日期字符串"
```

例如：

```
# date -s "21 June 2009 11:01:22"
```

> 如果系统已经联网，可以使用ntpdate来设置日期和时间：
>
> /usr/sbin/ntpdate -s time-b.nist.gov

(5) 要优化代码，首先得先进行测量。date命令可以用于计算一组命令所花费的执行时间：

```
#!/bin/bash
#文件名: time_take.sh
start=$(date +%s)
commands;
statements;
end=$(date +%s)
difference=$(( end - start))
echo Time taken to execute commands is $difference seconds.
```

date命令的最小精度是秒。对命令计时的另一种更好的方式是使用time命令:

time commandOrScriptName.

1.10.3 工作原理

Unix纪元时被定义为从**世界标准时间**(Coordinated Universal Time, UTC)[1] 1970年1月1日0时0分0秒起至当前时刻的总秒数,不包括闰秒[2]。当计算两个日期或两段时间的差值时,需要用到纪元时。将两个日期转换成纪元时并计算出两者之间的差值。下面的命令计算了两个日期之间相隔了多少秒:

```
secs1=`date -d "Jan 2 1970" +%s`
secs1=`date -d "Jan 2 1970" +%s`
echo "There are `expr $secs2 - $secs1` seconds between Jan 2 and Jan 3"
There are 86400 seconds between Jan 2 and Jan 3
```

对用户而言,以秒为单位显示从1970年1月1日午夜截止到当前的秒数,实在是不太容易读懂。date命令支持以用户易读的格式输出日期。

表1-1列出了date命令所支持的格式选项。

表 1-1

日期内容	格 式
工作日 (weekday)	%a (例如: Sat)
	%A (例如: Saturday)
月	%b (例如: Nov)
	%B (例如: November)
日	%d (例如: 31)
特定格式日期 (mm/dd/yy)	%D (例如: 10/18/10)
年	%y (例如: 10)
	%Y (例如: 2010)

---

[1] UTC (Coordinated Universal Time),又称世界标准时间或世界协调时间。UTC是以原子时秒长为基础,在时刻上尽量接近于世界时的一种时间计量系统。

[2] 闰秒是指为保持协调世界时接近于世界时时刻,由国际计量局统一规定在年底或年中(也可能是季末)对协调世界时增加或减少1秒的调整。

（续）

日期内容	格式
小时	**%I**或**%H**（例如：08）
分钟	**%M**（例如：33）
秒	**%S**（例如：10）
纳秒	**%N**（例如：695208515）
Unix纪元时（以秒为单位）	**%s**（例如：1290049486）

1.10.4　补充内容

编写以循环方式运行的监控脚本时，设置时间间隔是必不可少的。让我们来看看如何生成延时。

在脚本中生成延时

sleep命令可以延迟脚本执行一段时间（以秒为单位）。下面的脚本使用tput和sleep从0开始计时到40秒：

```
#!/bin/bash
#文件名: sleep.sh
echo Count:
tput sc

# 循环40秒
for count in `seq 0 40`
do
  tput rc
  tput ed
  echo -n $count
  sleep 1
done
```

在上面的例子中，变量依次使用了由seq命令生成的一系列数字。我们用tput sc存储光标位置。在每次循环中，通过tput rc恢复之前存储的光标位置，在终端中打印出新的count值，然后使用tputs ed清除从当前光标位置到行尾之间的所有内容。行被清空之后，脚本就可以显示出新的值。sleep可以使脚本在每次循环迭代之间延迟1秒钟。

1.11　调试脚本

调试脚本所花费的时间常常比编写代码还要多。所有编程语言都应该实现的一个特性就是在出现始料未及的情况时，能够生成跟踪信息。调试信息可以帮你弄清楚是什么原因使得程序行为异常。每位系统程序员都应该了解Bash提供的调试选项。这则攻略为你展示了这些选项的用法。

1.11.1   实战演练

我们可以利用Bash内建的调试工具或者按照易于调试的方式编写脚本,方法如下所示。

(1) 使用选项-x,启用shell脚本的跟踪调试功能:

```
$ bash -x script.sh
```

运行带有-x选项的脚本可以打印出所执行的每一行命令以及当前状态。

你也可以使用sh -x script。

(2) 使用set -x和set +x对脚本进行部分调试。例如:

```
#!/bin/bash
#文件名: debug.sh
for i in {1..6};
do
    set -x
    echo $i
    set +x
done
echo "Script executed"
```

在上面的脚本中,只会打印出echo $i的调试信息,因为使用-x和+x对调试区域进行了限制。

该脚本并没有使用上例中的seq命令,而是用{start..end}来迭代从start到end之间的值。这个语言构件(construct)在执行速度上要比seq命令略快。

(3) 前面介绍的调试方法是Bash内建的。它们以固定的格式生成调试信息。但是在很多情况下,我们需要使用自定义的调试信息。可以通过定义_DEBUG环境变量来启用或禁止调试及生成特定形式的信息。

请看下面的代码:

```
#!/bin/bash
function DEBUG()
{
    [ "$_DEBUG" == "on" ] && $@ || :
}
for i in {1..10}
do
   DEBUG echo "I is $i"
done
```

可以将调试功能设置为on来运行上面的脚本:

```
$ _DEBUG=on ./script.sh
```

我们在每一条需要打印调试信息的语句前加上DEBUG。如果没有把 _DEBUG=on传递给脚本，那么调试信息就不会打印出来。在Bash中，命令：告诉shell不要进行任何操作。

1.11.2 工作原理

-x选项会输出脚本中执行过的每一行。不过，我们可能只关注其中某一部分代码。针对这种情况，可以在脚本中使用set builtin来启用或禁止调试打印。

- ❑ set -x：在执行时显示参数和命令。
- ❑ set +x：禁止调试。
- ❑ set -v：当命令进行读取时显示输入。
- ❑ set +v：禁止打印输入。

1.11.3 补充内容

还有其他脚本调试的便捷方法，我们甚至可以巧妙地利用shebang来进行调试。

shebang的妙用

把shebang从#!/bin/bash改成 #!/bin/bash -xv，这样一来，不用任何其他选项就可以启用调试功能了。

如果每一行前面都加上+，那么就很难在默认输出中跟踪执行流程了。可以将环境变量PS4设置为'$LINENO:'，显示出每行的行号：

```
PS4='$LINENO: '
```

调试的输出信息可能会很长。如果使用了-x或set -x，调试输出会被发送到stderr。可以使用下面的命令将其重定向到文件中：

```
sh -x testScript.sh 2> debugout.txt
```

Bash 4.0以及后续版本支持对调试输出使用自定义文件描述符：

```
exec 6> /tmp/debugout.txt
BASH_XTRACEFD=6
```

1.12 函数和参数

函数和别名乍一看很相似，不过两者在行为上还是略有不同。最大的差异在于函数参数可以在函数体中任意位置上使用，而别名只能将参数放在命令尾部。

1.12.1　实战演练

函数的定义包括function命令、函数名、开/闭括号以及包含在一对花括号中的函数体。

(1) 函数可以这样定义:

```
function fname()
{
    statements;
}
```

或者

```
fname()
{
    statements;
}
```

甚至是这样（对于简单的函数）:

```
fname() { statement; }
```

(2) 只需使用函数名就可以调用函数:

```
$ fname ;      #执行函数
```

(3) 函数参数可以按位置访问, $1是第一个参数, $2是第二个参数, 以此类推:

```
fname arg1 arg2 ;      #传递参数
```

以下是函数fname的定义。在函数fname中, 包含了各种访问函数参数的方法。

```
fname()
{
    echo $1, $2;      #访问参数1和参数2
    echo "$@";        #以列表的方式一次性打印所有参数
    echo "$*";        #类似于$@, 但是所有参数被视为单个实体
    return 0;         #返回值
}
```

传入脚本的参数可以通过下列形式访问。

- ❏ $0是脚本名称。
- ❏ $1是第一个参数。
- ❏ $2是第二个参数。
- ❏ $n是第n个参数。
- ❏ "$@"被扩展成"$1" "$2" "$3"等。
- ❏ "$*"被扩展成"$1c$2c$3", 其中c是IFS的第一个字符。
- ❏ "$@"要比"$*"用得多。由于"$*"将所有的参数当作单个字符串, 因此它很少被使用。

比较别名与函数

❑ 下面的这个别名通过将ls的输出传入grep来显示文件子集。别名的参数添加到命令的尾部，因此lsg txt就被扩展成了ls | grep txt：

```
$> alias lsg='ls | grep'
$> lsg txt
  file1.txt
  file2.txt
  file3.txt
```

❑ 如果想获得/sbin/ifconfig文件中设备对应的IP地址，可以尝试这样做：

```
$> alias wontWork='/sbin/ifconfig | grep'
$> wontWork eth0
eth0  Link  encap:Ethernet  HWaddr 00:11::22::33::44:55
```

❑ grep命令找到的是字符串eth0，而不是IP地址。如果我们使用函数来实现的话，可以将设备名作为参数传入ifconfig，不再交给grep：

```
$> function getIP() { /sbin/ifconfig $1 | grep 'inet '; }
$> getIP eth0
inet addr:192.168.1.2 Bcast:192.168.255.255 Mask:255.255.0.0
```

1.12.2　补充内容

让我们再研究一些Bash函数的技巧。

1. 递归函数

在Bash中，函数同样支持递归调用（可以调用自身的函数）。例如，F() { echo $1; F hello; sleep 1; }。

Fork炸弹

递归函数是能够调用自身的函数。这种函数必须有退出条件，否则就会不断地生成自身，直到系统耗尽所有的资源或是崩溃。

```
:(){ :|:& };:
```

这个函数会一直地生成新的进程，最终形成拒绝服务攻击。

函数调用前的&将子进程放入后台。这段危险的代码能够不停地衍生出进程，因而被称为Fork炸弹。

上面这段代码要理解起来可不容易。请参阅维基百科http://en.wikipedia.org/wiki/Fork_bomb，那里给出了有关Fork炸弹的更多细节以及解释。

可以通过修改配置文件/etc/security/limits.conf中的nproc来限制可生成的最大进程数，进而阻止这种攻击。

下面的语句将所有用户可生成的进程数限制为100：

```
hard nproc 100
```

2. 导出函数

函数也能像环境变量一样用export导出，如此一来，函数的作用域就可以扩展到子进程中：

```
export -f fname
$> function getIP() { /sbin/ifconfig $1 | grep 'inet '; }
$> echo "getIP eth0" >test.sh
$> sh test.sh
  sh: getIP: No such file or directory
$> export -f getIP
$> sh test.sh
  inet addr: 192.168.1.2 Bcast: 192.168.255.255 Mask:255.255.0.0
```

3. 读取命令返回值（状态）

命令的返回值被保存在变量$?中。

```
cmd;
echo $?;
```

返回值被称为**退出状态**。它可用于确定命令执行成功与否。如果命令成功退出，那么退出状态为0，否则为非0。

下面的脚本可以报告命令是否成功结束：

```
#!/bin/bash
#文件名: success_test.sh
#对命令行参数求值，比如success_test.sh 'ls | grep txt'
eval $@
if [ $? -eq 0 ];
then
    echo "$CMD executed successfully"
else
    echo "$CMD terminated unsuccessfully"
fi
```

4. 向命令传递参数

大多数应用都能够接受不同格式的参数。假设-p、-v是可用选项，-k N是另一个可以接受数字的选项，同时该命令还要求使用一个文件名作为参数。那么，它有如下几种执行方式：

❑ $ command -p -v -k 1 file
❑ $ command -pv -k 1 file

❑ `$ command -vpk 1 file`
❑ `$ command file -pvk 1`

在脚本中，命令行参数可以依据其在命令行中的位置来访问。第一个参数是$1，第二个参数是$2，以此类推。

下面的语句可以显示出前3个命令行参数：

`echo $1 $2 $3`

更为常见的处理方式是迭代所有的命令行参数。shift命令可以将参数依次向左移动一个位置，让脚本能够使用$1来访问到每一个参数。下面的代码显示出了所有的命令行参数：

```
$ cat showArgs.sh
for i in `seq 1 $#`
do
echo $i is $1
shift
done
$ sh showArgs.sh a b c
1 is a
2 is b
3 is c
```

1.13 将一个命令的输出发送给另一个命令

Unix shell脚本最棒的特性之一就是可以轻松地将多个命令组合起来生成输出。一个命令的输出可以作为另一个命令的输入，而这个命令的输出又会传递至下一个命令，以此类推。这种命令组合的输出可以被存储在变量中。这则攻略将演示如何组合多个命令并读取其输出。

1.13.1 预备知识

命令输入通常来自于stdin或参数。输出可以发送给stdout或stderr。当我们组合多个命令时，通常将stdin用于输入，stdout用于输出。

在这种情况下，这些命令被称为**过滤器**（filter）。我们使用管道（pipe）连接每个过滤器，管道操作符是|。例如：

`$ cmd1 | cmd2 | cmd3`

这里我们组合了3个命令。cmd1的输出传递给cmd2，cmd2的输出传递给cmd3，最终的输出（来自cmd3）会出现在显示器中或被导入某个文件。

1.13.2　实战演练

我们通常使用管道并配合子shell的方式来组合多个命令的输出。

(1) 先从组合两个命令开始:

```
$ ls | cat -n > out.txt
```

ls(列出当前目录内容)的输出被传给cat -n,后者为通过stdin所接收到的输入内容加上行号,然后将输出重定向到文件out.txt。

(2) 将命令序列的输出赋给变量:

```
cmd_output=$(COMMANDS)
```

这种方法叫作子shell法。例如:

```
cmd_output=$(ls | cat -n)
echo $cmd_output
```

另一种方法叫作**反引用**(有些人也称它为**反标记**),也可以用于存储命令输出:

```
cmd_output=`COMMANDS`
```

例如:

```
cmd_output=`ls | cat -n`
echo $cmd_output
```

反引用与单引号可不是一回事,该字符位于键盘的 ~ 键上。

1.13.3　补充内容

命令分组的方法不止一种。

1. 利用子shell生成一个独立的进程

子shell本身就是独立的进程。可以使用()操作符来定义一个子shell。

❑ pwd命令可以打印出工作目录的路径。
❑ cd命令可以将当前目录修改成指定的目录。

```
$> pwd
/
$> (cd /bin; ls)
awk bash cat...
$> pwd
/
```

当命令在子shell中执行时，不会对当前shell造成任何影响；所有的改变仅限于该子shell内。例如，当用cd命令改变子shell的当前目录时，这种变化不会反映到主shell环境中。

2. 通过引用子shell的方式保留空格和换行符

假设我们使用子shell或反引用的方法将命令的输出保存到变量中，为了保留输出的空格和换行符（\n），必须使用双引号。例如：

```
$ cat text.txt
1
2
3

$ out=$(cat text.txt)
$ echo $out
1 2 3      # 丢失了1、2、3中的\n

$ out="$(cat text.txt)"
$ echo $out
1
2
3
```

1.14　在不按下回车键的情况下读入 *n* 个字符

Bash命令read能够从键盘或标准输入中读取文本。我们可以使用read以交互的形式读取用户输入，不过read能做的可远不止这些。编程语言的大多数输入库都是从键盘读取输入，当回车键按下的时候，标志着输入完毕。但有时候是没法按回车键的，输入结束与否是由读取到的字符数或某个特定字符来决定的。例如在交互式游戏中，当按下 + 键时，小球就会向上移动。那么若每次都要按下 + 键，然后再按回车键来确认已经按过 + 键，这就显然太低效了。

read命令提供了一种不需要按回车键就能够搞定这个任务的方法。

实战演练

你可以借助read命令的各种选项来实现不同的效果，如下所示。

(1) 下面的语句从输入中读取*n*个字符并存入变量variable_name：

read -n number_of_chars variable_name

例如：

```
$ read -n 2 var
$ echo $var
```

(2) 用无回显的方式读取密码：

```
read -s var
```

(3) 使用read显示提示信息：

```
read -p "Enter input:"  var
```

(4) 在给定时限内读取输入：

```
read -t timeout var
```

例如：

```
$ read -t 2 var
#在2秒内将键入的字符串读入变量var
```

(5) 用特定的定界符作为输入行的结束：

```
read -d delim_char var
```

例如：

```
$ read -d ":" var
hello:    #var被设置为hello
```

1.15   持续运行命令直至执行成功

有时候命令只有在满足某些条件时才能够成功执行。例如，在下载文件之前必须先创建该文件。这种情况下，你可能希望重复执行命令，直到成功为止。

1.15.1   实战演练

定义如下函数：

```
repeat()
{
  while true
  do
    $@ && return
  done
}
```

或者把它放入shell的rc文件，更便于使用：

```
repeat() { while true; do $@ && return; done }
```

1.15.2　工作原理

函数repeat()中包含了一个无限while循环，该循环执行以函数参数形式（通过$@访问）传入的命令。如果命令执行成功，则返回，进而退出循环。

1.15.3　补充内容

我们已经知道了用于重复执行命令，直到其执行成功的基本做法。接着来看看更高效的方式。

1. 一种更快的做法

在大多数现代系统中，true是作为/bin中的一个二进制文件来实现的。这就意味着每执行一次之前提到的while循环，shell就不得不生成一个进程。为了避免这种情况，可以使用shell的内建命令:，该命令的退出状态总是为0:

```
repeat() { while :; do $@ && return; done }
```

尽管可读性不高，但是肯定比第一种方法快。

2. 加入延时

假设你要用repeat()从Internet上下载一个暂时不可用的文件，不过这个文件只需要等一会就能下载。一种方法如下：

```
repeat wget -c http://www.example.com/software-0.1.tar.gz
```

如果采用这种形式，会产生很多发往www.example.com的流量，有可能会对服务器造成影响。（可能也会牵连到你自己；如果服务器认为你是在向其发起攻击，就会把你的IP地址列入黑名单。）要解决这个问题，我们可以修改函数，加入一段延时：

```
repeat() { while :; do $@ && return; sleep 30; done }
```
这样命令每30秒才会运行一次。

1.16　字段分隔符与迭代器

内部字段分隔符（Internal Field Separator，IFS）是shell脚本编程中的一个重要概念。在处理文本数据时，它的作用可不小。

作为分隔符，IFS有其特殊用途。它是一个环境变量，其中保存了用于分隔的字符。它是当前shell环境使用的默认定界字符串。

考虑一种情形：我们需要迭代一个字符串或逗号分隔型数值（Comma Separated Value，CSV）中的单词。如果是前者，可以使用IFS=" "；如果是后者，则使用IFS=","。

1.16.1   预备知识

考虑CSV数据的情况：

```
data="name, gender,rollno,location"
```

我们可以使用IFS读取变量中的每一个条目。

```
oldIFS=$IFS
IFS=,        #IFS现在被设置为,
for item in $data;
do
    echo Item: $item
done

IFS=$oldIFS
```

输出如下：

```
Item: name
Item: gender
Item: rollno
Item: location
```

IFS的默认值为空白字符（换行符、制表符或者空格）。

当IFS被设置为逗号时，shell将逗号视为一个定界符，因此变量$item在每次迭代中读取由逗号分隔的子串作为变量值。

如果没有把IFS设置成逗号，那么上面的脚本会将全部数据作为单个字符串打印出来。

1.16.2   实战演练

让我们以/etc/passwd为例，看看IFS的另一种用法。在文件/etc/passwd中，每一行包含了由冒号分隔的多个条目。该文件中的每行都对应着某个用户的相关属性。

考虑这样的输入：root:x:0:0:root:/root:/bin/bash。每行的最后一项指定了用户的默认shell。

可以按照下面的方法巧妙地利用IFS打印出用户以及他们默认的shell：

```
#!/bin/bash
#用途：演示IFS的用法
line="root:x:0:0:root:/root:/bin/bash"
oldIFS=$IFS;
IFS=":"
count=0
for item in $line;
do
```

1

```
    [ $count -eq 0 ]  && user=$item;
    [ $count -eq 6 ]  && shell=$item;
  let count++
done;
IFS=$oldIFS
echo $user's shell is $shell;
```

输出为：

root's shell is /bin/bash

循环在对一系列值进行迭代时非常有用。Bash提供了多种类型的循环。

❑ 面向列表的`for`循环

```
for var in list;
do
    commands;    #使用变量$var
done
```

`list`可以是一个字符串，也可以是一个值序列。

我们可以使用echo命令生成各种值序列：

```
echo {1..50};      #生成一个从1~50的数字序列
echo {a..z} {A..Z};      #生成大小写字母序列
```

同样，我们可以将这些方法结合起来对数据进行拼接（concatenate）。

下面的代码中，变量i在每次迭代的过程里都会保存一个范围在a到z之间的字符：

```
for i in {a..z}; do actions; done;
```

❑ 迭代指定范围的数字

```
for((i=0;i<10;i++))
{
    commands;     #使用变量$i
}
```

❑ 循环到条件满足为止

当条件为真时，while循环继续执行；当条件不为真时，until循环继续执行。

```
while condition
do
    commands;
done
```

用true作为循环条件能够产生无限循环。

❏ until循环

在Bash中还可以使用一个特殊的循环until。它会一直循环，直到给定的条件为真。例如：

```
x=0;
until [ $x -eq 9 ];       #条件是[$x -eq 9 ]
do
    let x++; echo $x;
done
```

1.17　比较与测试

程序中的流程控制是由比较语句和测试语句处理的。Bash能够执行各种测试。我们可以用if、if else以及逻辑运算符来测试，用比较运算符来比较数据项。除此之外，还有一个test命令也可以用于测试。

实战演练

来看看用于比较和测试的各种方法：

❏ if条件

```
if condition;
then
    commands;
fi
```

❏ else if和else

```
if condition;
then
    commands;
else if condition; then
    commands;
else
    commands;
fi
```

if和else语句能够嵌套使用。if的条件判断部分可能会变得很长，但可以用逻辑运算符将它变得简洁一些：

❏ [condition] && action;　　# 如果condition为真，则执行action
❏ [condition] || action;　　# 如果condition为假，则执行action

&&是逻辑与运算符，||是逻辑或运算符。编写Bash脚本时，这是一个很有用的技巧。

现在来了解一下条件和比较操作。

❑ 算术比较

比较条件通常被放置在封闭的中括号内。一定要注意在[或]与操作数之间有一个空格。如果忘记了这个空格，脚本就会报错。

```
[$var -eq 0 ] or [ $var -eq 0]
```

对变量或值进行算术条件测试：

```
[ $var -eq 0 ]        #当$var等于0时，返回真
[ $var -ne 0 ]        #当$var不为0时，返回真
```

其他重要的操作符如下。

- -gt：大于。
- -lt：小于。
- -ge：大于或等于。
- -le：小于或等于。

-a是逻辑与操作符，-o是逻辑或操作符。可以按照下面的方法结合多个条件进行测试：

```
[ $var1 -ne 0 -a $var2 -gt 2 ]      #使用逻辑与-a
[ $var1 -ne 0 -o $var2 -gt 2 ]      #逻辑或-o
```

❑ 文件系统相关测试

我们可以使用不同的条件标志测试各种文件系统相关的属性。

- [-f $file_var]：如果给定的变量包含正常的文件路径或文件名，则返回真。
- [-x $var]：如果给定的变量包含的文件可执行，则返回真。
- [-d $var]：如果给定的变量包含的是目录，则返回真。
- [-e $var]：如果给定的变量包含的文件存在，则返回真。
- [-c $var]：如果给定的变量包含的是一个字符设备文件的路径，则返回真。
- [-b $var]：如果给定的变量包含的是一个块设备文件的路径，则返回真。
- [-w $var]：如果给定的变量包含的文件可写，则返回真。
- [-r $var]：如果给定的变量包含的文件可读，则返回真。
- [-L $var]：如果给定的变量包含的是一个符号链接，则返回真。

考虑下面的例子：

```
fpath="/etc/passwd"
if [ -e $fpath ]; then
    echo File exists;
else
    echo Does not exist;
fi
```

❑ 字符串比较

进行字符串比较时,最好用双中括号,因为有时候采用单个中括号会产生错误。

> 注意,双中括号是Bash的一个扩展特性。如果出于性能考虑,使用ash或dash
> 来运行脚本,那么将无法使用该特性。

测试两个字符串是否相同。

- [[$str1 = $str2]]:当str1等于str2时,返回真。也就是说,str1和str2包含的文本是一模一样的。
- [[$str1 == $str2]]:这是检查字符串是否相同的另一种写法。

测试两个字符串是否不同。

- [[$str1 != $str2]]:如果str1和str2不相同,则返回真。

找出在字母表中靠后的字符串。

字符串是依据字符的ASCII值进行比较的。例如,A的值是0x41,a的值是0x61。因此,A小于a,AAa小于Aaa。

- [[$str1 > $str2]]:如果str1的字母序比str2大,则返回真。
- [[$str1 < $str2]]:如果str1的字母序比str2小,则返回真。

> 注意在=前后各有一个空格。如果忘记加空格,那就不是比较关系了,而是变
> 成了赋值语句。

测试空串。

- [[-z $str1]]:如果str1为空串,则返回真。
- [[-n $str1]]:如果str1不为空串,则返回真。

使用逻辑运算符 && 和 || 能够很容易地将多个条件组合起来:

```
if [[ -n $str1 ]] && [[ -z $str2 ]] ;
    then
        commands;
    fi
```

例如:

```
str1="Not empty "
str2=""
if [[ -n $str1 ]] && [[ -z $str2 ]];
then
    echo str1 is nonempty and str2 is empty string.
fi
```

输出如下：

    str1 is nonempty and str2 is empty string.

test命令可以用来测试条件。用test可以避免使用过多的括号，增强代码的可读性。之前讲过的[]中的测试条件同样可以用于test命令。例如：

    if [$var -eq 0]; then echo "True"; fi

也可以写成：

    if test $var -eq 0 ; then echo "True"; fi

> 注意，test是一个外部程序，需要衍生出对应的进程，而 [是Bash的一个内部函数，因此后者的执行效率更高。test兼容于Bourne shell、ash、dash等。

1.18　使用配置文件定制 bash

你在命令行中输入的绝大部分命令都可以放置在一个特殊的文件中，留待登录或启动新的bash会话时执行。将函数定义、别名以及环境变量设置放置在这种特殊文件中，是一种定制shell的常用方法。

放入配置文件中的常见命令如下：

```
# 定义ls命令使用的颜色
LS_COLORS='no=00:di=01;46:ln=00;36:pi=40;33:so=00;35:bd=40;33;01'
export LS_COLORS
# 主提示符
PS1='Hello $USER'; export PS1
# 正常路径之外的个人应用程序安装目录
PATH=$PATH:/opt/MySpecialApplication/bin; export PATH
# 常用命令的便捷方式
function lc () {/bin/ls -C $* ; }
```

应该使用哪些定制文件？

Linux和Unix中能够放置定制脚本的文件不止一个。这些配置文件分为3类：登录时执行的、启动交互式shell时执行的以及调用shell处理脚本文件时执行的。

实战演练

当用户登录shell时，会执行下列文件：

    /etc/profile, $HOME/.profile, $HOME/.bash_login, $HOME/.bash_profile /

注意，如果你是通过图形化登录管理器登入的话，是不会执行/etc/profile、$HOME/.profile和$HOME/.bash_profile这3个文件的。这是因为图形化窗口管理器并不会启动shell。当你打开终端窗口时才会创建shell，但这个shell也不是登录shell。

如果.bash_profile或.bash_login文件存在，则不会去读取.profile文件。

交互式shell（如X11终端会话）或ssh执行单条命令（如ssh 192.168.1.1 ls /tmp）时，会读取并执行以下文件：

```
/etc/bash.bashrc $HOME/.bashrc
```

如果运行如下脚本：

```
$> cat myscript.sh
#!/bin/bash
echo "Running"
```

不会执行任何配置文件，除非定义了环境变量BASH_ENV：

```
$> export BASH_ENV=~/.bashrc
$> ./myscript.sh
```

使用ssh运行下列命令时：

```
ssh 192.168.1.100 ls /tmp
```

会启动一个bash shell，读取并执行/etc/bash.bashrc和$HOME/.bashrc，但不包括/etc/profile或.profile。

如果调用ssh登录会话：

```
ssh 192.168.1.100
```

这会创建一个新的登录bash shell，该shell会读取并执行以下文件：

```
/etc/profile
/etc/bash.bashrc
$HOME/.profile or .bashrc_profile
```

危险：像传统的Bourne shell、ash、dash以及ksh这类shell，也会读取配置文件。但是这些shell并不支持线性数组（列表）和关联数组。因此要避免在/etc/profile或$HOME/.profile中使用这类不支持的特性。

可以使用这些文件定义所有用户所需要的非导出项（如别名）。例如：

```
alias l "ls -l"
/etc/bash.bashrc /etc/bashrc
```

也可以用来保存个人配置，比如设置需要由其他bash实例继承的路径信息，就像下面这样：

```
CLASSPATH=$CLASSPATH:$HOME/MyJavaProject; export CLASSPATH
$HOME/.bash_login $HOME/.bash_profile $HOME/.profile
```

> 如果.bash_login或.bash_profile存在，则不会读取.profile。不过其他shell可能会读取该文件。

另外还可以保存一些需要在新shell创建时定义的个人信息。如果你希望在X11终端会话中能够使用别名和函数的话，可以将其定义在$HOME/.bashrc和/etc/bash.bashrc中。

> 导出变量和函数会传递到子shell中，但是别名不会。你必须将BASH_ENV的值设置为.bashrc或.profile，然后在其中定义别名，这样就可以在shell脚本中使用这些别名了。

当用户登出会话时，会执行下列文件：

$HOME/.bash_logout

例如，远程登录的用户需要在登出的时候清屏：

```
$> cat ~/.bash_logout
# 远程登出之后清屏
Clear
```

命令之乐

2

2.1 简介

类Unix系统享有最棒的命令行工具。这些命令的功能并不复杂，都能够简化我们的工作。简单的功能可以通过相互结合来解决复杂的问题。简单命令的组合是一门艺术，实践得越多，收益就越大。本章将为你介绍一些最值得关注同时也最实用的命令，其中包括grep、awk、sed和find。

2.2 用 cat 进行拼接

cat命令能够显示或拼接文件内容，不过它的能力远不止如此。比如说，cat能够将标准输入数据与文件数据组合在一起。通常的做法是将stdin重定向到一个文件，然后再合并两个文件。而cat命令一次就能搞定这些操作。接下来你会看到该命令的基本用法和高级用法。

2.2.1 实战演练

cat命令是一个经常会用到的简单命令，它本身表示conCATenate（拼接）。

用cat读取文件内容的一般语法是：

```
$ cat file1 file2 file3 ...
```

该命令将作为命令行参数的文件内容拼接在一起并将结果发送到stdout。

❑ 打印单个文件的内容

```
$ cat file.txt
This is a line inside file.txt
This is the second line inside file.txt
```

❑ 打印多个文件的内容

```
$ cat one.txt two.txt
This line is from one.txt
This line is from two.txt
```

cat命令不仅可以读取文件、拼接数据，还能够从标准输入中读取。

管道操作符可以将数据作为cat命令的标准输入：

```
OUTPUT_FROM_SOME COMMANDS | cat
```

cat也可以将文件内容与终端输入拼接在一起。

下面的命令将stdin和另一个文件中的数据组合在一起：

```
$ echo 'Text through stdin' | cat - file.txt
```

在上例中，-被作为stdin文本的文件名。

2.2.2　补充内容

cat命令还有一些用于文件查看的选项。可以在终端会话中输入man cat来查看完整的选项列表。

1. 去掉多余的空白行

有时候文本文件中可能包含多处连续的空白行。如果你想删除这些额外的空白行，可以这样做：

```
$ cat -s file
```

考虑下面的例子：

```
$ cat multi_blanks.txt
line 1
```

```
line2


line3

line4

$ cat -s multi_blanks.txt          #压缩相邻的空白行
line 1
line 2
line 3

line 4
```

另外也可以用tr删除所有的空白行，我们会在2.6节详细讨论。

2. 将制表符显示为^I

单从视觉上很难将制表符同连续的空格区分开。对于Python而言，制表符和空格是区别对待的。在文本编辑器中，两者看起来差不多，但是解释器将其视为不同的缩进。仅仅在文本编辑器中进行观察是很难发现这种错误的。cat有一个特性，可以将制表符识别出来。这有助于排查缩进错误。

用cat命令的-T选项能够将制表符标记成^I。例如：

```
$ cat file.py
def function():
    var = 5
        next = 6
    third = 7

$ cat -T file.py
def function():
^Ivar = 5
^I^Inext = 6
^Ithird = 7^I
```

3. 行号

cat命令的-n选项会在输出的每一行内容之前加上行号。例如：

```
$ cat lines.txt
line
line
line

$ cat -n lines.txt
    1 line
    2 line
    3 line
```

別担心，cat命令绝不会修改你的文件，它只是根据用户提供的选项在 stdout中生成一个修改过的输出而已。可别尝试用重定向来覆盖输入文件。shell 在打开输入文件之前会先创建新的输出文件。cat命令不允许使用相同的文件作 为输入和重定向后的输出。利用管道并重定向输出会清空输入文件。

```
$> echo "This will vanish" > myfile
$> cat -n myfile >myfile
cat: myfile: input file is output file
$> cat myfile | cat -n >myfile
$> ls -l myfile
-rw-rw-rw-. 1 user user 0 Aug 24 00:14 myfile ;    # myfile为空文件
```

选项-n会为包括空行在内的所有行生成行号。如果你想跳过空白行，可以 使用选项-b。

2.3　录制并回放终端会话

将屏幕会话录制成视频肯定有用，不过对于调试终端会话或是提供shell教程来说，视频有些 "杀鸡用牛刀"了。

shell给出了另一种选择。script命令能够录制你的击键以及击键时机，并将输入和输出结 果保存在对应的文件中。scriptreplay命令可以回放会话。

2.3.1　预备知识

script和scriptreplay命令在绝大多数GNU/Linux发行版上都可以找到。你可以通过录制 终端会话来制作命令行技巧视频教程，也可以与他人分享会话记录文件，研究如何使用命令行完 成某项任务。你甚至可以调用其他解释器并录制发送给该解释器的击键。但你无法记录vi、emacs 或其他将字符映射到屏幕特定位置的应用程序。

2.3.2　实战演练

开始录制终端会话：

```
$ script -t 2> timing.log -a output.session
```

完整的录制过程如下：

```
$ script -t 2> timing.log -a output.session

# 演示tclsh
$ tclsh
% puts [expr 2 + 2]
```

```
4
% exit
$ exit
```

i 注意，该攻略不适用于不支持单独将 stderr 重定向到文件的 shell，比如 csh shell。

可以指定一个文件名作为 script 命令的参数。该文件将保存击键及命令结果。如果指定了 -t 选项，script 命令会把时序数据发送到 stdout。可以将这些数据重定向到其他文件中（timing.log），这样该文件中就记录了每次击键的时机以及输出信息。上面的例子中使用 2> 将 stderr 重定向到了文件 timing.log。

利用文件 timing.log 和 output.session，可以按照下面的方法回放命令执行过程：

```
$ scriptreplay timing.log output.session
# 播放命令序列及输出
```

2.3.3 工作原理

我们通常会录制桌面环境视频来作为教程使用。但是视频需要大量的存储空间，而终端脚本文件仅仅是一个文本文件，其文件大小不过是 KB 级别。

你可以把 timing.log 和 output.session 文件分享给任何想在自己的终端上回放这段终端会话的人。

2.4 查找并列出文件

find 是 Unix/Linux 命令行工具箱中最棒的工具之一。该命令在命令行和 shell 脚本编写方面都能发挥功效。同 cat 和 ls 一样，find 也包含大量特性，多数用户都没有发挥出它的最大威力。这则攻略讨论了 find 的一些常用的查找功能。

2.4.1 预备知识

find 命令的工作方式如下：沿着文件层次结构向下遍历，匹配符合条件的文件，执行相应的操作。默认的操作是打印出文件和目录，这也可以使用 -print 选项来指定。

2.4.2 实战演练

要列出给定目录下所有的文件和子目录，可以采用下面的语法：

```
$ find base_path
```

bash_path可以是任意位置（例如/home/slynux），find会从该位置开始向下查找。例如：

```
$ find . -print
.history
Downloads
Downloads/tcl.fossil
Downloads/chapter2.doc
...
```

. 指定当前目录，.. 指定父目录。这是Unix文件系统中的约定用法。

print选项使用\n（换行符）分隔输出的每个文件或目录名。而-print0选项则使用空字符'\0'来分隔。-print0的主要用法是将包含换行符或空白字符的文件名传给xargs命令。随后会详细讨论xargs命令：

```
$> echo "test" > "file name"
$> find . -type f -print | xargs ls -l
ls: cannot access ./file: No such file or directory
ls: cannot access name: No such file or directory
$> find . -type f -print0 | xargs -0 ls -l
-rw-rw-rw-. 1 user group 5 Aug 24 15:00 ./file name
```

2.4.3 补充内容

上面的例子演示了如何使用find列出文件层次中所有的文件和目录。find命令能够基于通配符或正则表达式、目录树深度、文件日期、文件类型等条件查找文件。

1. 根据文件名或正则表达式进行搜索

-name选项指定了待查找文件名的模式。这个模式可以是通配符，也可以是正则表达式。在下面的例子中，'*.txt'能够匹配所有名字以.txt结尾的文件或目录。

> 注意*.txt两边的单引号。shell会扩展没有引号或是出现在双引号（"）中的通配符。单引号能够阻止shell扩展*.txt，使得该字符串能够原封不动地传给find命令。

```
$ find /home/slynux -name '*.txt' -print
```

find命令有一个选项-iname（忽略字母大小写），该选项的作用和-name类似，只不过在匹配名字时会忽略大小写。例如：

```
$ ls
example.txt  EXAMPLE.txt  file.txt
$ find . -iname "example*" -print
./example.txt
./EXAMPLE.txt
```

find命令支持逻辑操作符。-a和-and选项可以执行逻辑与（AND）操作，-o和-or选项可以执行逻辑或（OR）操作。

```
$ ls
new.txt   some.jpg  text.pdf   stuff.png
$ find . \( -name '*.txt' -o -name '*.pdf' \) -print
./text.pdf
./new.txt
```

上面的命令会打印出所有的.txt和.pdf文件，因为这个find命令能够匹配所有这两类文件。\(（以及\）用于将 -name '*.txt' -o -name '*.pdf'视为一个整体。

下面的命令演示了如何使用-and操作符选择名字以s开头且其中包含e的文件：

```
$ find . \( -name '*e*' -and -name 's*' \)
./some.jpg
```

-path选项可以限制所匹配文件的路径及名称。例如，$ find /home/users -path '*/slynux/*' -name '*.txt' -print能够匹配文件/home/users/slynux/readme.txt，但无法匹配/home/users/slynux.txt。

> -regex选项和-path类似，只不过前者是基于正则表达式来匹配文件路径的。

正则表达式比通配符更复杂，能够更精确地进行模式匹配。使用正则表达式进行文本匹配的一个典型例子就是识别E-mail地址。E-mail地址通常采用name@host.root这种形式，所以可以将其一般化为[a-z0-9]+@[a-z0-9]+\.[a-z0-9]+。中括号中的字符表示的是一个字符组。在这个例子中，该字符组中包含a-z和0-9。符号+指明在它之前的字符组中的字符可以出现一次或多次。点号是一个元字符（就像通配符中的?），因此必须使用反斜线对其转义，这样才能匹配到E-mail地址中实际的点号。这个正则表达式可以理解为：一系列字母或数字，然后是一个@，接着是一系列字母和数字，再跟上一个点号，最后以一系列字母和数字结尾。我们会在4.2节中详细讲述正则表达式。

下面的命令可以匹配.py或.sh文件：

```
$ ls
new.PY  next.jpg  test.py  script.sh
$ find . -regex '.*\.\(py\|sh\)$'
./test.py
script.sh
```

-iregex选项可以让正则表达式在匹配时忽略大小写。例如：

```
$ find . -iregex '.*\(\.py\|\.sh\)$'
./test.py
./new.PY
./script.sh
```

2. 否定参数

find也可以用!排除匹配到的模式：

```
$ find . ! -name "*.txt" -print
```

上面的find命令能够匹配所有不以.txt结尾的文件。该命令的运行结果如下：

```
$ ls
list.txt  new.PY  new.txt  next.jpg  test.py

$ find . ! -name "*.txt" -print
.
./next.jpg
./test.py
./new.PY
```

3. 基于目录深度的搜索

find命令在查找时会遍历完所有的子目录。默认情况下，find命令不会跟随符号链接。-L选项可以强制其改变这种行为。但如果碰上了指向自身的链接，find命令就会陷入死循环中。

-maxdepth和-mindepth选项可以限制find命令遍历的目录深度。这可以避免find命令没完没了地查找。

/proc文件系统中包含了系统与当前执行任务的信息。特定任务的目录层次相当深，其中还有一些绕回到自身（loop back on themselves）的符号链接。系统中运行的每个进程在proc中都有对应的子目录，其名称就是该进程的进程ID。这个目录下有一个叫作cwd的链接，指向进程的当前工作目录。

下面的例子展示了如何列出运行在含有文件bundlemaker.def的目录下的所有任务：

```
$ find -L /proc -maxdepth 1 -name 'bundlemaker.def' 2>/dev/null
```

- ❏ -L选项告诉find命令跟随符号链接
- ❏ 从/proc目录开始查找
- ❏ -maxdepth 1将搜索范围仅限制在当前目录
- ❏ -name 'bundlemaker.def'指定待查找的文件
- ❏ 2>/dev/null将有关循环链接的错误信息发送到空设备中

-mindepth选项类似于-maxdepth，不过它设置的是find开始进行查找的最小目录深度。这个选项可以用来查找并打印那些距离起始路径至少有一定深度的文件。例如，打印出深度距离当前目录至少两个子目录的所有名字以f开头的文件：

```
$ find . -mindepth 2 -name "f*" -print
./dir1/dir2/file1
./dir3/dir4/f2
```

即使当前目录或dir1和dir3中包含以f开头的文件，它们也不会被打印出来。

> -maxdepth和-mindepth应该在find命令中及早出现。如果作为靠后的选项，有可能会影响到find的效率，因为它不得不进行一些不必要的检查。例如，如果-maxdepth出现在-type之后，find首先会找出-type所指定的文件，然后再在匹配的文件中过滤掉不符合指定深度的那些文件。但是如果反过来，在-type之前指定目录深度，那么find就能够在找到所有符合指定深度的文件后，再检查这些文件的类型，这才是最有效的搜索之道。

4. 根据文件类型搜索

类Unix系统将一切都视为文件。文件具有不同的类型，例如普通文件、目录、字符设备、块设备、符号链接、硬链接、套接字以及FIFO等。

find命令可以使用-type选项对文件搜索进行过滤。借助这个选项，我们可以告诉find命令只匹配指定类型的文件。

只列出所有的目录（包括子目录）：

```
$ find . -type d -print
```

将文件和目录分别列出可不是件容易事。不过有了find就好办了。例如，只列出普通文件：

```
$ find . -type f -print
```

只列出符号链接：

```
$ find . -type l -print
```

表2-1列出了find能够识别出的类型与参数。

表   2-1

文件类型	类型参数
普通文件	f
符号链接	l
目录	d
字符设备	c
块设备	b
套接字	s
FIFO	p

5. 根据文件的时间戳进行搜索

Unix/Linux文件系统中的每一个文件都有3种时间戳，如下所示。

❏ **访问时间**（-atime）：用户最近一次访问文件的时间。
❏ **修改时间**（-mtime）：文件内容最后一次被修改的时间。
❏ **变化时间**（-ctime）：文件元数据（例如权限或所有权）最后一次改变的时间。

> Unix默认并不保存文件的创建时间。但有一些文件系统（ufs2、ext4、zfs、btrfs、jfs）会选择这么做。可以使用stat命令访问文件创建时间。

> 鉴于有些应用程序通过先创建一个新文件，然后再删除原始文件的方法来修改文件，文件创建时间未必准确。

> -atime、-mtime和-ctime可作为find的时间选项。它们可以用整数值来指定**天数**。这些数字前面可以加上-或+。-表示小于，+表示大于。

考虑下面的例子。

❏ 打印出在最近7天内被访问过的所有文件。

```
$ find . -type f -atime -7 -print
```

❏ 打印出恰好在7天前被访问过的所有文件。

```
$ find . -type f -atime 7 -print
```

❏ 打印出访问时间超过7天的所有文件。

```
$ find . -type f -atime +7 -print
```

-mtime选项会根据修改时间展开搜索，-ctime会根据变化时间展开搜索。

-atime、-mtime以及-ctime都是以"天"为单位来计时的。find命令还支持以"分钟"为计时单位的选项。这些选项包括：

❏ -amin（访问时间）；
❏ -mmin（修改时间）；
❏ -cmin（变化时间）。

打印出7分钟之前访问的所有文件：

```
$ find . -type f -amin +7 -print
```

-newer选项可以指定一个用于比较修改时间的参考文件，然后找出比参考文件更新的（更近的修改时间）所有文件。

例如，找出比file.txt修改时间更近的所有文件：

```
$ find . -type f -newer file.txt -print
```

find命令的时间戳处理选项有助于编写系统备份和维护脚本。

6. 基于文件大小的搜索

可以根据文件的大小展开搜索：

```
# 大于2KB的文件
$ find . -type f -size +2k

# 小于2KB的文件
$ find . -type f -size -2k

# 大小等于2KB的文件
$ find . -type f -size 2k
```

除了k之外，还可以用其他文件大小单位。

- b：块（512字节）。
- c：字节。
- w：字（2字节）。
- k：千字节（1024字节）。
- M：兆字节（1024K字节）。
- G：吉字节（1024M字节）。

7. 基于文件权限和所有权的匹配

也可以根据文件权限进行文件匹配。列出具有特定权限的文件：

```
$ find . -type f -perm 644 -print
# 打印出权限为644的文件
```

-perm选项指明find应该只匹配具有特定权限值的文件。文件权限会在3.5节进行讲解。

以Apache Web服务器为例。Web服务器上的PHP文件需要具有合适的执行权限。我们可以用下面的方法找出那些没有设置好执行权限的PHP文件：

```
$ find . -type f -name "*.php" ! -perm 644 -print
PHP/custom.php
$ ls -l PHP/custom.php
-rw-rw-rw-. root root 513 Mar 13 2016 PHP/custom.php
```

我们也可以根据文件的所有权进行搜索。用选项 -user USER就能够找出由某个特定用户所拥有的文件。

参数USER可以是用户名或UID。

例如，可以使用下面的命令打印出用户slynux拥有的所有文件：

```
$ find . -type f -user slynux -print
```

8. 利用find执行相应操作

find命令能够对其所查找到的文件执行相应的操作。无论是删除文件或是执行任意的Linux命令都没有问题。

(1) 删除匹配的文件

find命令的-delete选项可以删除所匹配到的文件。下面的命令能够从当前目录中删除.swp文件：

```
$ find . -type f -name "*.swp" -delete
```

(2) 执行命令

利用-exec选项，find命令可以结合其他命令使用。

在上一个例子中，我们用-perm找出了所有权限不当的PHP文件。这次的任务也差不多，我们需要将某位用户（比如root）所拥有的全部文件的所有权更改成另一位用户（比如Web服务器默认的Apache用户www-data），那么可以用-user找出root拥有的所有文件，然后用-exec更改所有权。

> **TIP** 你必须以root用户的身份执行find命令才能够更改文件或目录的所有权。

find命令使用一对花括号{}代表文件名。在下面的例子中，对于每一个匹配的文件，find命令会将{}替换成相应的文件名并更改该文件的所有权。如果find命令找到了root所拥有的两个文件，那么它会将其所有者改为slynux：

```
# find . -type f -user root -exec chown slynux {} \;
```

> 注意该命令结尾的\;。必须对分号进行转义，否则shell会将其视为find命令的结束，而非chown命令的结束。

为每个匹配到的文件调用命令可是个不小的开销。如果指定的命令接受多个参数（如chown），你可以换用加号（+）作为命令的结尾。这样find会生成一份包含所有搜索结果的列表，然后将其作为指定命令的参数，一次性执行。

另一个例子是将给定目录中的所有C程序文件拼接起来写入单个文件all_c_files.txt。各种实现方法如下：

```
$ find . -type f -name '*.c' -exec cat {} \;>all_c_files.txt
$ find . -type f -name '*.c' -exec cat {} > all_c_files.txt \;
$ fine . -type f -name '*.c' -exec cat {} >all_c_files.txt +
```

我们使用 > 操作符将来自 find 的数据重定向到 all_c_files.txt 文件，没有使用 >>（追加）的原因是 find 命令的全部输出就只有一个数据流（stdin），而只有当多个数据流被追加到单个文件中时才有必要使用 >>。

下列命令可以将 10 天前的 .txt 文件复制到 OLD 目录中：

```
$ find . -type f -mtime +10 -name "*.txt" -exec cp {} OLD  \;
```

find 命令还可以采用类似的方法与其他命令结合使用。

> **TIP** 我们无法在 -exec 选项中直接使用多个命令。该选项只能够接受单个命令，不过我们可以耍一个小花招。把多个命令写到一个 shell 脚本中（例如 command.sh），然后在 -exec 中使用这个脚本：
>
> `-exec ./commands.sh {} \;`

-exec 可以同 printf 搭配使用来生成输出信息。例如：

```
$ find . -type f -name "*.txt" -exec printf "Text file: %s\n" {} \;
Config file: /etc/openvpn/easy-rsa/openssl-1.0.0.cnf
Config file: /etc/my.cnf
```

9. 让 find 跳过特定的目录

在 find 的执行过程中，跳过某些子目录能够提升性能。例如，在版本控制系统（如 Git）管理的开发源代码树中查找特定文件时，文件系统的每个子目录里都会包含一个目录，该目录中保存了和版本控制相关的信息。这些目录通常跟我们没什么关系，所以没必要去搜索它们。

在搜索时排除某些文件或目录的技巧叫作**修剪**。下面的例子演示了如何使用 -prune 选项排除某些符合条件的文件：

```
$ find devel/source_path -name '.git' -prune -o -type f -print
```

-name ".git" -prune 是命令中负责进行修剪的部分，它指明了 .git 目录应该被排除在外。-type f -print 描述了要执行的操作。

2.5 玩转 xargs

Unix 命令可以从标准输入（stdin）或命令行参数中接收数据。之前的例子已经展示了如何利用管道将一个命令的标准输出传入到另一个命令的标准输入。

　　我们可以用别的方法来调用只能接受命令行参数的命令。最简单的方法就是使用反引号执行命令，然后将其输出作为命令行参数：

```
$ gcc `find '*.c'`
```

　　这种方法在很多情况下都管用，但是如果要处理的文件过多，你会看到一条可怕的错误信息：Argument list too long。xargs命令可以解决这个问题。

　　xargs命令从stdin处读取一系列参数，然后使用这些参数来执行指定命令。它能将单行或多行输入文本转换成其他格式，例如单行变多行或是多行变单行。

2.5.1　预备知识

　　xargs命令应该紧跟在管道操作符之后。它使用标准输入作为主要的数据源，将从stdin中读取的数据作为指定命令的参数并执行该命令。下面的命令将在一组C语言源码文件中搜索字符串main：

```
ls *.c | xargs grep main
```

2.5.2　实战演练

　　xargs命令重新格式化stdin接收到的数据，再将其作为参数提供给指定命令。xargs默认会执行echo命令。和find命令的-exec选项相比，两者在很多方面都相似。

　　❏ 将多行输入转换成单行输出。

　　xargs默认的echo命令可以用来将多行输入转换成单行输出：

```
$ cat example.txt     # 样例文件
1 2 3 4 5 6
7 8 9 10
11 12

$ cat example.txt | xargs
1 2 3 4 5 6 7 8 9 10 11 12
```

　　❏ 将单行输入转换成多行输出。

　　xargs的-n选项可以限制每次调用命令时用到的参数个数。下面的命令将输入分割成多行，每行*N*个元素：

```
$ cat example.txt | xargs -n 3
1 2 3
4 5 6
7 8 9
10 11 12
```

2.5.3 工作原理

xargs命令接受来自stdin的输入，将数据解析成单个元素，然后调用指定命令并将这些元素作为该命令的参数。xargs默认使用空白字符分割输入并执行/bin/echo。

如果文件或目录名中包含空格（甚至是换行）的话，使用空白字符来分割输入就会出现问题。比如My Documents目录就会被解析成两个元素：My和Documents，而这两者均不存在。

天无绝人之路，这次也不例外。

我们可以定义一个用来分隔参数的分隔符。-d选项可以为输入数据指定自定义的分隔符：

```
$ echo "splitXsplit2Xsplit3Xsplit4" | xargs -d X
Split1 split2 split3 split4
```

在上面的代码中，stdin中是一个包含了多个x字符的字符串。我们可以用-d选项将X定义为输入分隔符。

结合-n选项，可以将输入分割成多行，每行包含两个单词：

```
$ echo "splitXsplitXsplitXsplit" | xargs -d X -n 2
split split
split split
```

xargs命令可以同find命令很好地结合在一起。find的输出可以通过管道传给xargs，由后者执行-exec选项所无法处理的复杂操作。如果文件系统的有些文件名中包含空格，find命令的-print0选项可以使用0（NULL）来分隔查找到的元素，然后再用xargs对应的-0选项进行解析。下面的例子在Samba挂载的文件系统中搜索.docx文件，这些文件名中通常会包含大写字母和空格。其中使用了grep找出内容中不包含image的文件：

```
$ find /smbMount -iname '*.docx' -print0 | xargs -0 grep -L image
```

2.5.4 补充内容

上面的例子展示了如何使用xargs组织数据。接下来将要学习如何在命令行中格式化数据。

1. 读取stdin，为命令传入格式化参数

下面是一个短小的脚本cecho，可以用来更好地理解xargs是如何提供命令行参数的：

```
#!/bin/bash
#文件名：cecho.sh

echo $*'#'
```

当参数被传递给文件cecho.sh后，它会打印这些参数并以 #字符作为结尾。例如：

```
$ ./cecho.sh arg1 arg2
arg1 arg2 #
```

这里有一个常见的问题。

☐ 有一个包含着参数列表的文件（每行一个参数）要提供给某个命令（比如cecho.sh）。我需要以不同的形式来应用这些参数。在第一种形式中，每次调用提供一个参数。

```
./cecho.sh arg1
./cecho.sh arg2
./cecho.sh arg3
```

☐ 接下来，每次调用提供一到两个参数。

```
./cecho.sh arg1 arg2
./cecho.sh arg3
```

☐ 最后，在单次调用中提供所有参数。

```
./cecho.sh arg1 arg2 arg3
```

先别急着往下看，试着运行一下上面的命令，然后仔细观察输出结果。xargs命令可以格式化参数，满足各种需求。args.txt文件中包含一个参数列表：

```
$ cat args.txt
arg1
arg2
arg3
```

对于第一种形式，我们需要多次执行指定的命令，每次执行时传入一个参数。xargs的-n选项可以限制传入命令的参数个数：

```
$ cat args.txt | xargs -n 1 ./cecho.sh
arg1 #
arg2 #
arg3 #
```

如果要将参数限制为2个，可以这样：

```
$ cat args.txt | xargs -n 2 ./cecho.sh
arg1 arg2 #
arg3 #
```

最后，为了在执行命令时一次性提供所有的参数，选择不使用-n选项：

```
$ cat args.txt | xargs ./cecho.sh
arg1 arg2 arg3 #
```

在上面的例子中，由xargs添加的参数都被放置在指定命令的尾部。但我们可能需要在命令末尾有一个固定的参数，并希望xargs能够替换居于中间位置的参数，就像这样：

```
./cecho.sh -p arg1 -l
```

在命令执行过程中，arg1是唯一的可变内容，其余部分都保持不变。args.txt中的参数是像这样提供给命令的：

```
./cecho.sh -p arg1 -l
./cecho.sh -p arg2 -l
./cecho.sh -p arg3 -l
```

xargs有一个选项-I，可以用于指定替换字符串，这个字符串会在xargs解析输入时被参数替换掉。如果将-I与xargs结合使用，对于每一个参数，指定命令只会执行一次。来看看解决方法：

```
$ cat args.txt | xargs -I {} ./cecho.sh -p {} -l
-p arg1 -l #
-p arg2 -l #
-p arg3 -l #
```

-I {}指定了替换字符串。为该命令提供的各个参数会通过stdin读取并依次替换掉字符串{}。

> 使用-I的时候，命令以循环的方式执行。如果有3个参数，那么命令就会连同{}一起被执行3次。{}会在每次执行中被替换为相应的参数。

2. 结合find使用xargs

xargs和find可以配合完成任务。不过在结合使用的时候需要留心。考虑下面的例子：

```
$ find . -type f -name "*.txt"  -print | xargs rm -f
```

这样做很危险，有可能会误删文件。我们无法预测find命令输出的分隔符究竟是什么（究竟是'\n'还是' '）。如果有文件名中包含空格符（' '），xargs会将其误认为是分隔符。例如，bashrc text.txt会被视为bashrc和text.txt。因此上面的命令不会删除bashrc text.txt，而是会把bashrc删除。

使用find命令的-print0选项生成以空字符（'\0'）作为分隔符的输出，然后将其作为xargs命令的输入。

下列命令会查找并删除所有的.txt文件：

```
$ find . -type f -name "*.txt" -print0 | xargs -0 rm -f
```

3. 统计源代码目录中所有C程序文件的行数

大多数程序员在某一时刻都会统计自己的C程序文件的行数（Lines of Code，LOC）。完成这项任务的代码如下：

```
$ find source_code_dir_path -type f -name "*.c" -print0 | xargs -0 wc -l
```

> 如果你想获得更多有关源代码的统计信息，一个叫作SLOCCount的实用工具可以派上用场。现代GNU/Linux发行版一般都包含这个软件包，或者你也可以从http://www.dwheeler.com/sloccount/下载。

4. 结合stdin，巧妙运用while语句和子shell

xargs会将参数放置在指定命令的尾部，因此无法为多组命令提供参数。我们可以通过创建子shell来处理这种复杂情况。子shell利用while循环读取参数并执行命令，就像这样：

```
$ cat files.txt  | ( while read arg; do cat $arg; done )
# 等同于cat files.txt | xargs -I {} cat {}
```

在while循环中，可以将cat $arg替换成任意数量的命令，这样我们就可以对同一个参数执行多条命令。也可以不借助管道将输出传递给其他命令。这种利用()创建子shell的技巧可以应用于各种问题场景。子shell操作符内部的多条命令在执行时就像一个整体，因此：

```
$ cmd0 | ( cmd1;cmd2;cmd3) | cmd4
```

如果cmd1是cd /，那么就会改变子shell工作目录，然而这种改变仅局限于该子shell内部。cmd4则不受工作目录变化的影响。

shell的-c选项可以调用子shell来执行命令行脚本。它可以与xargs结合解决多次替换的问题。下列命令找出了所有的C文件并显示出每个文件的名字，文件名前会加上一个换行符（-e选项允许进行转义替换）。在文件名之后是该文件中含有main的所有行：

```
find . -name '*.c' | xargs -I ^ sh -c "echo -ne '\n ^: '; grep main ^"
```

2.6 用 tr 进行转换

tr是Unix命令行专家工具箱中的一件万能工具。它可用于编写优雅的单行命令。tr可以对来自标准输入的内容进行字符替换、字符删除以及重复字符压缩。tr是translate（转换）的简写，因为它可以将一组字符转换成另一组字符。在这则攻略中，我们会看到如何使用tr进行基本的集合转换。

2.6.1 预备知识

tr只能通过stdin（标准输入）接收输入（无法通过命令行参数接收）。其调用格式如下：

```
tr [options] set1 set2
```

来自stdin的输入字符会按照位置从set1映射到set2（set1中的第一个字符映射到set2中的第一个字符，以此类推），然后将输出写入stdout（标准输出）。set1和set2是字符类或字

符组。如果两个字符组的长度不相等，那么set2会不断复制其最后一个字符，直到长度与set1
相同。如果set2的长度大于set1，那么在set2中超出set1长度的那部分字符则全部被忽略。

2.6.2　实战演练

要将输入中的字符由大写转换成小写，可以使用下面的命令：

```
$ echo "HELLO WHO IS THIS" | tr 'A-Z' 'a-z'
hello who is this
```

'A-Z'和'a-z'都是字符组。我们可以按照需要追加字符或字符类来构造自己的字符组。

'ABD-}'、'aA.,'、'a-ce-x'以及'a-c0-9'等均是合法的集合。定义集合也很简单，不
需要书写一长串连续的字符序列，只需要使用"**起始字符–终止字符**"这种格式就行了。这种写
法也可以和其他字符或字符类结合使用。如果"**起始字符–终止字符**"不是有效的连续字符序列，
那么它就会被视为含有3个元素的集合（**起始字符、–和终止字符**）。你也可以使用像'\t'、'\n'
这种特殊字符或其他ASCII字符。

2.6.3　工作原理

在tr中利用集合的概念，可以轻松地将字符从一个集合映射到另一个集合中。下面来看一个
用tr进行数字加密和解密的例子：

```
$ echo 12345 | tr '0-9' '9876543210'
87654    # 已加密

$ echo 87654 | tr '9876543210' '0-9'
12345    # 已解密
```

tr命令可以用来加密。ROT13是一个著名的加密算法。在ROT13算法中，字符会被移动13
个位置，因此文本加密和解密都使用同一个函数：

```
$ echo "tr came, tr saw, tr conquered." | tr 'a-zA-Z' 'n-za-mN-ZA-M'
```

输出如下：

```
ge pnzr, ge fnj, ge pbadhrerq.
```

对加密后的密文再次使用同样的ROT13函数，我们可以采用：

```
$ echo ge pnzr, ge fnj, ge pbadhrerq. | tr 'a-zA-Z' 'n-za-mN-ZA-M'
```

输出如下：

```
tr came, tr saw, tr conquered.
```

tr还可以将制表符转换成单个空格：

```
$ tr '\t' ' ' < file.txt
```

2.6.4 补充内容

我们已经学习了tr的一些基本转换，接下来看看tr还能帮我们实现的其他功能。

1. 用tr删除字符

tr有一个选项-d，可以通过指定需要被删除的字符集合，将出现在stdin中的特定字符清除掉：

```
$ cat file.txt | tr -d  '[set1]'
#只使用set1，不使用set2
```

例如：

```
$ echo "Hello 123 world 456" | tr -d '0-9'
Hello world
# 将stdin中的数字删除并打印删除后的结果
```

2. 字符组补集

我们可以利用选项-c来使用set1的补集。下面的命令中，set2是可选的：

```
tr -c [set1] [set2]
```

如果只给出了set1，那么tr会删除所有不在set1中的字符。如果也给出了set2，tr会将不在set1中的字符转换成set2中的字符。如果使用了-c选项，set1和set2必须都给出。如果-c与-d选项同时出现，你只能使用set1，其他所有的字符都会被删除。

下面的例子会从输入文本中删除不在补集中的所有字符：

```
$ echo hello 1 char 2 next 4 | tr -d -c '0-9\n'
124
```

接下来的例子会将不在set1中的字符替换成空格：

```
$ echo hello 1 char 2 next 4 | tr -c '0-9' ' '
      1       2       4
```

3. 用tr压缩字符

tr命令能够完成很多文本处理任务。例如，它可以删除字符串中重复出现的字符。基本实现形式如下：

```
tr -s '[需要被压缩的一组字符]'
```

如果你习惯在点号后面放置两个空格，你需要在不删除重复字母的情况下去掉多余的空格：

```
$ echo "GNU is          not        UNIX. Recursive    right ?" | tr -s ' '
GNU is not UNIX. Recursive right ?
```

tr命令还可以用来删除多余的换行符：

```
$ cat multi_blanks.txt | tr -s '\n'
line 1
line 2
line 3
line 4
```

上面的例子展示了如何使用tr删除多余的'\n'字符。接下来让我们用tr以一种巧妙的方式将文件中的数字列表进行相加：

```
$ cat sum.txt
1
2
3
4
5

$ cat sum.txt | echo $[ $(tr '\n' '+' ) 0 ]
15
```

这招是如何起效的？

在命令中，tr命令将'\n'替换成了'+'，我们因此得到了字符串1+2+3+...5+，但是在字符串的尾部多了一个操作符+。为了抵消这个多出来的操作符，我们再追加一个0。

$[operation]执行算术运算，因此就形成了以下命令：

```
echo $[ 1+2+3+4+5+0 ]
```

如果我们利用循环从文件中读取数字，然后再进行相加，那肯定得用几行代码。有了tr，只用一行就搞定了。

如果有一个包含字母和数字的文件，我们想计算其中的数字之和，这需要更强的技巧性：

```
$ cat test.txt
first 1
second 2
third 3
```

利用tr的-d选项删除文件中的字母，然后将空格替换成+：

```
$ cat test.txt | tr -d [a-z] | echo "total: $[$(tr ' ' '+')]"
total: 6
```

4. 字符类

`tr`可以将不同的字符类作为集合使用，所支持的字符类如下所示。

- ❑ `alnum`：字母和数字。
- ❑ `alpha`：字母。
- ❑ `cntrl`：控制（非打印）字符。
- ❑ `digit`：数字。
- ❑ `graph`：图形字符。
- ❑ `lower`：小写字母。
- ❑ `print`：可打印字符。
- ❑ `punct`：标点符号。
- ❑ `space`：空白字符。
- ❑ `upper`：大写字母。
- ❑ `xdigit`：十六进制字符。

可以按照下面的方式选择所需的字符类：

```
tr [:class:] [:class:]
```

例如：

```
tr '[:lower:]' '[:upper:]'
```

2.7 校验和与核实

校验和（checksum）程序用来从文件中生成相对较小的唯一密钥。我们可以重新计算该密钥，用以检查文件是否发生改变。修改文件可能是有意为之（添加新用户会改变密码文件），也可能是无意而为（从CD-ROM中读取到了错误数据），还可能是恶意行为（插入病毒）。校验和能够让我们核实文件中所包含的数据是否和预期的一样。

备份应用使用校验和检查文件是否被修改，进而做出备份。

绝大多数软件发行版都包含了一个校验和文件。即便是像TCP这样强健的协议也无法避免文件在传输途中被修改。因此，我们需要进行测试，确定所接收到的文件是否和原始文件一模一样。

通过比对下载文件和原始文件的校验和，就能够核实接收到的文件是否正确。如果源位置上的原始文件的校验和与目的地上接收文件的校验和相等，就意味着我们接收到的文件没有问题。

有些系统维护了重要文件的校验和。如果恶意软件修改了其中的某些文件，我们就可以通过发生变化的校验和发现这一情况。

在这则攻略中，我们将学习如何计算校验和来验证数据完整性。

2.7.1   预备知识

Unix和Linux支持多种校验和程序，但强健性最好且使用最为广泛的校验和算法是MD5和SHA-1。md5sum和sha1sum程序可以对数据应用对应的算法来生成校验和。下面就来看看如何从文件中生成校验和并核实该文件的完整性。

2.7.2   实战演练

使用下列命令计算md5sum：

```
$ md5sum filename
68b329da9893e34099c7d8ad5cb9c940 filename
```

如上所示，md5sum是一个长度为32个字符的十六进制串。

我们可以将输出的校验和重定向到一个文件中，以备后用：

```
$ md5sum filename > file_sum.md5
```

2.7.3   工作原理

md5sum校验和计算的方法如下：

```
$ md5sum file1 file2 file3 ..
```

当使用多个文件时，输出中会在每行中包含单个文件的校验和：

```
[checksum1]    file1
[checksum1]    file2
[checksum1]    file3
```

可以按照下面的方法用生成的文件核实数据完整性：

```
$ md5sum -c file_sum.md5
# 这个命令会输出校验和是否匹配的信息
```

如果需要用所有的.md5信息来检查所有的文件，可以这样：

```
$ md5sum -c *.md5
```

SHA-1是另一种常用的校验和算法。它从给定的输入中生成一个长度为40个字符的十六进制串。用来计算SHA-1校验和的命令是sha1sum，其用法和md5sum的类似。只需要把先前讲过的那些命令中的md5sum改成sha1sum就行了，记住将输出文件名从file_sum.md5改为file_sum.sha1。

校验和有助于核实下载文件的完整性。ISO镜像文件通常容易出现错误（见图2-1）。一小点错误就会导致ISO无法读取，甚至更糟糕的是会影响所安装的应用程序的正常运行。大多数文件仓库中都包含一个md5或sha1文件，可用于验证下载文件是否正确。

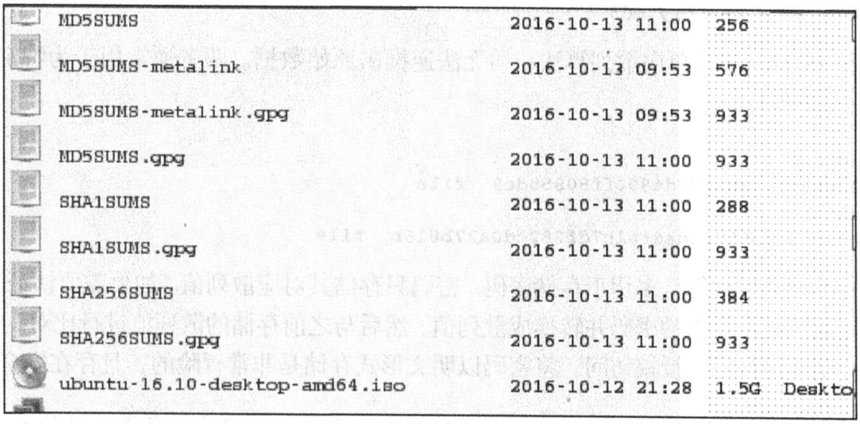

图　2-1

下面是文件的MD5校验和：

```
3f50877c05121f7fd8544bef2d722824 *ubuntu-16.10-desktop-amd64.iso
e9e9a6c6b3c8c265788f4e726af25994 *ubuntu-16.10-desktop-i386.iso
7d6de832aee348bacc894f0a2ab1170d *ubuntu-16.10-server-amd64.iso
e532cfbc738876b353c7c9943d872606 *ubuntu-16.10-server-i386.iso
```

2.7.4　补充内容

对于多个文件，校验和同样可以发挥作用。现在就看看如何校验并核实一组文件。

对目录进行校验

校验和是从文件中计算得来的。对目录计算校验和意味着需要对目录中的所有文件以递归的方式进行计算。

`md5deep`或`sha1deep`命令可以遍历目录树，计算其中所有文件的校验和。你的系统中可能并没有安装这两个程序。可以使用`apt-get`或`yum`来安装md5deep软件包。该命令的用法如下：

```
$ md5deep -rl directory_path > directory.md5
# -r使用递归遍历
# -l使用相对路径。默认情况下，md5deep会输出文件的绝对路径
```

其中，-r选项允许md5deep递归遍历子目录。-l选项允许显示相对路径，不再使用默认的绝对路径。

或者也可以结合`find`来递归计算校验和：

```
$ find directory_path -type f -print0 | xargs -0 md5sum >> directory.md5
```

用下面的命令进行核实：

```
$ md5sum -c directory.md5
```

❑ md5与SHA-1都是单向散列算法，均无法逆推出原始数据。两者通常用于为特定数据生成唯一的密钥：

```
$ md5sum file
8503063d5488c3080d4800ff50850dc9  file
$ sha1sum file
1ba02b66e2e557fede8f61b7df282cd0a27b816b  file
```

这种类型的散列算法多用于存储密码。密码只存储其对应散列值。如果需要认证某个用户，则读取该用户提供的密码并转换成散列值，然后与之前存储的散列值进行比对。如果相同，用户则通过认证并授权访问。将密码以明文形式存储是非常冒险的，且存在安全隐患。

> 尽管应用广泛，md5sum和SHA-1已不再安全，因为近年来计算能力的提升使其变得容易被破解。推荐使用bcrypt或sha512sum这类工具进行加密。更多信息可参看http://codahale.com/how-to-saftyly- store-a-password/。

❑ shadow-like散列（加盐散列）

让我们看看如何为密码生成shadow-like加盐散列（salted hash）。在Linux中，用户密码是以散列值形式存储在文件/etc/shadow中的。该文件中典型的一行内容类似于下面这样：

```
test:$6$fG4eWdUi$ohTKOlEUzNk77.4S8MrYe07NTRV4M3LrJnZP9p.qc1bR5c.
EcOruzPXfEu1uloBFUa18ENRH7F70zhodas3cR.:14790:0:99999:7:::
```

该行中的6fG4eWdUi$ohTKOlEUzNk77.4S8MrYe07NTRV4M3LrJnZP9p.qc1bR5c.EcOruzPXfEu1uloBFUa18ENRH7F70zhodas3cR是密码对应的散列值。

有时候，我们编写的一些脚本需要编辑密码或是添加用户。在这种情况下，我们必须生成shadow密码字符串，向shadow文件中写入类似于上面的文本行。可以使用openssl来生成shadow密码。

shadow密码通常都是加盐密码（salted password）。所谓的"盐"（SALT）就是一个额外的字符串，起混淆的作用，使加密更加难以破解。盐是由一些随机位组成的，它们作为密钥生成函数的输入之一，产生密码的加盐散列。

> 关于盐的更多细节信息，请参考维基百科页面http://en.wikipedia.org/wiki/Salt_ (cryptography)。

```
$ openssl passwd -1 -salt SALT_STRING PASSWORD
$1$SALT_STRING$323VkWkSLHuhbt1zkSsUG.
```

将SALT_STRING替换为随机字符串并将PASSWORD替换成你想要使用的密码。

2.8　加密工具与散列

加密技术主要用于防止数据遭受未经授权的访问。和上面讲的校验和算法不同,加密算法可以无损地重构原始数据。可用的加密算法有很多,我们将讨论Linux/Unix中最常用到的那些。

实战演练

让我们看看crypt、gpg以及base64的用法。

❑ crypt命令通常并没有安装在Linux系统中。它是一个简单的加密工具,相对而言不是那么安全。该命令从stdin接受输入,要求用户创建口令,然后将加密数据输出到 stdout:

```
$ crypt <input_file >output_file
Enter passphrase:
```

我们在命令行上提供口令:

```
$ crypt PASSPHRASE <input_file >encrypted_file
```

如果需要解密文件,可以使用:

```
$ crypt PASSPHRASE -d <encrypted_file >output_file
```

❑ gpg(GNU privacy guard,GNU隐私保护)是一种应用广泛的工具,它使用加密技术来保护文件,以确保数据在送达目的地之前无法被读取。

> gpg签名同样广泛用于E-mail通信中的邮件"签名",以证明发送方的真实性。

用gpg加密文件:

```
$ gpg -c filename
```

命令会采用交互方式读取口令并生成filename.gpg。使用以下命令解密gpg文件:

```
$ gpg filename.gpg
```

上述命令读取口令并解密文件。

> 本书并没有涉及gpg的过多细节。如果你感兴趣,希望进一步了解,请访问 http://en.wikipedia.org/wiki/GNU_Privacy_Guard。

❑ Base64是一组相似的编码方案,它将二进制数据转换成以64为基数的形式(radix-64 representation),以可读的ASCII字符串进行描述。这类编码程序可用于通过E-mail传输二进制数据。base64命令能够编码/解码Base64字符串。要将文件编码为Base64格式,可以使用:

```
$ base64 filename > outputfile
```

或者

```
$ cat file | base64 > outputfile
```

base64命令可以从`stdin`中读取。

解码Base64数据：

```
$ base64 -d file > outputfile
```

或者

```
$ cat base64_file | base64 -d > outputfile
```

2.9   行排序

对文本文件进行排序是一项常见的任务。sort命令能够对文本文件和`stdin`进行排序。它可以配合其他命令来生成所需要的输出。uniq经常与sort一同使用，提取不重复（或重复）的行。这则攻略将演示sort和uniq命令的常见用法。

2.9.1   预备知识

sort和uniq命令可以从特定的文件或`stdin`中获取输入，并将输出写入`stdout`。

2.9.2   实战演练

(1) 可以按照下面的方式排序一组文件（例如file1.txt和file2.txt）：

```
$ sort file1.txt file2.txt > sorted.txt
```

或是

```
$ sort file1.txt file2.txt -o sorted.txt
```

(2) 按照数字顺序排序：

```
$ sort -n file.txt
```

(3) 按照逆序排序：

```
$ sort -r file.txt
```

(4) 按照月份排序（依照一月、二月、三月……）：

```
$ sort -M months.txt
```

(5) 合并两个已排序过的文件：

```
$ sort -m sorted1 sorted2
```

(6) 找出已排序文件中不重复的行：

```
$ sort file1.txt file2.txt | uniq
```

(7) 检查文件是否已经排序过：

```
#!/bin/bash
#功能描述：排序
sort -C filename ;
if [ $? -eq 0 ]; then
    echo Sorted;
else
    echo Unsorted;
fi
```

将filename替换成你需要检查的文件名，然后运行该脚本。

2.9.3 工作原理

sort命令包含大量的选项，能够对文件数据进行各种排序。如果使用uniq命令，那sort更是必不可少，因为前者要求输入数据必须经过排序。

sort和uniq可以应用于多种场景。让我们来看一下这些命令的各种选项及用法。

要检查文件是否排序过，可以利用以下事实：如果文件已经排序，sort会返回为0的退出码（$?），否则返回非0。

```
if sort -c fileToCheck ; then echo sorted ; else echo unsorted ; fi
```

2.9.4 补充内容

我们已经介绍了sort命令的基本用法。下面来看看如何利用sort来完成一些复杂的任务。

1. 依据键或列排序

如果输入数据的格式如下，我们可以按列排序：

```
$ cat data.txt
1   mac     2000
2   winxp   4000
3   bsd     1000
4   linux   1000
```

有很多方法可以对这段文本排序。目前它是按照序号（第一列）来排序的。我们也可以依据第二列和第三列来排序。

-k指定了排序所依据的字符。如果是单个数字，则指的是列号。-r告诉sort命令按照逆序进行排序。例如：

```
# 依据第1列，以逆序形式排序
$ sort -nrk 1  data.txt
4   linux     1000
3   bsd       1000
2   winxp     4000
1   mac       2000
# -nr表明按照数字顺序，采用逆序形式排序

# 依据第2列进行排序
$ sort -k 2  data.txt
3   bsd       1000
4   linux     1000
1   mac       2000
2   winxp     4000
```

一定要留意用于按数字顺序进行排序的选项-n。sort命令对于字母表排序和数字排序有不同的处理方式。因此，如果要采用数字顺序排序，就应该明确地给出-n选项。

-k后的整数指定了文本文件中的某一列。列与列之间由空格分隔。如果需要将特定范围内的一组字符（例如，第2列中的第4~5个字符）作为键，应该使用由点号分隔的两个整数来定义一个字符位置，然后将该范围内的第一个字符和最后一个字符用逗号连接起来：

```
$ cat data.txt


1 alpha 300
2 beta 200
3 gamma 100
$ sort -bk 2.3,2.4 data.txt ;      # 按照m、p、t的顺序排序
3 gamma 100
1 alpha 300
2 beta 200
```

把作为排序依据的字符写成数值键。为了提取出这些字符，用其在行内的起止位置作为键的书写格式（在上面的例子中，起止位置是3和4）。

用第一个字符作为键：

```
$ sort -nk 1,1 data.txt
```

为了使sort的输出与以\0作为终止符的xargs命令相兼容，采用下面的命令：

```
$ sort -z data.txt | xargs -0
# 终止符\0用来确保安全地使用xargs命令
```

　　有时文本中可能会包含一些像空格之类的多余字符。如果需要忽略标点符号并以字典序排序，可以使用：

```
$ sort -bd unsorted.txt
```

其中，选项-b用于忽略文件中的前导空白行，选项-d用于指明以字典序进行排序。

2. uniq

　　uniq命令可以从给定输入中（stdin或命令行参数指定的文件）找出唯一的行，报告或删除那些重复的行。

　　uniq只能作用于排过序的数据，因此，uniq通常都与sort命令结合使用。

　　你可以按照下面的方式生成唯一的行（打印输入中的所有行，但是其中重复的行只打印一次）：

```
$ cat sorted.txt
bash
foss
hack
hack

$ uniq sorted.txt
bash
foss
hack
```

或是

```
$ sort unsorted.txt | uniq
```

　　只显示唯一的行（在输入文件中没有重复出现过的行）：

```
$ uniq -u sorted.txt
bash
foss
```

或是

```
$ sort unsorted.txt | uniq -u
```

　　要统计各行在文件中出现的次数，使用下面的命令：

```
$ sort unsorted.txt | uniq -c
  1 bash
  1 foss
  2 hack
```

　　找出文件中重复的行：

```
$ sort unsorted.txt  | uniq -d
hack
```

我们可以结合-s和-w选项来指定键：

□ -s 指定跳过前N个字符；
□ -w 指定用于比较的最大字符数。

这个对比键可以作为uniq操作时的索引：

```
$ cat data.txt
u:01:gnu
d:04:linux
u:01:bash
u:01:hack
```

为了只测试指定的字符（忽略前两个字符，使用接下来的两个字符），我们使用-s 2跳过前两个字符，使用-w 2选项指定后续的两个字符：

```
$ sort data.txt | uniq -s 2 -w 2
d:04:linux
u:01:bash
```

我们将命令输出作为xargs命令的输入时，最好为输出的各行添加一个0值字节（zero-byte）终止符。使用uniq命令的输入作为xargs的数据源时，同样应当如此。如果没有使用0值字节终止符，那么在默认情况下，xargs命令会用空格来分割参数。例如，来自stdin的文本行"this is a line"会被xargs视为4个不同的参数。如果使用0值字节终止符，那么\0就被作为定界符，此时，包含空格的行就能够被正确地解析为单个参数。

-z选项可以生成由0值字节终止的输出：

```
$ uniq -z file.txt
```

下面的命令将删除所有指定的文件，这些文件的名字是从files.txt中读取的：

```
$ uniq -z file.txt | xargs -0 rm
```

如果某个文件名出现多次，uniq命令只会将这个文件名写入stdout一次，这样就可以避免出现rm: cannot remove FILENAME: No such file or directory。

2.10   临时文件命名与随机数

shell脚本经常需要存储临时数据。最适合存储临时数据的位置是 /tmp（该目录中的内容在系统重启后会被清空）。有两种方法可以为临时数据生成标准的文件名。

2.10.1　实战演练

`mktemp`命令可以为临时文件或目录创建唯一的名字。

(1) 创建临时文件：

```
$ filename=`mktemp`
$ echo $filename
/tmp/tmp.8xvhkjF5fH
```

上面的代码创建了一个临时文件，然后打印出保存在变量`filename`中的文件名。

(2) 创建临时目录：

```
$ dirname=`mktemp -d`
$ echo $dirname
tmp.NI8xzW7VRX
```

上面的代码创建了一个临时目录，然后打印出保存在变量`dirname`中的目录名。

❑ 如果仅仅是想生成文件名，不希望创建实际的文件或目录，可以这样：

```
$ tmpfile=`mktemp -u`
$ echo $tmpfile
/tmp/tmp.RsGmilRpcT
```

文件名被存储在$tmpfile中，但并没有创建对应的文件。

❑ 基于模板创建临时文件名：

```
$mktemp test.XXX
test.2tc
```

2.10.2　工作原理

`mktemp`命令的用法非常简单。它生成一个具有唯一名称的文件并返回该文件名（如果创建的是目录，则返回目录名）。

如果提供了定制模板，x会被随机的字符（字母或数字）替换。注意，`mktemp`正常工作的前提是保证模板中至少要有3个x。

2.11　分割文件与数据

有时候必须把文件分割成多个更小的片段。很久以前，我们必须分割文件，才能将大量数据放入多张软盘中。不过如今我们分割文件就是出于其他目的了，比如为提高可读性、生成日志以及发送有大小限制的E-mail附件。在这则攻略中我们会看到如何将文件分割成不同的大小。

2.11.1　工作原理

　　split命令可以用来分割文件。该命令接受文件名作为参数，然后创建出一系列体积更小的文件，其中依据字母序排在首位的那个文件对应于原始文件的第一部分，排在次位的文件对应于原始文件的第二部分，以此类推。

　　例如，通过指定分割大小，可以将100KB的文件分成一系列10KB的小文件。在split命令中，除了k（KB），我们还可以使用M（MB）、G（GB）、b（byte）和w（word）。

```
$ split -b 10k data.file
$ ls
data.file  xaa  xab  xac  xad  xae  xaf  xag  xah  xai  xaj
```

　　上面的命令将data.file分割成了10个大小为10KB的文件。这些新文件以xab、xac、xad的形式命名。split默认使用字母后缀。如果想使用数字后缀，需要使用-d选项。此外，-a length可以指定后缀长度：

```
$ split -b 10k data.file -d -a 4

$ ls
data.file  x0009  x0019  x0029  x0039  x0049  x0059  x0069  x0079
```

2.11.2　补充内容

　　来看看split命令的其他选项。

为分割后的文件指定文件名前缀

　　之前那些分割后的文件名都是以x作为前缀。如果要分割的文件不止一个，我们自然希望能自己命名这些分割后的文件，这样才能够知道这些文件分别属于哪个原始文件。这可以通过提供一个前缀作为最后一个参数来实现。

　　这次我们使用split_file作为文件名前缀，重新执行上一条命令：

```
$ split -b 10k data.file -d -a 4 split_file
$ ls
data.file       split_file0002  split_file0005  split_file0008
strtok.c
split_file0000  split_file0003  split_file0006  split_file0009
split_file0001  split_file0004  split_file0007
```

　　如果不想按照数据块大小，而是根据行数来分割文件的话，可以使用 -l no_of_lines：

```
# 分割成多个文件，每个文件包含10行
$ split -l 10 data.file
```

　　csplit实用工具能够基于上下文来分隔文件。它依据的是行计数或正则表达式。这个工具对于日志文件分割尤为有用。

看一个日志文件示例：

```
$ cat server.log
SERVER-1
[connection] 192.168.0.1 success
[connection] 192.168.0.2 failed
[disconnect] 192.168.0.3 pending
[connection] 192.168.0.4 success
SERVER-2
[connection] 192.168.0.1 failed
[connection] 192.168.0.2 failed
[disconnect] 192.168.0.3 success
[connection] 192.168.0.4 failed
SERVER-3
[connection] 192.168.0.1 pending
[connection] 192.168.0.2 pending
[disconnect] 192.168.0.3 pending
[connection] 192.168.0.4 failed
```

我们需要将这个日志文件分割成server1.log、server2.log和server3.log，这些文件的内容分别取自原文件中不同的SERVER部分。实现方法如下：

```
$ csplit server.log /SERVER/ -n 2 -s {*}  -f server -b "%02d.log"
$ rm server00.log
$ ls
server01.log  server02.log  server03.log  server.log
```

下面是这个命令的详细说明。

❏ /SERVER/ 用来匹配特定行，分割过程即从此处开始。它从当前行（第一行）一直复制到（但不包括）包含SERVER的匹配行。

❏ {*} 表示根据匹配重复执行分割操作，直到文件末尾为止。可以用{整数}的形式来指定分割执行的次数。

❏ -s 使命令进入静默模式，不打印其他信息。

❏ -n 指定分割后的文件名后缀的数字个数，例如01、02、03等。

❏ -f 指定分割后的文件名前缀（在上面的例子中，server就是前缀）。

❏ -b 指定后缀格式。例如%02d.log，类似于C语言中printf的参数格式。在这里：**文件名 = 前缀 + 后缀**，也就是server + %02d.log。

因为分割后得到的第一个文件没有任何内容（匹配的单词就位于文件的第一行中），所以我们删除了server00.log。

2.12　根据扩展名切分文件名

很多shell脚本都涉及修改文件名的操作。我们可能需要在保留扩展名的同时修改文件名、转换文件格式（保留文件名的同时修改扩展名）或提取部分文件名。

shell所具有的一些内建功能允许我们进行文件名相关的处理。

2.12.1　实战演练

借助%操作符可以从name.extension这种格式中提取name部分（文件名）。下面的例子从sample.jpg中提取了sample：

```
file_jpg="sample.jpg"
name=${file_jpg%.*}
echo File name is: $name
```

输出结果：

File name is: sample

#操作符可以提取出扩展名。

提取文件名中的 .jpg并存储到变量file_jpg中：

```
extension=${file_jpg#*.}
echo Extension is: $extension
```

输出结果：

Extension is: jpg

2.12.2　工作原理

在第一个例子中，我们使用了%操作符从形如name.extension的格式中提取出了文件名。

${VAR%.*} 的含义如下。

- 从 $VAR中删除位于%右侧的通配符（在上例中是.*）所匹配的字符串。通配符从右向左进行匹配。
- 给VAR赋值，即VAR=sample.jpg。通配符从右向左匹配到的内容是.jpg，因此从$VAR中删除匹配结果，得到输出sample。

%属于非贪婪（non-greedy）操作。它从右向左找出匹配通配符的最短结果。还有另一个操作符%%，它与%相似，但行为模式却是贪婪的，这意味着它会匹配符合通配符的最长结果。例如，我们现在有这样一个文件：

```
VAR=hack.fun.book.txt
```

使用%操作符从右向左执行非贪婪匹配，得到匹配结果.txt：

```
$ echo ${VAR%.*}
```

命令输出：`hack.fun.book`。

使用%%操作符从右向左执行贪婪匹配，得到匹配结果.fun.book.txt：

```
$ echo ${VAR%%.*}
```

命令输出：`hack`。

#操作符可以从文件名中提取扩展名。这个操作符与%类似，不过求值方向是从左向右。

${VAR#*.}的含义如下：

从$VARIABLE中删除位于#右侧的通配符（即在上例中使用的*.）从左向右所匹配到的字符串。

和%%类似，#也有一个对应的贪婪操作符##。

##从左向右进行贪婪匹配，并从指定变量中删除匹配结果。来看一个例子：

```
VAR=hack.fun.book.txt
```

使用#操作符从左向右执行非贪婪匹配，得到匹配结果hack：

```
$ echo ${VAR#*.}
```

命令输出：`fun.book.txt`。

使用##操作符从左向右执行贪婪匹配，得到匹配结果hack.fun.book：

```
$ echo ${VAR##*.}
```

命令输出：`txt`。

> 考虑到文件名中可能包含多个.字符，所以相较于#，##更适合于从中提取扩展名。##执行的是贪婪匹配，因而总是能够准确地提取出扩展名。

这里有个能够提取域名中不同部分的实例。假定URL为www.google.com：

```
$ echo ${URL%.*}      # 移除.*所匹配的最右边的内容
www.google

$ echo ${URL%%.*}     # 将从右边开始一直匹配到最左边的.* (贪婪操作符) 移除
www
```

```
$ echo ${URL#*.}       # 移除*.所匹配的最左边的内容
google.com

$ echo ${URL##*.}        # 将从左边开始一直匹配到最右边的*.（贪婪操作符）移除
com
```

2.13　多个文件的重命名与移动

移动或重命名多个文件是我们经常会碰到的一项工作。系统管理员经常需要将有相同前缀或相同类型的文件移动到新的目录中。从数码相机中下载的照片可能需要重命名并保存。音乐、视频和E-mail也得定期重新整理。

这些工作都有专门的应用程序来完成，但是我们也可以按照自己的方式编写脚本来实现。

让我们看看如何用脚本来执行此类操作。

2.13.1　预备知识

rename命令利用Perl正则表达式修改文件名。组合find、rename和mv命令，我们能做到的事其实很多。

2.13.2　实战演练

下面的脚本利用find查找PNG和JPEG文件，然后使用##操作符和mv将查找到的文件重命名为image-1.EXT、image-2.EXT等。注意，脚本并不会修改文件的扩展名：

```
#!/bin/bash
#文件名：rename.sh
#用途：重命名.jpg和.png文件

count=1;
for img in `find . -iname '*.png' -o -iname '*.jpg' -type f -maxdepth 1`
do
  new=image-$count.${img##*.}

  echo "Renaming $img to $new"
  mv "$img" "$new"
  let count++

done
```

输出如下：

```
$ ./rename.sh
Renaming hack.jpg to image-1.jpg
Renaming new.jpg to image-2.jpg
Renaming next.png to image-3.png
```

该脚本重命名了当前目录下所有的.jpg和.png文件，新文件名采用形如image-1.jpg、image-2.jpg、image-3.png、image-4.png的格式。

2.13.3 工作原理

在前面的重命名脚本中使用了for循环迭代所有扩展名为.jpg或.png的文件。我们使用find命令展开搜索，选项-o用于指定多个-iname选项，后者用于进行大小写无关的匹配。选项-maxdepth 1仅搜索当前目录，不涉及其中的子目录。

为了跟踪图像编号，我们将变量count初始化为1。接下来用mv命令重命名文件。新的文件名通过${img##*.}来构造，它能够从当前处理的文件名中解析出扩展名（请参看2.12节中对于${img##*.}的解释）。let count++用来在每次循环中递增文件编号。

还有其他重命名文件的方法。

❏ 将 *.JPG更名为 *.jpg：

```
$ rename *.JPG *.jpg
```

❏ 将文件名中的空格替换成字符 "_"：

```
$ rename 's/ /_/g' *
```

's/ /_/g'用于替换文件名，而 * 是用于匹配目标文件的通配符，它也可以写成 *.txt或其他通配符模式。

❏ 转换文件名的大小写：

```
$ rename 'y/A-Z/a-z/' *
$ rename 'y/a-z/A-Z/' *
```

❏ 将所有的.mp3文件移入给定的目录：

```
$ find path -type f -name "*.mp3" -exec mv {} target_dir \;
```

❏ 以递归的方式将所有文件名中的空格替换为字符"_"：

```
$ find path -type f -exec rename 's/ /_/g' {} \;
```

2.14　拼写检查与词典操作

大多数Linux发行版都含有一份词典文件。然而，我发现几乎没人在意过这个文件，拼写错误仍是满天飞。还有一个叫作aspell的命令行实用工具，其作用是进行拼写检查。让我们通过几个脚本来看看如何使用词典文件和拼写检查工具。

2.14.1　实战演练

目录/usr/share/dict/中包含了一些词典文件。所谓"词典文件"就是包含了单词列表的文本文件。我们可以利用它来检查某个单词是否在词典之中。

```
$ ls /usr/share/dict/
american-english  british-english
```

为了检查给定的单词是否为词典单词，可以使用下面的脚本：

```
#!/bin/bash
#文件名：checkword.sh
word=$1
grep "^$1$" /usr/share/dict/british-english -q
if [ $? -eq 0 ]; then
  echo $word is a dictionary word;
else
  echo $word is not a dictionary word;
fi
```

这个脚本的用法如下：

```
$ ./checkword.sh ful
ful is not a dictionary word

$ ./checkword.sh fool
fool is a dictionary word
```

2.14.2　工作原理

在grep中，^标记着单词的开始，$标记着单词的结束[1]，-q选项 禁止grep产生任何输出。

作为另一种选择，我们也可以用拼写检查命令aspell来核查某个单词是否在词典中：

```
#!/bin/bash
#文件名：aspellcheck.sh
word=$1
```

---

[1] ^匹配的是行首位置，$匹配的是行尾位置。因为词典文件中每行只有一个单词，故使用正则表达式^1匹配行中出现的完整单词。在该例中，从效果上来看，^和$恰好分别对应了单词的起止位置，但要注意这两者并非单词分界符。

```
output=`echo \"$word\" | aspell list`

if [ -z $output ]; then
        echo $word is a dictionary word;
else
        echo $word is not a dictionary word;
fi
```

当给定的输入不是一个词典单词时，aspell list命令会生成输出，否则不产生任何输出。
-z用于确认$output是否为空。

look命令可以显示出以特定字符串起始的行。你可以用它在日志文件中查找以特定日期为
首的记录，或是在词典中查找以特定字符串开头的单词。look默认会搜索/usr/share/dict/words，
你也可以给出文件供其搜索：

$ look word

或者使用

$ grep "^word" filepath

例如：

$ look android
android
android's
androids

在/var/log/syslog中找出以特定日期起始的日志记录：

$look 'Aug 30' /var/log/syslog

2.15 交互输入自动化

我们知道命令可以接受命令行参数。Linux也支持很多交互式应用程序，如passwd和ssh。

我们可以创建自己的交互式shell脚本。对于普通用户而言，相较于记忆命令行参数及其正确的
顺序，同一系列提示信息打交道要更容易。例如，一个备份用户工作成果的脚本看起来应该像这样：

$ backupWork.sh

❑ What folder should be backed up? notes
❑ What type of files should be backed up? .docx

如果你需要返回到同一交互式应用，实现交互式应用自动化能够节省大量的时间；如果你正
在开发此类应用，这也可以避免你陷入重复输入的挫折感中。

2.15.1   预备知识

任务自动化的第一步就是运行程序，然后注意需要执行什么操作。之前讲过的脚本命令可能会派上用场。

2.15.2   实战演练

观察交互式输入的顺序。参照上面的代码，我们可以将涉及的步骤描述如下：

```
notes[Return]docx[Return]
```

输入notes，按回车键，然后输入docx，再按回车键。这一系列操作可以被转换成下列字符串：

```
"notes\ndocx\n"
```

按下回车键时会发送\n。添加\n后，就生成了发送给stdin的字符串。

通过发送与用户输入等效的字符串，我们就可以实现在交互过程中自动发送输入。

2.15.3   工作原理

先写一个读取交互式输入的脚本，然后用这个脚本做自动化演示：

```
#!/bin/bash
# backup.sh
# 使用后缀备份文件。不备份以~开头的临时文件
read -p " What folder should be backed up: " folder
read -p " What type of files should be backed up: " suffix
find $folder -name "*.$suffix" -a ! -name '~*' -exec cp {} \
    $BACKUP/$LOGNAME/$folder
echo "Backed up files from $folder to $BACKUP/$LOGNAME/$folder"
```

按照下面的方法向脚本发送自动输入：

```
$ echo -e "notes\ndocx\n" | ./backup.sh
Backed up files from notes to /BackupDrive/MyName/notes
```

像这样的交互式脚本自动化能够在开发和调试过程中节省大量输入。另外还可以确保每次测试都相同，不会出现由于输入错误导致的bug假象。

我们用echo -e来生成输入序列。-e选项表明echo会解释转义序列。如果输入内容比较多，可以用单独的输入文件结合重定向操作符来提供输入：

```
$ echo -e "notes\ndocx\n" > input.data
$ cat input.data
notes
docx
```

你也可以选择手动构造输入文件，不使用echo命令：

```
$ ./interactive.sh < input.data
```

这种方法是从文件中导入交互式输入数据。

如果你是一名逆向工程师，那可能免不了要同缓冲区溢出攻击打交道。要实施攻击，我们需要将十六进制形式的shellcode（例如\xeb\x1a\x5e\x31\xc0\x88\x46）进行重定向。这些字符没法直接输入，因为键盘上并没有其对应的按键。因此，我们需要使用：

```
echo -e "\xeb\x1a\x5e\x31\xc0\x88\x46"
```

这条命令会将这串字节序列重定向到有缺陷的可执行文件中。

echo命令和重定向可以实现交互式输入的自动化。但这种技术存在问题，因为输入内容没有经过验证，我们认定目标应用总是以相同的顺序接收数据。但如果程序要求的输入顺序不同，或是对某些输入内容不做要求，那就要出岔子了。

expect程序能够执行复杂的交互操作并适应目标应用的变化。该程序在世界范围内被广泛用于控制硬件测试、验证软件构建、查询路由器统计信息等。

2.15.4 补充内容

expect是一个和shell类似的解释器。它基于TCL语言。我们将讨论如何使用spawn、expect和send命令实现简单的自动化。借助于TCL语言的强大功能，expect能够完成更为复杂的任务。你可以通过网站http://www.tcl.tk学到有关TCL语言的更多内容。

用expect实现自动化

Linux发行版默认并不包含expect。你得用软件包管理器（apt-get或yum）手动进行安装。

expect有3个主要命令，见表2-2。

表 2-2

命　令	描　述
spawn	运行新的目标应用
expect	关注目标应用发送的模式
send	向目标应用发送字符串

下面的例子会先执行备份脚本，然后查找模式*folder*或*file*，以此确定备份脚本是否要求输入目录名或文件名并作出相应的回应。如果重写备份脚本，要求先输入备份文件类型，后输入备份目录，这个自动化脚本依然能够应对。

```
#!/usr/bin/expect
#文件名: automate_expect.tcl
spawn ./backup .sh
expect {
  "*folder*" {
     send "notes\n"
     exp_continue
  }
  "*type*" {
     send "docx\n"
     exp_continue
  }
}
```

运行该脚本:

```
$ ./automate_expect.tcl
```

spawn命令的参数是需要自动化运行的应用程序及其参数。

expect命令接受一组模式以及匹配模式时要执行的操作。操作需要放入花括号中。

send命令是要发送的信息。和echo -n -e类似，send不会自动添加换行符，也能够理解转义字符。

2.16   利用并行进程加速命令执行

计算能力的持续攀升不仅仅是因为处理器有了更高的时钟频率，还因为多核的出现。这意味着单个物理处理器中包含了多个逻辑处理器。这就像是有了多台计算机一样。

但除非软件能够善加利用多核，否则它们毫无用武之地。例如，一个需要进行大量运算的程序可能仅运行在其中一个核心上，而其他的核心都处于闲置状态。如果想提高速度，软件必须留意并充分利用多核。

在这则攻略中，我们会看到如何让命令运行得更快。

2.16.1   实战演练

以之前讲过的md5sum命令为例。由于需要执行复杂的运算，md5sum属于CPU密集型命令。如果多个文件需要生成校验和，我们可以使用下面的脚本来运行md5sum的多个实例:

```
#/bin/bash
#文件名: generate_checksums.sh
PIDARRAY=()
for file in File1.iso File2.iso
do
```

```
    md5sum $file &
    PIDARRAY+=("$!")
done
wait ${PIDARRAY[@]}
```

运行脚本后，可以得到如下输出：

```
$ ./generate_checksums.sh
330dcb53f253acdf76431cecca0fefe7  File1.iso
bd1694a6fe6df12c3b8141dcffaf06e6  File2.iso
```

输出结果和下面命令的结果一样：

md5sum File1.iso File2.iso

但如果多个md5sum命令同时运行，配合多核处理器，你就会更快地获得运行结果（可以使用time命令来验证）。

2.16.2　工作原理

我们利用了Bash的操作符&，它使得shell将命令置于后台并继续执行脚本。这意味着一旦循环结束，脚本就会退出，而md5sum进程仍在后台运行。为了避免这种情况，我们使用$!来获得进程的PID，在Bash中，$!保存着最近一个后台进程的PID。我们将这些PID放入数组，然后使用wait命令等待这些进程结束。

2.16.3　补充内容

对于少量任务，Bash的操作符&效果很好。如果你有数以百计的文件要计算校验和，那么脚本就会生成上百个进程，这有可能会强迫系统执行**换页操作**（swapping），拖慢执行速度。

并非所有系统都会安装GNU parallel命令，不过你仍可以使用软件包管理器来安装。该命令能够优化资源使用，避免系统超载。

parallel命令从stdin中读取文件列表，使用类似于find命令的-exec选项来处理这些文件。符号{}代表被处理的文件，符号{.}代表无后缀的文件名。

下面的命令使用了Imagemagick的convert程序来为目录中的所有图像创建新的缩放版本：

ls *jpg | parallel convert {} -geometry 50x50 {.}Small.jpg

2.17　检查目录以及其中的文件与子目录

我们处理得最多的一个问题就是查找放错地方的文件并整理凌乱的文件层次结构。在这则攻略中，我们会讲到检查部分文件系统并展现其内容的一些技巧。

2.17.1   预备知识

我们之前讨论过的find命令以及循环能够帮助检查并报告目录及其内容。

2.17.2   实战演练

有两种方法可以检查目录。一种方法是将目录层次以树状形式显示出来，另一种方法是生成目录下所有文件和子目录的汇总信息。

1. 生成目录的树状视图

有时候，如果文件系统以图形化形式呈现，会更容易形成直观的印象。

接下来的例子中综合运用了我们讲过的多种工具。其中使用find命令生成了当前目录下所有文件及子目录的列表。

-exec选项创建了一个子shell，在这个子shell中使用echo命令将文件名发送给tr命令的stdin。这里用到了两个tr命令。第一个tr删除了所有的字母数字字符、连字符（-）、下划线（_）和点号（.），只将路径中的斜线（/）传入第二个tr，后者将这些斜线全部转换成空格。最后，利用basename命令去掉文件名前的路径部分并将结果显示出来。

下面来查看目录/var/log的树状视图：

```
$ cd /var/log
$ find . -exec sh -c 'echo -n {} | tr -d "[:alnum:]_.\-" | \
    tr "/" " "; basename {}' \;
```

生成如下输出：

```
mail
  statistics
gdm
  ::0.log
  ::0.log.1
cups
     error_log
     access_log
... access_1
```

2. 生成文件及子目录的汇总信息

我们可以结合find、echo和wc（下一章会详细讲解该命令）生成子目录列表以及其中的文件数量。

下面的命令可以获得当前目录下文件的汇总信息：

```
for d in `find . -type d`;
  do
  echo `find $d -type f | wc -l` files in $d;
done
```

如果在/var/log下执行该脚本，会生成如下输出：

```
103 files in .
17 files in ./cups
0 files in ./hp
0 files in ./hp/tmp
```

## 第 3 章

以文件之名

本章内容

- ❏ 生成任意大小的文件
- ❏ 文本文件的交集与差集
- ❏ 查找并删除重复文件
- ❏ 文件权限、所有权与粘滞位
- ❏ 将文件设置为不可修改
- ❏ 批量生成空白文件
- ❏ 查找符号链接及其指向目标
- ❏ 枚举文件类型统计信息
- ❏ 使用环回文件
- ❏ 生成ISO及混合型ISO文件

- ❏ 查找并修补文件差异
- ❏ 使用head与tail打印文件的前10行和后10行
- ❏ 只列出目录的各种方法
- ❏ 在命令行中使用pushd和popd实现快速定位
- ❏ 统计文件的行数、单词数和字符数
- ❏ 打印目录树
- ❏ 处理视频与图像文件

3.1　简介

　　Unix为所有的设备和系统功能提供了文件形式的接口。可以通过这些特殊文件直接访问设备（如U盘和硬盘）以及系统功能（如内存占用情况、传感器和进程栈）。例如，我们所使用的命令终端就是和一个设备文件关联在一起的。可以通过写入特定终端所对应的设备文件来实现向终端写入信息。我们可以访问目录、普通文件、块设备、字符设备、符号链接、套接字和命名管道等。文件名、大小、文件类型、文件内容修改时间、文件访问时间、文件属性更改时间、i节点、链接以及文件所在的文件系统等都是文件的属性。本章包含的实战攻略涉及文件相关的操作及属性。

3.2　生成任意大小的文件

　　包含随机数据的文件可用于测试。你可以使用这种文件测试应用程序效率，确定应用程序没有输入方面的缺陷和大小方面的限制，创建环回文件系统（**环回文件**自身包含文件系统，这种文件可以像物理设备一样使用mount命令进行挂载）等。Linux提供了一些可用于构建此类文件的实用工具。

实战演练

创建特定大小的文件最简单的方法就是利用dd命令。dd命令会克隆给定的输入内容，然后将一模一样的一份副本写入输出。stdin、设备文件、普通文件等都可作为输入，stdout、设备文件、普通文件等也可作为输出。下面是使用dd命令的一个示例：

```
$ dd if=/dev/zero of=junk.data bs=1M count=1
1+0 records in
1+0 records out
1048576 bytes (1.0 MB) copied, 0.00767266 s, 137 MB/s
```

该命令会创建一个内容全部为0的1MB大小的文件junk.data。

来看一下命令参数：

❑ if表示输入文件（input file）;
❑ of表示输出文件（output file）;
❑ bs指定了以字节为单位的块大小（block size）;
❑ count表示需要被复制的块数。

> 以root身份使用dd命令时一定得留意，该命令运行在设备底层。要是你不小心出了岔子，搞不好会把磁盘清空或是损坏数据。一定要反复检查dd命令所用的语法是否正确，尤其是参数of=。
>
> 在上面的例子中，我们将bs指定为1MB，count指定为1，于是得到了一个大小为1MB的文件。如果把bs设为2MB，count设为2，那么总文件大小就是4MB。

块大小（bs）可以使用各种计量单位。表3-1中任意一个字符都可以置于表示大小的数字之后。

表 3-1

单元大小	代　码
字节（1B）	C
字（2B）	w
块（512B）	B
千字节（1024B）	K
兆字节（1024KB）	M
吉字节（1024MB）	G

我们可以利用bs来生成任意大小的文件。除了MB，表中给出的其他计量单位都可以使用。

/dev/zero是一个特殊的字符设备，它会返回0值字节（\0）。

如果不指定输入参数（if），dd会从stdin中读取输入。如果不指定输出参数（of），则dd会使用stdout作为输出。

使用dd命令也能够用来测量内存操作的速度，这可以通过向/dev/null传输大量数据并观察命令输出来实现（例如，在前一个例子中显示出的1048576 bytes (1.0 MB) copied, 0.00767266 s, 137 MB/s）。

3.3　文本文件的交集与差集

交集（intersection）和**差集**（set difference）操作在数学课上的集合论中经常会被用到。有时候，也需要对字符串执行类似的操作。

3.3.1　预备知识

comm命令可用于比较两个已排序的文件。它可以显示出第一个文件和第二个文件所独有的行以及这两个文件所共有的行。该命令有一些选项可以禁止显示指定的列，以便于执行交集和求差操作。

- ❑ **交集**（intersection）：打印出两个文件所共有的行。
- ❑ **求差**（difference）：打印出指定文件中所包含的互不相同的那些行。
- ❑ **差集**（set difference）[①]：打印出包含在文件A中，但不包含在其他指定文件（例如B和C）中的那些行。

3.3.2　实战演练

需要注意的是comm必须使用两个排过序的文件作为输入。下面是我们用到的输入文件：

```
$ cat A.txt
apple
orange
gold
silver
```

[①] 假设现在有两个文件A和B，内容分别是：A(1,2,3)，B(3,4,5)。那么，对这两个文件进行操作的结果如下。
交集：3。
求差：1,2,4,5。
差集（A）：1,2。

```
steel
iron

$ cat B.txt
orange
gold
cookies
carrot

$ sort A.txt -o A.txt ; sort B.txt -o B.txt
```

(1) 首先执行不带任何选项的comm：

```
$ comm A.txt B.txt
apple
        carrot
        cookies
                gold
iron
                orange
silver
steel
```

输出的第一列包含只在A.txt中出现的行，第二列包含只在B.txt中出现的行，第三列包含A.txt和B.txt中共有的行。各列之间以制表符（\t）作为分隔符。

(2) 为了打印两个文件的交集，我们需要删除前两列，只打印出第三列。-1选项可以删除第一列，-2选项可以删除第二列，最后留下的就是第三列：

```
$ comm A.txt B.txt -1 -2
gold
orange
```

(3) 删除第三列，就可以打印出两个文件中互不相同的那些行：

```
$ comm A.txt B.txt  -3
apple
        carrot
        cookies
iron
silver
steel
```

输出中包含着夹杂有空白的两列，显示了在file1和file2中存在的唯一的行。要想提高输出结果的可用性，可以将两列合并成一列，就像这样：

```
apple
carrot
cookies
iron
silver
steel
```

(4) 可以使用 tr（在第2章中讲到过）删除制表符来合并两列：

```
$ comm A.txt B.txt  -3 | tr -d '\t'
apple
carrot
cookies
iron
silver
steel
```

(5) 通过删除不需要的列，我们就可以分别得到A.txt和B.txt的差集。

❏ A.txt的差集

```
$ comm A.txt B.txt -2 -3
```

-2 -3 删除第二列和第三列。

❏ B.txt的差集

```
$ comm A.txt B.txt -1 -3
```

-1 -3 删除第一列和第三列。

3.3.3　工作原理

comm的命令行选项可以减少输出。

❏ -1：删除第一列。
❏ -2：删除第二列。
❏ -3：删除第三列。

差集操作允许你比较两个文件，去掉两个文件中共有的行，打印出只在A.txt或B.txt中出现的那些行。当A.txt和B.txt作为comm命令的参数时，输出中的第一列是A.txt相对于B.txt的差集，第二列是B.txt相对于A.txt的差集。

comm命令还接受字符-作为命令行参数，借此实现从stdin中读取输入。这就提供了一种比较多个文件的方法。

假设我们有一个文件C.txt：

```
$> cat C.txt
pear
orange
silver
mithral
```

我们可以将文件B.txt和C.txt与A.txt相比较：

```
$> sort B.txt C.txt | comm - A.txt
        apple
carrot
cookies
                gold
    iron
mithral
                orange
pear
                silver
        steel
```

3.4　查找并删除重复文件

无论是恢复备份，还是在**离线模式**（disconnected mode）下使用笔记本电脑，或是从手机中下载图片，到最后都会碰到具有相同内容的重复文件。你接下来要做的大概会是删除这些重复文件，只保留单个副本。我们可以使用一些shell实用工具检查文件内容，识别重复文件。在这则攻略中，我们将讨论如何查找重复文件并根据查找结果执行相关的操作。

3.4.1　预备知识

我们可以通过比较文件内容来识别重复文件。校验和是一种理想的解决方法。内容相同的文件自然会生成相同的校验和。

3.4.2　实战演练

下面是查找并删除重复文件的步骤。

(1) 创建一些测试文件：

```
$ echo "hello" > test ; cp test test_copy1 ; cp test test_copy2;
$ echo "next" > other;
# test_copy1和test_copy2都是test文件的副本
```

(2) 我们在脚本中使用awk（Linux/Unix系统中都存在的一个解释器）来删除重复文件：

```
# !/bin/bash
# 文件名：remove_duplicates.sh
# 用途：查找并删除重复文件，每一个文件只保留一份
ls -lS --time-style=long-iso | awk 'BEGIN {
  getline; getline;
  name1=$8; size=$5
}
{
  name2=$8;
  if (size==$5)
```

```
{
   "md5sum "name1 | getline; csum1=$1;
   "md5sum "name2 | getline; csum2=$1;
   if ( csum1==csum2 )
   {
      print name1; print name2
   }
};

size=$5; name1=name2;
}' | sort -u > duplicate_files


cat duplicate_files | xargs -I {} md5sum {} | \
sort | uniq -w 32 | awk '{ print $2 }' | \
sort -u > unique_files

echo Removing..
comm duplicate_files unique_files -3 | tee /dev/stderr | \
     xargs rm
echo Removed duplicates files successfully.
```

(3) 执行该脚本：

```
$ ./remove_duplicates.sh
```

3.4.3　工作原理

前文中的shell脚本会找出某个目录中同一文件的所有副本，然后保留单个副本的同时删除其他副本。让我们研究一下这个脚本的工作原理。

ls -ls对当前目录下的所有文件按照文件大小进行排序并列出文件的详细信息。--time-style=long-iso告诉ls依照ISO格式打印日期。awk读取ls -ls的输出，对行列进行比较，找出重复文件。

这段代码的执行逻辑如下。

❑ 我们将文件依据大小排序并列出，这样大小相同的文件就会排列在一起。识别大小相同的文件是我们查找重复文件的第一步。接下来，计算这些文件的校验和。如果校验和相同，那么这些文件就是重复文件，将被删除。

❑ 在进行主要处理之前，首先要执行awk的BEGIN{}语句块。该语句块读取文件所有的行并初始化变量。处理ls剩余的输出都是在{}语句块中完成的。读取并处理完所有的行之后，执行END{}语句块。ls -ls的输出如下：

```
total 16
-rw-r--r-- 1 slynux slynux 5 2010-06-29 11:50 other
```

```
-rw-r--r-- 1 slynux slynux 6 2010-06-29 11:50 test
-rw-r--r-- 1 slynux slynux 6 2010-06-29 11:50 test_copy1
-rw-r--r-- 1 slynux slynux 6 2010-06-29 11:50 test_copy2
```

❑ 第1行输出告诉了我们文件的总数量，这个信息在本例中没什么用处。我们用getline读取该行，然后丢弃掉。我们需要比对每一行及其下一行的文件大小。在BEGIN语句块中，使用getline读取文件列表的第一行并存储文件名和大小分别对应第8列和第5列）。当awk进入{}语句块后，依次读取余下的行（一次一行）。在该语句块中，将从当前行中得到的文件大小与之前存储在变量size中的值进行比较。如果相等，那就意味着两个文件至少在大小上是相同的，必须再用md5sum做进一步的检查。

我们在给出的解决方法中使用了一些技巧。

在awk内部可以读取外部命令的输出：

"cmd"| getline

读入一行后，该行就被保存在$0中，行中的每一列分别被保存在$1、$2···$n中。我们将文件的md5校验和分别保存在变量csum1和csum2中。变量name1和name2保存文件列表中相邻两个文件的文件名。如果两个文件的校验和相同，那它们肯定是重复文件，其文件名会被打印出来。

我们需要从每组重复文件中找出一个文件，这样就可以删除其他副本了。计算重复文件的md5sum值并从每一组重复文件中打印出其中一个。这是通过用-w 32比较每一行的md5sum输出中的前32个字符（md5sum的输出通常由32个字符的散列值和文件名组成）来找出那些不相同的行（注：也就是不重复的文件）。这样，每组重复文件中的一个采样就被写入unique_files文件。

现在需要将duplicate_files中列出的、未包含在unique_files之内的文件全部删除。comm命令可以将其打印出来。

对此，我们可以使用差集操作来实现（参考3.3节）。

comm只能处理排序过的文件。因此，使用sort -u来过滤duplicate_files和unique_files文件。

tee可以将文件名传给rm命令并输出。tee可以将输出发送至stdout和另一个文件中。我们也可以将文本重定向到stderr来实现终端打印功能。/dev/stderr是对应于stderr（标准错误）的设备。通过重定向到stderr设备文件，发送到stdin的文本将会以标准错误的形式出现在终端中。

3.5　文件权限、所有权与粘滞位

文件权限和所有权是Unix/Linux文件系统的显著特性之一。这些特性能够在多用户环境中保护你的个人信息。不匹配的权限和所有权也会导致文件共享方面的难题。这则攻略讲解了如何有效地设置文件的权限和所有权。

每一个文件都拥有多种类型的权限。在这些权限中，我们通常要和三组权限打交道（用户、用户组以及其他用户）。

用户（user）是文件的所有者，通常拥有所有的访问权。用户组（group）是多个用户的集合（由系统管理员指定），可能拥有文件的部分访问权。其他用户（others）是除文件所有者或用户组成员之外的任何人。

ls命令的-l选项可以显示出包括文件类型、权限、所有者以及组在内的多方面信息：

```
-rw-r--r-- 1 slynux users  2497  2010-02-28 11:22 bot.py
drwxr-xr-x 2 slynux users  4096  2010-05-27 14:31 a.py
-rw-r--r-- 1 slynux users  539   2010-02-10 09:11 cl.pl
```

第1列表明了文件类型。

- -：普通文件。
- d：目录。
- c：字符设备。
- b：块设备。
- l：符号链接。
- s：套接字。
- p：管道。

接下来的9个字符可以划分成三组，每组3个字符（--- --- ---）。第一组的3个字符对应用户权限（所有者），第二组对应用户组权限，第三组对应其他用户权限。这9个字符（即9个权限）中的每一个字符指明是否其设置了某种权限。如果已设置，对应位置上会出现一个字符，否则出现一个-，表明没有设置对应的权限。

有3种常见的字符。

- r（read）：如果设置，表明该文件、设备或目录可读。
- w（write）：如果设置，表明该文件、设备或目录可以被修改。对于目录而言，此权限指定了是否可以在目录下创建或删除文件。
- x（execute）：如果设置，表明该文件可执行。对于目录而言，此权限指定了能否访问目录下的文件。

让我们来看一下每组权限对于用户、用户组以及其他用户的含义。

❑ **用户**（权限序列：rwx------）：定义了用户权限。通常来说，对于数据文件，用户权限是rw-；对于脚本或可执行文件，用户权限是rwx。用户还有一个称为setuid（S）的特殊权限，它出现在执行权限（x）的位置。setuid权限允许可执行文件以其拥有者的权限来执行，即使这个可执行文件是由其他用户运行的。具有setuid权限文件的权限序列可以是这样的：-rwS------。

❑ **用户组**（权限序列：---rwx---）：第二组字符指定了组权限。组权限中并没有setuid，但是有一个setgid（S）位。它允许使用与可执行文件所属组权限相同的有效组来运行该文件。但是这个组和实际发起命令的用户组未必相同。例如，组权限的权限序列可以是这样的：----rwS---。

❑ **其他用户**（权限序列：------rwx）：最后3个字符是其他用户权限。如果设置了相应的权限，其他用户也可以访问特定的文件或目录。作为一种规则，通常将这组权限设置为---。

目录有一个叫作**粘滞位**（sticky bit）的特殊权限。如果目录设置了粘滞位，只有创建该目录的用户才能删除目录中的文件，就算用户组和其他用户也有写权限，仍无能为力。粘滞位出现在其他用户权限组中的执行权限（x）位置。它使用t或T来表示。如果没有设置执行权限，但设置了粘滞位，就使用T；如果同时设置了执行权限和粘滞位，就使用t。例如：

------rwt , ------rwT

设置目录粘滞位的一个典型例子就是/tmp，也就是说任何人都可以在该目录中创建文件，但只有文件的所有者才能删除其所创建的文件。

在ls -l的每一行输出中，字符串slynux users分别对应用户和用户组。在这里，slynux是文件所有者，也是组成员之一。

3.5.1 实战演练

可使用chmod命令设置文件权限。

假设需要设置权限：rwx rw- r-。

可以像下面这样使用chmod：

```
$ chmod u=rwx, g=rw, o=r filename
```
命令中用到的选项如下。

❑ u：指定用户权限。
❑ g：指定用户组权限。
❑ o：指定其他用户权限。

可以用+为用户、用户组和其他用户添加权限，用-取消权限。

为已经具有权限rwx rw- r-的文件添加可执行权限：

```
$ chmod o+x filename
```

该命令为其他用户添加了x权限。

给所有权限类别（即用户、用户组和其他用户）添加可执行权限：

```
$ chmod a+x filename
```

其中，a表示全部（all）。

如果需要删除权限，则使用-，例如：

```
$ chmod a-x filename
```

权限也可以使用3位八进制数来表示，每一位按顺序分别对应用户、用户组和其他用户。

读、写和执行权限都有与之对应的唯一的八进制数：

- $r = 4$
- $w = 2$
- $x = 1$

我们可以相加权限对应的八进制值得到所需的权限组合。例如：

- $rw- = 4 + 2 = 6$
- $r-x = 4 + 1 = 5$

权限rwx rw- r--的数字表示形式如下：

- $rwx = 4 + 2 + 1 = 7$
- $rw- = 4 + 2 = 6$
- $r-- = 4$

因此，rwx rw- r-- 等于764，那么使用八进制值设置权限的命令为：

```
$ chmod 764 filename
```

3.5.2　补充内容

让我们再看一些其他有关文件和目录的操作。

1. 更改所有权

可以使用chown命令更改文件或目录的所有权：

```
$ chown user:group filename
```

例如：

```
$ chown slynux:users test.sh
```

在这里，slynux是用户名，users是组名。

2. 设置粘滞位

粘滞位可以应用于目录。设置粘滞位后，只有目录的所有者才能够删除目录中的文件，即使其他人有该目录的写权限也无法执行删除操作。

可以使用chmod的+t选项设置：

```
$ chmod a+t directory_name
```

3. 以递归方式设置文件权限

有时候需要以递归的方式修改当前目录下的所有文件和子目录的权限。chmod的-R选项能够实现这种需求：

```
$ chmod 777 . -R
```

选项-R指定以递归的方式修改权限。

我们用.指定当前工作目录，这等同于：

```
$ chmod 777 "$(pwd)" -R
```

4. 以递归的方式设置所有权

用chown命令的-R能够以递归的方式设置所有权：

```
$ chown user:group . -R
```

5. 以不同的身份运行可执行文件（setuid）

一些可执行文件需要以另一种身份来运行。例如，http服务器会在系统启动期间由root负责运行，但是该进程应该属于用户httpd。setuid权限允许其他用户以文件所有者的身份来执行文件。

首先将文件的所有权更改为需要执行该文件的用户，然后以该用户的身份登录。运行下面的命令：

```
$ chmod +s executable_file
# chown root:root executable_file
# chmod +s executable_file
$ ./executable_file
```

现在，无论是谁发起调用，该文件都是以root用户的身份来执行。

setuid只能应用在Linux ELF格式的二进制文件上。你不能对脚本设置setuid。这是一种安全特性。

3.6　将文件设置为不可修改

在所有的Linux文件系统中都可以设置读、写、可执行以及setuid权限。除此之外，扩展文件系统（例如ext2、ext3、ext4）还支持其他属性。

其中一种扩展属性就是可以设置不可修改的文件。一旦设置，包括root在内的任何用户都无法删除该文件，除非撤销其不可修改的属性。可以利用命令df -T或是通过查看 /etc/mtab文件来确定文件系统的类型。/etc/mtab文件的第一列指定了分区设备路径（例如/dev/sda5），第三列指定了文件系统类型（例如ext3）。

不可修改属性是避免文件被篡改的安全手段之一。/etc/resolv.conf文件就是这样的一个例子。该文件包含了一组DNS服务器列表。DNS服务器负责将域名（例如packtpub.com）转换成IP地址。它通常被设置成你所属ISP的DNS服务器地址。但如果你更喜欢使用第三方的DNS服务器，可以修改/etc/resolv.conf，将其指向所选的服务器。可当下次你再连接到ISP时，/etc/resolv.conf又会恢复到之前的设置。为了避免这种情况，需要将/etc/resolv.conf设置成不可修改。

在这则攻略中，你将会看到如何根据需要，将文件设置为不可修改或可修改状态。

3.6.1　预备知识

chattr命令可用于更改扩展属性。它能够将文件设置为不可修改，也可以修改其他属性来调节文件系统同步或压缩率。

3.6.2　实战演练

通过以下步骤将文件设置为不可修改。

(1) 使用chattr将文件设置为不可修改：

```
# chattr +i file
```

(2) 现在文件已经无法修改了。来试试下面的命令：

```
rm file
rm: cannot remove 'file': Operation not permitted
```

(3) 如果需要使文件恢复可写状态，撤销不可修改属性即可：

```
chattr -i file
```

3.7　批量生成空白文件

脚本在应用于实际系统之前必须经过测试。我们可能需要生成大量文件来验证是否存在内存泄漏或是进程挂起等问题。这则攻略为你展示了如何生成空白文件。

3.7.1　预备知识

touch命令可以用来生成空白文件或是修改已有文件的时间戳。

3.7.2　实战演练

通过下列步骤批量生成空白文件。

(1) 调用touch命令并使用一个不存在的文件名作为参数，创建空白文件：

```
$ touch filename
```

(2) 批量生成不同名字的空白文件：

```
for name in {1..100}.txt
do
  touch $name
done
```

在上面的代码中，{1..100}会扩展成一个字符串1，2，3，4，5，6，7...100。除了{1..100}.txt，我们还可以使用其他简写样式，比如 test{1..200}.c、test{a..z}.txt等。

如果文件已经存在，那么touch命令会将与该文件相关的所有时间戳都更改为当前时间。如果我们只想更改某些时间戳，则可以使用下面的选项。

❏ touch -a 只更改文件访问时间。
❏ touch -m 只更改文件修改时间。

除了将时间戳更改为当前时间，我们还能够指定特定的时间和日期：

```
$ touch -d "Fri Jun 25 20:50:14 IST 1999" filename
```

-d使用的日期串不需要是严格的格式。它可以接受多种短格式日期。我们可以忽略具体时间，使用Jan 20, 2010这种格式。

3.8   查找符号链接及其指向目标

符号链接在类Unix系统中很常见。使用它的理由有很多，要么是为了便于访问，要么是为了维护同一代码库或程序的多个版本。这则攻略中我们讨论了处理符号链接的一些基本方法。

符号链接是指向其他文件或目录的指针。它在功能上类似于Mac OS中的别名或Windows中的快捷方式。删除符号链接不会影响到原始文件。

3.8.1   实战演练

我们可以按照下面的步骤来处理符号链接。

(1) 创建符号链接：

```
$ ln -s target symbolic_link_name
```

例如：

```
$ ln -s /var/www/ ~/web
```

这个命令在当前用户的主目录中创建了一个名为Web的符号链接。该链接指向/var/www。

(2) 使用下面的命令来验证链接是否已建立：

```
$ ls -l web
lrwxrwxrwx 1 slynux slynux 8 2010-06-25 21:34 web -> /var/www
```

`web -> /var/www`表明web指向 /var/www。

(3) 打印出当前目录下的符号链接：

```
$ ls -l | grep "^l"
```

(4) 打印出当前目录及其子目录下的符号链接：

```
$ find . -type l -print
```

(5) 使用`readlink`打印出符号链接所指向的目标路径：

```
$ readlink web
/var/www
```

3.8.2 工作原理

在使用grep和ls显示当前目录下的符号链接时，grep ^l命令用于对ls -l的输出进行过滤，只显示那些以l起始的行。^表示字符串的起始位置。其后的l指定了字符串必须以l开头，这标识了一个符号链接[①]。

在使用find时，选项-type l告诉find命令只搜索符号链接文件。-print选项将符号链接列表打印到标准输出（stdout）。使用当前目录作为搜索起始路径。

3.9 枚举文件类型统计信息

Linux支持很多文件类型。如果有一个脚本，它能够遍历目录及其子目录中所有的文件，并生成一份关于文件类型细节以及每种文件类型数量的报告，这肯定很有意思。这则攻略将教你编写这样一个能够遍历大量文件并收集相关细节的脚本。

3.9.1 预备知识

在Unix/Linux系统中，文件类型并不是由文件扩展名决定的（微软的Windows操作系统是这么做的）。Unix/Linux系统使用file命令，通过检查文件内容来确定其类型。编写这个脚本的目的是从多个文件中收集文件类型统计信息。脚本利用关联数组保存同类文件的数量信息。

> bash在版本4中才开始支持关联数组。

3.9.2 实战演练

按照以下步骤来枚举文件类型统计信息。

(1) 用下面的命令打印文件类型信息：

```
$ file filename

$ file /etc/passwd
/etc/passwd: ASCII text
```

(2) 打印不包括文件名在内的文件类型信息：

```
$ file -b filename
ASCII text
```

---

① 该方法利用了这样一个事实：每个符号链接的权限标记块（lrwxrwxrwx）均以字母l起始。

(3) 生成文件统计信息的脚本如下：

```
# !/bin/bash
# 文件名: filestat.sh

if [ $# -ne 1 ];
then
  echo "Usage is $0 basepath";
  exit
fi
path=$1

declare -A statarray;

while read line;
do
  ftype=`file -b "$line" | cut -d, -f1`
  let statarray["$ftype"]++;

done < <(find $path -type f -print)

echo ============ File types and counts =============
for ftype in "${!statarray[@]}";
do
  echo $ftype :  ${statarray["$ftype"]}
done
```

(4) 用法如下：

$ ./filestat.sh /home/slynux/temp

(5) 输出信息如下：

$ ./filetype.sh /home/slynux/programs
============ File types and counts =============
Vim swap file : 1
ELF 32-bit LSB executable : 6
ASCII text : 2
ASCII C program text : 10

3.9.3   工作原理

该脚本依赖于关联数组statarray。这个数组用文件类型作为数组索引：PDF、ASCII....。每个索引对应的值是该类型文件的数量。使用命令declare -A statarray定义关联数组。

脚本由两个循环组成：一个是while循环，负责处理find命令的输出；另一个是for循环，用于迭代statarray并生成输出。

while循环的形式如下：

```
while read line;
do something
done < filename
```

在这里，我们没有使用文件，而是使用find命令的输出作为while的输入。

(find $path -type f -print)就相当于上面的filename（文件名），只不过是用的子进程的输出。

> 注意，第一个<用于输入重定向，第二个<用于将子进程的输出转换成相应的filename（文件名）（注：这里使用了进程替换）。这两个<之间有一个空格，因此shell并不会将其解释为<<操作符。

find命令使用选项-type f返回$path所定义的目录下的文件列表。read命令一次读取一个文件名。当read接收到EOF（文件末尾）时，它返回假，while命令退出。

在while循环中，file命令用于确定文件类型。-b选项只显示出文件类型（不包含文件名）。

file命令能够提供很多细节信息，比如图像编码以及分辨率（如果是图像文件的话）。各种细节信息由逗号分隔，例如：

```
$ file a.out -b
ELF 32-bit LSB executable, Intel 80386, version 1 (SYSV),
dynamically linked (uses shared libs), for GNU/Linux 2.6.15, not
stripped
```

我们只需要从上面这些信息中提取ELF 32-bit LSB executable。因此使用-d，指明以逗号作为分隔符，使用-f1选择第一个字段。

<(find $path -type f -print)等同于文件名。只不过它用子进程输出来代替文件名。注意，第一个<用于输入重定向，第二个<用于将子进程的输出转换成文件名。在两个<之间有一个空格，避免shell将其解释为<<操作符。

在Bash 3.x及更高的版本中，有一个新操作符<<<，可以让我们将字符串作为输入文件。利用这个新操作符，可以将loop循环的done语句改写成：

```
done <<< "`find $path -type f -print`"
```

${!statarray[@]}用于返回数组的索引列表。

3.10　使用环回文件

Linux文件系统通常存在于磁盘或**记忆棒**（memory stick）这种设备上。文件其实也可以作为文件系统挂载。这种存在于文件中的文件系统（filesystem-in-a-file）可用于测试、文件系统定制或者是作为机密信息的加密盘。

3.10.1   实战演练

让我们来看看如何在大小为1GB的文件中创建ext4文件系统。

(1) 使用dd命令创建一个1GB大小的文件：

```
$ dd if=/dev/zero of=loobackfile.img bs=1G count=1
1024+0 records in
1024+0 records out
1073741824 bytes (1.1 GB) copied, 37.3155 s, 28.8 MB/s
```

你会发现创建好的文件大小超过了1GB。这是因为作为块设备，硬盘是按照块大小的整数倍来分配存储空间的。

(2) 用mkfs命令将1GB的文件格式化成ext4文件系统：

```
$ mkfs.ext4 loopbackfile.img
```

(3) 使用file命令检查文件系统：

```
$ file loobackfile.img
loobackfile.img: Linux rev 1.0 ext4 filesystem data,
UUID=c9d56c42-
f8e6-4cbd-aeab-369d5056660a (extents) (large files) (huge files)
```

(4) 使用mkdir创建挂载点并挂载环回文件：

```
# mkdir /mnt/loopback
# mount -o loop loopbackfile.img /mnt/loopback
```

选项-o loop用来挂载环回文件系统。

这里用的实际上是一种快捷方式，可以将环回文件系统附加到（attach）由操作系统选定的设备上，这些设备的名称类似于/dev/loop1或/dev/loop2。

(5) 也可以使用以下命令来指定具体的环回设备：

```
# losetup /dev/loop1 loopbackfile.img
# mount /dev/loop1 /mnt/loopback
```

(6) 使用下面的方法进行卸载（umount）：

```
# umount mount_point
```

例如：

```
# umount /mnt/loopback
```

(7) 也可以用设备文件的路径作为umount命令的参数：

```
# umount /dev/loop1
```

ℹ️ 注意，因为mount和umount都是特权命令，所以必须以root用户的身份来执行。

3.10.2 工作原理

我们必须首先使用dd命令生成一个文件来创建环回文件系统。dd是一个用于复制**原始数据**（raw data）的通用命令。它将数据从if参数所指定的文件复制到of参数所指定的文件中。我们指定dd复制一块大小为1GB的块，这样就创建了一个1GB的文件。/dev/zero是一个特殊的文件，从这个文件中读出的内容都是0。

然后，使用mkfs.ext4命令在该文件中创建ext4文件系统。设备上必须有文件系统存在才能够挂载。常用的文件系统包括ext4、ext3和vfat。

最后，我们使用mount命令将环回文件挂载到**挂载点**上（在本例中是/mnt/loopback）。挂载点使得用户可以访问文件系统中的文件。在执行mount命令之前，应该先使用mkdir命令创建挂载点。选项-o loop用于指明要挂载的是环回文件，而非设备。

当mount知道它使用的是环回文件时，它会自动在/dev中建立一个对应该环回文件的设备并将其挂载。如果想手动操作，可以使用losetup命令建立设备，然后使用mount命令挂载。

3.10.3 补充内容

让我们再来研究一下使用环回文件和挂载的其他用法。

1. 在环回镜像中创建分区

假设我们需要创建一个环回文件，然后对其分区并挂载其中某个分区。在这种情况下，没法使用mount -o loop。我们必须手动建立设备并挂载分区。

使用下面的方法对文件（内容全部填充为0）进行分区：

```
# losetup /dev/loop1 loopback.img
# fdisk /dev/loop1
```

ℹ️ fdisk是Linux系统中的标准分区工具，在http://www.tldp.org/HOWTO/Partition/fdisk_partitoning.html处可以找到一份有关如何使用fdisk创建分区的简明教程（记得将教程中的/dev/hdb换成/dev/loop1）。

在loopback.img中创建分区并挂载第一个分区：

```
# losetup -o 32256 /dev/loop2 loopback.img
```

/dev/loop2表示第一个分区，-o用来指定偏移量，在DOS分区方案[①]中，这个偏移量是32256。第一个分区在硬盘上起始于32 256字节处。

我们也可以指定所需的偏移量来挂载第二个分区。完成挂载之后，就可以像在物理设备上一样执行所有日常操作了。

2. 快速挂载带有分区的环回磁盘镜像

如果我们希望挂载环回磁盘镜像中的分区，可以通过参数的形式将分区偏移量传递给losetup命令。不过，有一个更快的方法可以挂载镜像中的所有分区：kpartx。该命令默认并没有安装在系统中，你得使用软件包管理器来安装：

```
# kpartx -v -a diskimage.img
add map loop0p1 (252:0): 0 114688 linear /dev/loop0 8192
add map loop0p2 (252:1): 0 15628288 linear /dev/loop0 122880
```

这条命令在磁盘镜像的分区与/dev/mapper中的设备之间建立了映射，随后便可以挂载这些设备了。下列命令可以用来挂载第一个分区：

```
# mount /dev/mapper/loop0p1 /mnt/disk1
```

当你完成设备上的操作后（并使用umount卸载所有挂载过的分区），使用下列命令移除映射关系：

```
# kpartx -d diskimage.img
loop deleted : /dev/loop0
```

3. 将ISO文件作为环回文件挂载

ISO文件是光学存储介质的归档。我们可以采用挂载环回文件的方法，像挂载物理光盘一样挂载ISO文件。

我们甚至可以用一个非空目录作为挂载路径。在设备被卸载之前，这个挂载路径中包含的都是来自该设备的数据，而非目录中的原始内容。例如：

```
# mkdir /mnt/iso
# mount -o loop linux.iso /mnt/iso
```

现在就可以对/mnt/iso中的文件进行操作了。ISO是一个只读文件系统。

---

① losetup 中的 -o 32256 (512*63=32256)用于设置数据偏移。由于历史原因，硬盘第一个扇区（512 字节）作为 MBR（Master Boot Record，主引导记录），其后的62个扇区作为保留扇区。

4. 使用sync立刻应用更改

对挂载设备作出的更改并不会被立即写入物理设备。只有当内部缓冲区被写满之后才会回写设备。我们可以用sync命令强制立刻写入更改：

```
$ sync
```

3.11　生成 ISO 及混合型 ISO 文件

ISO镜像是一种存档格式，它存储了如CD-ROM、DVD-ROM等光盘的精准镜像。ISO文件通常用于存储待刻录的数据。

在本节中，我们会看到如何使用光盘来创建能够以环回设备挂载的ISO文件以及如何生成可用于刻录的ISO文件。

我们需要区分可引导光盘与不可引导光盘。可引导光盘自身具备引导能力，也可以运行操作系统或其他软件。系统安装盘和Live系统（如Knoppix和Puppy）都属于可引导光盘。

不可引导光盘则做不到这些。升级盘和源代码DVD都属于不可引导光盘。

> 注意，将可引导光盘中的内容复制到另一张光盘上并不足以生成一张新的可引导光盘。要想保留光盘的可引导性，应该使用ISO文件将其保存为磁盘镜像。

现在很多人使用闪存作为光盘的代替品。当我们将一个可引导的ISO文件写入闪存后，它却再也无法引导了，除非我们使用一种专门为此设计的混合ISO镜像。

这则攻略将带你认识ISO镜像及其处理方法。

3.11.1　预备知识

我们之前提到过，Unix将一切都作为文件来处理。所有的设备都是文件。因此，如果你想复制设备的精准镜像，需要从中读出所有的数据并将其写入另外一个文件。光驱对应的设备文件位于目录/dev中，其名称如/dev/cdrom、/dev/dvd，或者也可能是/dev/sd0。在访问形如sd*的设备时得留心。多种设备的名字都是以sd开头。比如说，你的硬盘也许是sd0，CD-ROM是sd1。

cat命令可以用来读取任何数据，重定向可以将读出的数据写入文件。这样做当然没有问题，不过我们还有更好的方法。

3.11.2　实战演练

用下面的命令从/dev/cdrom创建一个ISO镜像：

```
# cat /dev/cdrom > image.iso
```

尽管可以奏效，但创建ISO镜像最好的方法还是使用dd命令：

```
# dd if=/dev/cdrom of=image.iso
```

mkisofs命令可以创建ISO镜像文件。该命令生成的输出文件能够被cdrecord这类实用工具刻录到CD-ROM或DVD-ROM。我们需要将所有文件放入同一个目录中，然后用mkisofs命令将整个目录中的内容写入ISO文件：

```
$ mkisofs -V "Label" -o image.iso source_dir/
```

其中选项-o指定了ISO文件的路径。source_dir是作为ISO文件内容来源的目录路径，选项-V指定了ISO文件的卷标。

3.11.3　补充内容

让我们继续学习一些ISO文件相关的命令和技巧。

1. 能够启动闪存或硬盘的混合型ISO

通常无法通过将可引导的ISO文件写入USB存储设备来创建可引导的U盘。但是有一种被称为"混合ISO"的特殊ISO文件可以实现这一点。

我们可以用isohybrid命令把标准ISO文件转换成混合ISO。isohybrid是一个比较新的实用工具，尚未包含在大多数的Linux发行版中。你可以从http://www.syslinux.org下载syslinux软件包，也可以使用yum或apt-get获取syslinux-utils。

下面的命令能够制作出可引导的ISO文件：

```
# isohybrid image.iso
```

这个混合型ISO文件可用于写入USB存储设备。

将该ISO写入USB存储设备：

```
# dd if=image.iso of=/dev/sdb1
```

你可以用相应的设备代替/dev/sdb1，或者使用cat命令：

```
# cat image.iso >> /dev/sdb1
```

2. 用命令行刻录ISO

cdrecord命令可以将ISO文件刻入CD-ROM或DVD-ROM。

使用下列命令刻录CD-ROM：

```
# cdrecord -v dev=/dev/cdrom image.iso
```

还有一些其他的选项，如下所示。

❑ 使用-speed选项指定刻录速度：

```
-speed SPEED
```

例如：

```
# cdrecord -v dev=/dev/cdrom image.iso -speed 8
```

参数8表明其刻录速度为8x。

❑ 刻录CD-ROM时也可以采用**多区段**（multi-session）方式，这样就能在一张光盘上分多次刻录数据。多区段刻录需要使用-multi选项：

```
# cdrecord -v dev=/dev/cdrom image.iso -multi
```

3. 玩转CD-ROM托盘

如果你用的是桌面电脑，不妨试试下面的命令来找点乐子。

```
$ eject
```

这个命令可以弹出光驱托盘。

```
$ eject -t
```

这个命令可以合上光驱托盘。

不妨试着写一个可以让托盘重复开合n次的循环吧。可千万别趁你的同事外出喝咖啡时把这段代码放入他们的.bashrc中。

3.12　查找并修补文件差异

当文件存在多个版本时，如果能够重点标记出这些版本之间的不同而无须通过人工查看来比较，那就简直是太棒了。这则攻略为你演示如何生成文件之间的差异对比。当多名开发人员共事时，某个人对于文件的修改必须告知其他人。要是发送整个源代码的话，可是一件耗时的活儿。这时，发送一个差异文件就显得很有用了，因为该文件中只包含那些被修改、添加或删除的行以及行号。这种差异文件叫作**修补文件**（patch file）。我们可以用patch命令将修补文件中包含的变更信息应用到原始文件，也可以再次进行修补来撤销变更。

3.12.1　实战演练

diff命令可以生成两个文件之间的差异对比。

(1) 先创建下列用于演示的文件。

文件 1：version1.txt

```
this is the original text
line2
line3
line4
happy hacking !
```

文件 2：version2.txt

```
this is the original text
line2
line4
happy hacking !
GNU is not UNIX
```

(2) **非一体化**（nonunified）形式的 diff 输出（不使用 -u 选项）如下：

```
$ diff version1.txt version2.txt
3d2
<line3
6c5
> GNU is not UNIX
```

(3) 一体化形式的 diff 输出如下：

```
$ diff -u version1.txt version2.txt
--- version1.txt  2010-06-27 10:26:54.384884455 +0530
+++ version2.txt  2010-06-27 10:27:28.782140889 +0530
@@ -1,5 +1,5 @@
this is the original text
line2
-line3
line4
happy hacking !
-
+GNU is not UNIX
```

选项 -u 用于生成一体化输出。因为一体化输出的可读性更好，更易于看出两个文件之间的差异，所以人们往往更喜欢这种输出形式。

在一体化 diff 输出中，以 + 起始的是新加入的行，以 - 起始的是被删除的行。

(4) 修补文件可以通过将 diff 的输出重定向到一个文件来生成：

```
$ diff -u version1.txt version2.txt > version.patch
```

现在就可以用 patch 命令将变更应用于其中任意一个文件。当应用于 version1.txt 时，就可以得到 version2.txt；而当应用于 version2.txt 时，就得到了 version1.txt。

(5) 用下列命令来进行修补：

```
$ patch -p1 version1.txt < version.patch
patching file version1.txt
```

version1.txt的内容现在和version 2.txt一模一样了。

(6) 下列命令可以撤销作出的变更：

```
$ patch -p1 version1.txt < version.patch
patching file version1.txt
Reversed (or previously applied) patch detected!  Assume -R? [n] y
# 变更被撤销
```

如上例所示，对已修补过的文件再修补将撤销作出的变更。如果使用patch命令的-R选项，则不会提示用户y/n。

3.12.2　补充内容

让我们再看一些diff的其他特性。

生成目录的差异信息

diff命令也能够以递归的形式处理目录。它会对目录中的所有内容生成差异对比。使用下面的命令：

```
$ diff -Naur directory1 directory2
```

该命令中出现的选项含义如下。

- ❑ -N：将缺失的文件视为空文件。
- ❑ -a：将所有文件视为文本文件。
- ❑ -u：生成一体化输出。
- ❑ -r：递归遍历目录下的所有文件。

3.13　使用 head 与 tail 打印文件的前 10 行和后 10 行

cat命令并不适合查看上千行的大文件，因为它会把整个文件内容全部给打印出来。相反，我们只想查看文件的一小部分内容（例如文件的前10行或后10行）。有时候可能是文件的前n行或后n行，也可能是除了前n行或后n行之外所有的行，亦或是第m行至第n行。

head和tail命令可以帮助我们实现这些需求。

实战演练

head命令总是读取输入文件的起始部分。

(1) 打印前10行：

```
$ head file
```

(2) 从stdin读取数据：

```
$ cat text | head
```

(3) 指定打印前几行：

```
$ head -n 4 file
```

该命令会打印出文件的前4行。

(4) 打印除了最后M行之外所有的行：

```
$ head -n -M file
```

注意，这里的-M表示的是负数，并非选项。

例如，用下面的命令可以打印出除最后5行之外的所有行：

```
$ seq 11 | head -n -5
1
2
3
4
5
6
```

而下面的命令会打印出文件的第1行至第5行：

```
$ seq 100 | head -n 5
```

(5) 打印除最后几行之外的其他行是head的一种常见用法。在检查日志文件时，我们通常要查看最近（也就是最后）的若干行。

(6) 打印文件的最后10行：

```
$ tail file
```

(7) 从stdin中读取输入：

```
$ cat text | tail
```

(8) 打印最后5行：

```
$ tail -n 5 file
```

(9) 打印除了前*M*行之外所有的行：

```
$ tail -n +(M+1)
```

例如，打印除前5行之外的所有行，M+1=6，因此使用下列命令：

```
$ seq 100 | tail -n +6
```

这条命令将打印出第6行至第100行。

　　tail命令的一个常见用法是监视一个内容不断增加的文件（例如系统日志文件）中出现的新行。因为新增加的行都是出现在文件的尾部，可以在其被写入的时候，使用tail将这些行显示出来。为了能够监视文件的增长，tail有一个特殊的选项-f或--follow，允许tail关注文件内容的更新并将其显示出来：

```
$ tail -f growing_file
```

你可能希望将该命令用于日志文件。监视文件内容增加的命令如下：

```
# tail -f /var/log/messages
```

或者

```
$ dmesg | tail -f
```

　　dmesg可以查看内核的环形缓冲区消息。我们通常使用该命令调试USB设备、检查磁盘操作或是监视网络连接性。-f还可以加入一个睡眠间隔-s，这样我们就可以设置监视文件更新的时间间隔了。

　　可以设置tail在指定进程结束后随之结束运行。

　　假设进程Foo在向一个我们正在监视的文件中追加数据。那么tail -f应该一直执行到进程Foo结束。

```
$ PID=$(pidof Foo)
$ tail -f file --pid $PID
```

当进程Foo结束之后，tail也会跟着结束。

让我们实际演练一下。

(1) 创建一个新文件file.txt，使用你惯用的文本编辑器打开这个文件。

(2) 现在运行下列命令：

```
$ PID=$(pidof gedit)
$ tail -f file.txt --pid $PID
```

(3) 向文件添加新行并不断地保存文件。

当你更新文件时，新添加的内容都会被tail命令写入终端。关闭文本编辑器后，tail命令也会随之结束。

3.14   只列出目录的各种方法

用脚本只列出目录不是件容易事。这则攻略介绍了多种只列出目录的方法。

3.14.1   预备知识

有很多种方法可以只列出目录。dir类似于ls，但选项更少。另外也可以使用ls和find来列出目录。

3.14.2   实战演练

可以依据下列方法列出当前路径下的目录。

(1) 使用ls -d：

```
$ ls -d */
```

(2) 使用grep结合ls -F：

```
$ ls -F | grep "/$"
```

(3) 使用grep结合ls -l：

```
$ ls -l | grep "^d"
```

(4) 使用find：

```
$ find . -type d -maxdepth 1 -print
```

3.14.3   工作原理

当使用ls的-F选项时，所有的输出项后面都会多出一个代表文件类型的字符，如@、*、|等。目录对应的是/字符。我们用grep只过滤那些行尾标记为/$的输出项。

ls -l输出的每一行的首字符表示文件类型。目录的文件类型字符是d。因此我们用grep过滤以d起始的行。^是行首标记。

使用find命令的时候可以指定-type的参数为d并将maxdepth设置成1，这是因为我们不需要继续向下搜索子目录。

3.15　在命令行中使用 **pushd** 和 **popd** 实现快速定位

　　如果需要在文件系统的多个位置上切换时，惯常的实践就是复制并粘贴路径，然后使用cd命令。但当涉及位置不止一个的时候，这种方法的效率并不高。如果需要在位置之间来回切换，时间都耗费在输入或粘贴路径上了。Bash和其他shell都支持使用pushd和popd命令切换目录。

3.15.1　预备知识

　　pushd和popd可以用于在多个目录之间切换而无需重新输入目录路径。这两个命令会创建一个路径栈，它是一个保存了已访问目录的LIFO列表（LastInFirstOut，后进先出）。

3.15.2　实战演练

　　可以使用pushd和popd来代替cd命令。

　　(1) 压入并切换路径：

```
~ $ pushd /var/www
```

　　现在栈中包含/var/www ~，当前目录为 /var/www。

　　(2) 再压入下一个目录路径：

```
/var/www $ pushd /usr/src
```

　　现在栈中包含/usr/src /var/www ~，当前目录为/usr/src。

　　你可以根据需要压入更多的目录路径。

　　(3) 查看栈的内容：

```
$ dirs
/usr/src /var/www ~ /usr/share /etc
0        1        2 3          4
```

　　(4) 当你想切换到栈中任意一个路径时，将每条路径从0编号到n，然后使用你希望切换到的路径编号。例如：

```
$ pushd +3
```

　　这条命令会将栈进行翻转并切换到目录/usr/share。

　　pushd总是向栈中添加路径。如果要从栈中删除路径，可以使用popd。

　　(5) 删除最近压入的路径并切换到下一个目录：

```
$ popd
```

假设现在栈包含/usr/src /var/www ~ /usr/share /etc，当前目录是 /usr/src，popd会将栈更改为/var/www ~ /usr/share /etc，然后把当前目录切换至/var/www。

(6) 用popd +num可以从栈中移除特定的路径。num是从左到右、从0到*n*开始计数的。

3.15.3　补充内容

让我们再进行一些基本的目录定位练习。

当涉及3个以上的目录时，pushd和popd就可以发挥作用了。但是如果只涉及两个位置，还有另一个更简便的方法：cd -。

假设当前路径是 /var/www，执行下面的命令：

```
/var/www $  cd /usr/src
/usr/src $        # 做点什么
```

现在要切换回 /var/www，不需要再输入/var/www了，只执行：

```
/usr/src $ cd -
```

你还可以再切换到 /usr/src：

```
/var/www $ cd -
```

3.16　统计文件的行数、单词数和字符数

我们经常需要统计文件的行数、单词数和字符数。很多时候，这种统计结果被用于生成所需要的输出。本书的其他章节就包含了这样一些富有技巧性的实例。对开发人员来说，**统计代码行数**（LOC，Lines of Code）是一件经常要做的工作。我们可能需要对特定类型的文件进行统计，例如不包括目标文件在内的源代码文件。wc结合其他命令就可以帮助我们实现这种需求。

wc是一个用于统计行、单词和字符数量的实用工具。它是Word Count（单词计数）的缩写。

实战演练

wc支持多种选项来统计行数、单词数和字符数。

(1) 统计行数：

```
$ wc -l file
```

(2) 如果需要将 stdin 作为输入，使用下列命令：

```
$ cat file | wc -l
```

(3) 统计单词数：

```
$ wc -w file
$ cat file | wc -w
```

(4) 统计字符数：

```
$ wc -c file
$ cat file | wc -c
```

我们可以按照下面的方法统计文本中的字符数：

```
echo -n 1234 | wc -c
4
```

-n 用于避免 echo 添加额外的换行符。

(5) 不使用任何选项时，wc 会打印出行、单词和字符的数量：

```
$ wc file
1435    15763   112200
```

这些分别是文件的行数、单词数和字符数。

(6) 使用 -L 选项打印出文件中最长一行的长度：

```
$ wc file -L
205
```

3.17 打印目录树

将目录和文件系统以图形化的树状层次结构描述会使其更为形象。这种形式也被一些监控脚本用来更清晰易懂地呈现文件系统。

3.17.1 预备知识

tree 命令能够以图形化的树状结构打印文件和目录。Linux 发行版中通常不包含这个命令。你需要用包管理器自行安装。

3.17.2 实战演练

下面是树状 Unix 文件系统的一个示例：

```
$ tree ~/unixfs
unixfs/
|-- bin
|   |-- cat
|   `-- ls
|-- etc
|   `-- passwd
|-- home
|   |-- pactpub
|   |   |-- automate.sh
|   |   `-- schedule
|   `-- slynux
|-- opt
|-- tmp
`-- usr
8 directories, 5 files
```

tree命令支持多种选项。

❑ -P选项可以只显示出匹配指定模式的文件:

```
$ tree path -P PATTERN     # 使用通配符描述模式并将其放入单引号中
```

例如:

```
$ tree PATH -P '*.sh'      # 使用目录路径替换PATH
|-- home
|   |-- packtpub
|   |   `-- automate.sh
```

❑ -I选项可以只显示出不匹配指定模式的文件:

```
$ tree path -I PATTERN
```

❑ -h选项可以同时打印出文件和目录的大小:

```
$ tree -h
```

3.17.3　补充内容

tree命令还可以在终端中生成HTML输出。

生成HTML形式的目录树

用下面的命令可以生成一个包含目录树输出的HTML文件:

```
$ tree PATH -H http://localhost -o out.html
```

将http://localhost替换为适合存放输出文件的URL。将PATH替换为主目录的真实路径。当前目录可以用.作为PATH。

根据目录列表生成的Web页面如图3-1所示。

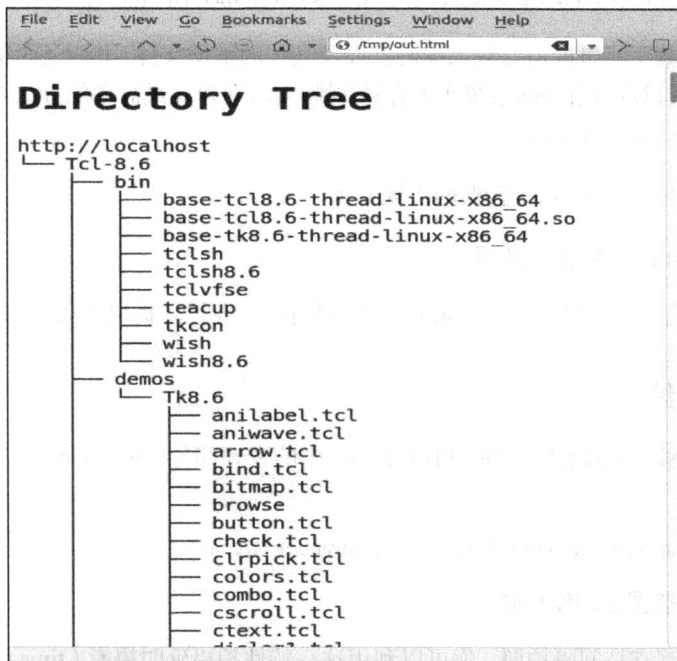

图 3-1

3.18 处理视频与图像文件

Linux和Unix都拥有很多能够处理图像和视频文件的应用程序和工具。大多数的Linux发行版中都包含了ImageMagick套件，其中的convert程序可用于处理图像。像kdenlive和openshot这种全功能的视频编辑程序都是构建在命令行程序ffmpeg和mencoder之上的。

convert的命令选项有数百个。我们只涉及其提取部分图像的功能。

ffmpeg和mencoder的命令选项和功能也不少，足够写上一本书了。我们也只讲几个简单的用法。

本节中要讲到几个与图像和视频处理相关的攻略。

3.18.1 预备知识

多数Linux发行版中都自带了ImageMagick。如果你的系统中没安装或是其版本太旧，可以到ImageMagick的网站：www.imagemagick.org，按照上面给出的步骤下载并安装最新版本。

和ImageMagick一样,很多Linux发行版中也已经包含了ffmpeg和mencoder。这两个软件的最新版本可以分别在http://www.ffmpeg.org和http://www.mplayerhq.hu上找到。

构建和安装视频工具可能需要载入编码器以及其他的辅助文件,其中还牵扯到扯不清的版本依赖问题。如果你打算使用Linux系统作为音频/视频编辑平台,最简单的办法是安装专门为此设计的发行版,例如Ubuntu Studio。

接着是一些常见的音频–视频转换的实现方法。

从视频文件(mp4)中提取音频

MV看起来的确赏心悦目,不过音乐的重点还是在于"听"。提取视频中的音频并不难。

3.18.2 实战演练

下面的命令能够将mp4视频文件(FILE.mp4)中的音频部分提取成mp3文件(OUTPUTFILE.mp3):

```
ffmpeg -i FILE.mp4 -acodec libmp3lame OUTPUTFILE.mp3
```

1. 使用一组静态图像制作视频

很多数码相机都支持间隔拍照。你可以利用这一特性拍摄延时摄影(time-lapse photography)或是创建定格视频(stop-action video)。在www.cwflynt.com上就有一些这样的作品。你可以通过OpenShot视频编辑软件或是在命令行中使用mencoder将一组静态图像转换成视频。

(1) 实战演练

这个脚本可以接受一组图片,然后从中生成一段MPEG视频:

```
$ cat stills2mpg.sh
echo $* | tr ' ' '\n' >files.txt
mencoder mf://@files.txt -mf fps=24 -ovc lavc \
-lavopts vcodec=msmpeg4v2 -noskip -o movie.mpg
```

将上面的命令复制/粘贴到一个文件中,将文件命名为stills2mpg.sh,设置可执行权限,然后按照下列形式调用:

```
./stills2mpg.sh file1.jpg file2.jpg file3.jpg ...
```

或者

```
./stills2mpg.sh *.jpg
```

(2) 工作原理

mencoder命令要求输入文件采用固定的格式,一行只能有一个图像文件名。脚本的第一行将所有的命令行参数传给tr命令，后者负责将作为分隔符的空格转换为换行符。这样就将单行文件列表变成了多行文件列表（一行一个）。

你可以通过设置FPS（frames-per-second，帧速）来改变视频的播放速度。例如，将FPS修改成1会产生幻灯片的效果，每秒钟播放一帧。

2. 使用静态照片生成平移视频

如果你打算制作自己的视频，可能会想对视频中的某些风景采用平移镜头。大多数相机都可以录制视频，但如果你只有一张静态照片，依然可以制作平移视频。

(1) 实战演练

相机拍摄的照片通常要比视频的尺寸更大（分辨率更高）。你可以使用convert提取大尺寸照片中的某些部分，然后使用mencoder将其拼合在一起，形成平移镜头：

```
$> makePan.sh
# 调用方法:
# sh makePan.sh OriginalImage.jpg prefix width height xoffset yoffset
# 清除旧数据
rm -f tmpFiles
# 创建200张静态图片，每次移动xoffset和yoffset个像素
for o in `seq 1 200`
 do
 x=$[ $o+$5 ]
 convert -extract $3x$4+$x+$6 $1 $2_$x.jpg
 echo $2_$x.jpg >> tmpFiles
done
#将图片拼合成mpg视频文件
mencoder mf://@tmpFiles -mf fps=30 -ovc lavc -lavcopts \
        vcodec=msmpeg4v2 -noskip -o $2.mpg
```

(2) 工作原理

这个脚本比我们之前见过的脚本都要复杂。它使用了7个命令行参数，分别指定了输入图片、输出文件前缀、临时图片的宽度和高度以及原始图片的起始偏移。

在for循环中，脚本创建了一组图片并将其文件名保存在名为tmpFiles的文件中。最后，使用mencoder将提取出的图片合并成能够导入视频编辑器（如kdenlive或OpenShot）的MPEG视频。

## 第 4 章

让文本飞

4

本章内容

- ❑ 使用正则表达式
- ❑ 使用grep在文件中搜索文本
- ❑ 使用cut按列切分文件
- ❑ 使用sed替换文本
- ❑ 使用awk进行高级文本处理
- ❑ 统计特定文件中的词频
- ❑ 压缩或解压缩JavaScript
- ❑ 按列合并多个文件

- ❑ 打印文件或行中的第n个单词或列
- ❑ 打印指定行或模式之间的文本
- ❑ 以逆序形式打印行
- ❑ 解析文本中的电子邮件地址和URL
- ❑ 删除文件中包含特定单词的句子
- ❑ 对目录中的所有文件进行文本替换
- ❑ 文本切片与参数操作

4.1 简介

shell脚本语言包含了众多用于解决Unix/Linux系统问题的工具，其中有不少和文本处理相关，包括sed、awk、grep和cut，这些工具可以相互结合以满足文本处理需求。

这些实用工具能够帮助我们在不同的层面上处理文本文件，比如字符、行、单词、行列等。

正则表达式是一种基础的模式匹配技术。大多数文本处理工具都支持正则表达式。借助适合的正则表达式，我们可以对文本文件执行过滤、剥离（strip）、替换、搜索等操作。

本章包括一系列攻略，讲解了多个文本处理问题的解决方法。

4.2 使用正则表达式

正则表达式是基于模式匹配的文本处理技术的关键所在。想要有效地运用正则表达式，就必须对其有一个基本的理解。

会用ls的用户应该都熟悉通配符模式。通配符可以运用在很多场景中，但是对于文本处理而言，功能还远远不够。正则表达式允许你更精细地描述模式。

[a-z0-9_]+@[a-z0-9]+\.[a-z]+.就是一个典型的能够匹配电子邮件地址的正则表达式。

看起来有点怪异是吧？别担心，跟着这则攻略学习，你就会发现它其实很简单。

4.2.1　实战演练

正则表达式是由字面文本和具有特殊意义的符号组成的。我们可以根据需要，构造出适合的正则表达式来匹配任何文本。正则表达式是很多工具所支持的基本功能。本节将为你讲解正则表达式，但不会介绍其所涉及的Linux/Unix工具。这些工具留待随后的其他攻略中再叙。

下面先来学习正则表达式的规则。

1. 位置标记

位置标记锚点（position marker anchor）是标识字符串位置的正则表达式。默认情况下，正则表达式所匹配的字符可以出现在字符串中任何位置，见表4-1。

表　4-1

正则表达式	描　　述	示　　例
^	指定了匹配正则表达式的文本必须起始于字符串的首部	^tux 能够匹配以tux起始的行
$	指定了匹配正则表达式的文本必须结束于目标字符串的尾部	tux$能够匹配以tux结尾的行

2. 标识符

标识符是正则表达式的基础组成部分。它定义了那些为了匹配正则表达式，必须存在（或不存在）的字符，见表4-2。

表　4-2

正则表达式	描　　述	示　　例
A字符	正则表达式必须匹配该字符	A能够匹配字符A
.	匹配任意一个字符	Hack.能够匹配Hack1和Hacki，但是不能匹配Hack12或Hackil，它只能匹配单个字符
[]	匹配中括号内的任意一个字符。中括号内可以是一个字符组或字符范围	coo[kl]能够匹配cook或cool，[0-9]匹配任意单个数字
[^]	匹配不在中括号内的任意一个字符。中括号内可以是一个字符组或字符范围	9[^01]能够匹配92和93，但是不匹配91和90；A[^0-9]匹配A以及随后除数字外的任意单个字符

3. 数量修饰符

一个标识符可以出现一次、多次或是不出现。数量修饰符定义了模式可以出现的次数，见表4-3。

表 4-3

正则表达式	描 述	示 例
?	匹配之前的项1次或0次	colou?r能够匹配color或colour，但是不能匹配colouur
+	匹配之前的项1次或多次	Rollno-9+能够匹配Rollno-99和Rollno-9，但是不能匹配Rollno-
*	匹配之前的项0次或多次	co*l能够匹配cl、col和coool
{n}	匹配之前的项n次	[0-9]{3}能够匹配任意的三位数，[0-9]{3}可以扩展为[0-9][0-9][0-9]
{n,}	之前的项至少需要匹配n次	[0-9]{2,}能够匹配任意一个两位或更多位的数字
{n,m}	之前的项所必须匹配的最小次数和最大次数	[0-9]{2,5}能够匹配两位数到五位数之间的任意一个数字

4. 其他

还有其他一些特殊字符可以调整正则表达式的匹配方式，见表4-4。

表 4-4

正则表达式	描 述	示 例
()	将括号中的内容视为一个整体	ma(tri)?x能够匹配max或matrix
|	指定了一种选择结构，可以匹配|两边的任意一项	Oct (1st | 2nd)能够匹配Oct 1st或Oct 2nd
\\	转义字符可以转义之前介绍的特殊字符	a\\.b能够匹配a.b，但不能匹配ajb。因为\\忽略了.的特殊意义

正则表达式的更多细节请参考：http://www.linuxforu.com/2011/04/sed-explained-part-1/。

5. 补充内容

来看几个正则表达式的例子。

能够匹配任意单词的正则表达式：

```
( +[a-zA-Z]+ +)
```

开头的+表示需要匹配一个或多个空格。字符组[a-zA-Z]用于匹配所有的大小写字母。随后的+表示至少要匹配一个字母，多者不限。最后的+表示需要匹配一个或多个空格来终结单词。

> 这个正则表达式无法匹配句子末尾的单词。要想匹配句尾或是逗号前的单词，需要将正则表达式改写为：
>
> ```
> ( +[a-zA-Z]+[?,.]? +)
> ```

[?,.]?表示仅需要匹配问号、逗号或点号中的一个。

匹配IP地址很容易。我们知道IP地址是由点号分隔的4组三位数字。

[0-9]表示匹配数字。{1,3}表示至少一位数字，至多三位数字：

```
[0-9]{1,3}\.[0-9]{1,3}\.[0-9]{1,3}\.[0-9]{1,3}
```

或者也可以使用[[:digit:]]表示数字：

```
[[:digit:]]{1,3}\.[[:digit:]]{1,3}\.[[:digit:]]{1,3}\.[[:digit:]]{1,3}
```

我们知道IP地址是由点号分隔的4个整数（每一个整数的取值范围从0到255），例如192.168.0.2。

> 这个正则表达式可以匹配文本中的IP地址，但是它并不检查地址的合法性。例如，形如123.300.1.1的IP地址可以被正则表达式匹配，但这却是一个非法的IP地址。

4.2.2　工作原理

正则表达式由复杂的状态机解析，尝试在目标文本中找出最佳匹配。文本可以是管道的输出、文件，甚至是在命令行中输入的字符串。正则表达式的实现方法不止一种，其实现引擎通常会选择最长的匹配。

例如，对于字符串this is a test和正则表达式s.*s，匹配的内容是s is a tes，而非s is。

4.2.3　补充内容

前面的多个表格描述了正则表达式中特殊字符的含义。

1. 处理特殊字符

正则表达式用$、^、.、*、+、{以及}等作为特殊字符。但是如果我们希望将这些字符作为普通字符使用，应该怎么做呢？来看一个正则表达式：a.txt。

该正则表达式能够匹配字符a，然后是任意字符（由.负责匹配），接着是字符串txt。但是我们希望.能够匹配字面意义上的.，而非任意字符。因此需要在.之前加上一个反斜线\（这叫作"字符转义"）。这表明正则表达式希望匹配的是字面含义，而不是它所代表的特殊含义。因此，最终的正则表达式就变成了a\.txt。

2. 可视化正则表达式

正则表达式不容易理解。幸好有一些将正则表达式进行可视化的工具。你可以在页面 http://www.regexper.com 中输入正则表达式，然后创建出一副图示来帮助你理解。图4-1就是一个简单的正则表达式的可视化截图。

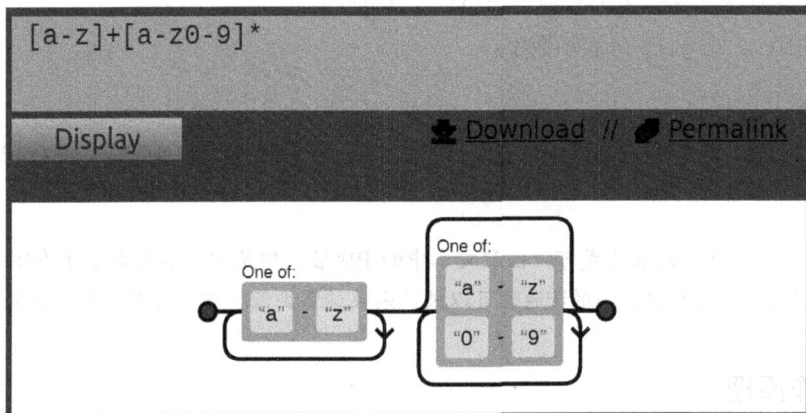

图   4-1

4.3   使用 grep 在文件中搜索文本

如果你忘记把钥匙放在了哪里，就得自己去找；如果你忘记了文件中的内容，grep命令可以帮助你查找。这则攻略将教你如何定位包含特定文本模式的文件。

4.3.1   实战演练

grep命令作为Unix中用于文本搜索的神奇工具，能够接受正则表达式，生成各种格式的输出。

(1) 在stdin中搜索匹配特定模式的文本行：

```
$ echo -e "this is a word\nnext line" | grep word
this is a word
```

(2) 在文件中搜索匹配特定模式的文本行：

```
$ grep pattern filename
this is the line containing pattern
```

或者

```
$ grep "pattern" filename
this is the line containing pattern
```

(3) 在多个文件中搜索匹配特定模式的文本行:

```
$ grep "match_text" file1 file2 file3 ...
```

(4) 选项--color可以在输出行中着重标记出匹配到的模式。尽管该选项在命令行中的放置位置没有强制要求, 不过惯常作为第一个选项出现:

```
$ grep --color=auto word filename
this is the line containing word
```

(5) grep命令默认使用基础正则表达式。这是先前描述的正则表达式的一个子集。选项-E可以使grep使用扩展正则表达式。也可以使用默认启用扩展正则表达式的egrep命令:

```
$ grep -E "[a-z]+" filename
```

或者

```
$ egrep "[a-z]+" filename
```

(6) 选项-o可以只输出匹配到的文本:

```
$ echo this is a line. | egrep -o "[a-z]+\."
line
```

(7) 选项-v可以打印出不匹配match_pattern的所有行:

```
$ grep -v match_pattern file
```

选项-v能够**反转**(invert)匹配结果。

(8) 选项-c能够统计出匹配模式的文本行数:

```
$ grep -c "text" filename
10
```

需要注意的是-c只是统计匹配行的数量, 并不是匹配的次数。例如:

```
$ echo -e "1 2 3 4\nhello\n5 6" | egrep  -c "[0-9]"
2
```

尽管有6个匹配项, 但egrep命令只输出2, 这是因为只有两个匹配行。在单行中出现的多次匹配只被计为一次。

(9) 要统计文件中匹配项的数量, 可以使用下面的技巧:

```
$ echo -e "1 2 3 4\nhello\n5 6" | egrep -o "[0-9]" | wc -l
6
```

(10) 选项-n可以打印出匹配字符串所在行的行号:

```
$ cat sample1.txt
gnu is not unix
```

```
linux is fun
bash is art
$ cat sample2.txt
planetlinux
$ grep linux -n sample1.txt
2:linux is fun
```

或者

```
$ cat sample1.txt | grep linux -n
```

如果涉及多个文件，该选项也会随输出结果打印出文件名：

```
$ grep linux -n sample1.txt sample2.txt
sample1.txt:2:linux is fun
sample2.txt:2:planetlinux
```

(11) 选项-b可以打印出匹配出现在行中的偏移。配合选项-o可以打印出匹配所在的字符或字节偏移：

```
$ echo gnu is not unix | grep -b -o "not"
7:not
```

字符在行中的偏移是从0开始计数，不是1。

(12) 选项-l可以列出匹配模式所在的文件：

```
$ grep -l linux sample1.txt sample2.txt
sample1.txt
sample2.txt
```

和-l效果相反的选项是-L，它会返回一个不匹配的文件列表。

4.3.2　补充内容

grep命令是Linux/Unix系统中最为全能的命令之一。它还包括其他一些选项，可用于搜索目录、选择待搜索的文件等。

1. 递归搜索多个文件

如果需要在多级目录中对文本进行递归搜索，可以使用下列命令：

```
$ grep "text" . -R -n
```

命令中的.指定了当前目录。例如：

```
$ cd src_dir
$ grep "test_function()" . -R -n
./miscutils/test.c:16:test_function();
```

grep的选项-R和-r功能一样。

test_function()位于miscutils/test.c的第16行。如果你要在网站或源代码树中展开搜索，选项-R尤其有用。它等价于下列命令：

```
$ find . -type f | xargs grep "test_function()"
```

2. 忽略模式中的大小写

选项-i可以在匹配模式时不考虑字符的大小写：

```
$ echo hello world | grep -i "HELLO"
hello
```

3. 使用grep匹配多个模式

选项-e可以指定多个匹配模式：

```
$ grep -e "pattern1" -e "pattern2"
```

上述命令会打印出匹配任意一种模式的行，每个匹配对应一行输出。例如：

```
$ echo this is a line of text | grep -o -e "this" -e "line"
this
line
```

可以将多个模式定义在文件中。选项-f可以读取文件并使用其中的模式（一个模式一行）：

```
$ grep -f pattern_file source_filename
```

例如：

```
$ cat pat_file
hello
cool

$ echo hello this is cool | grep -f pat_file
hello this is cool
```

4. 在grep搜索中指定或排除文件

grep可以在搜索过程中使用通配符指定（include）或排除（exclude）某些文件。

使用--include选项在目录中递归搜索所有的 .c和 .cpp文件：

```
$ grep "main()" . -r  --include *.{c,cpp}
```

注意，some{string1,string2,string3}会被扩展成somestring1 somestring2 somestring3。

使用选项--exclude在搜索过程中排除所有的README文件：

```
$ grep "main()" . -r --exclude "README"
```

选项--exclude-dir可以排除目录：

```
$ grep main . -r -exclude-dir CVS
```

如果需要从文件中读取排除文件列表，使用--exclude-from FILE。

5. 使用0值字节后缀的xargs与grep

xargs命令可以为其他命令提供命令行参数列表。当文件名作为命令行参数时，建议用0值字节作为文件名终结符，而非空格。因为一些文件名中会包含空格字符，一旦它被误解为终结符，那么单个文件名就会被视为两个（例如，New file.txt被解析成New和file.txt两个文件名）。这个问题可以利用0值字节后缀来避免。我们使用xargs从命令（如grep和find）中接收stdin文本。这些命令可以生成带有0值字节后缀的输出。为了指明输入中的文件名是以0值字节作为终结，需要在xargs中使用选项-0。

创建测试文件：

```
$ echo "test" > file1
$ echo "cool" > file2
$ echo "test" > file3
```

选项-l告诉grep只输出有匹配出现的文件名。选项-Z使得grep使用0值字节（\0）作为文件名的终结符。这两个选项通常都是配合使用的。xargs的-0选项会使用0值字节作为输入的分隔符：

```
$ grep "test" file* -lZ | xargs -0 rm
```

6. grep的静默输出

有时候，我们并不打算查看匹配的字符串，而只是想知道是否能够成功匹配。这可以通过设置grep的静默选项（-q）来实现。在静默模式中，grep命令不会输出任何内容。它仅是运行命令，然后根据命令执行成功与否返回退出状态。0表示匹配成功，非0表示匹配失败。

下面这个脚本利用grep的静默模式来测试文件中是否有匹配文本：

```
#!/bin/bash
# 文件名: silent_grep.sh
# 用途: 测试文件是否包含特定的文本内容

if [ $# -ne 2 ]; then
  echo "Usage: $0 match_text filename"
  exit 1
fi
```

```
match_text=$1
filename=$2
grep -q "$match_text" $filename

if [ $? -eq 0 ]; then
  echo "The text exists in the file"
else
  echo "Text does not exist in the file"
fi
```

这个silent_grep.sh脚本接受两个命令行参数：一个是需要匹配的单词（Student），另一个是文件名（student_data.txt）：

```
$ ./silent_grep.sh Student student_data.txt
The text exists in the file
```

7. 打印出匹配文本之前或之后的行

基于上下文的打印是grep的一个挺不错的特性。当grep找到了匹配模式的行时，它只会打印出这一行。但我们也许需要匹配行之前或之后的*n*行。这可以通过控制选项-B和-A来实现。

选项-A可以打印匹配结果之后的行：

```
$ seq 10 | grep 5 -A 3
5
6
7
8
```

选项-B可以打印匹配结果之前的行：

```
$ seq 10 | grep 5 -B 3
2
3
4
5
```

选项-A和-B可以结合使用，或者也可以使用选项-C，它可以分别打印出匹配结果之前及之后的*n*行：

```
$ seq 10 | grep 5 -C 3
2
3
4
5
6
7
8
```

如果有多个匹配，那么使用--作为各部分之间的分隔：

```
$ echo -e "a\nb\nc\na\nb\nc" | grep a -A 1
a
b
--
a
b
```

4.4　使用 cut 按列切分文件

cut命令可以按列，而不是按行来切分文件。该命令可用于处理使用固定宽度字段的文件、CSV文件或是由空格分隔的文件（例如标准日志文件）。

4.4.1　实战演练

cut命令能够提取指定位置或列之间的字符。你可以指定每列的分隔符。在cut的术语中，每列被称为一个**字段**。

(1) 选项-f可以指定要提取的字段：

```
cut -f FIELD_LIST filename
```

FIELD_LIST是需要显示的列。它由列号组成，彼此之间用逗号分隔。例如：

```
$ cut -f 2,3 filename
```

该命令将显示第2列和第3列。

(2) cut命令也能够从stdin中读取输入。

制表符是字段默认的分隔符。对于没有使用分隔符的行，会将该行照原样打印出来。cut的选项-s可以禁止打印出这种行。下面的例子演示了如何从使用制表符作为分隔符的文件中提取列：

```
$ cat student_data.txt
No  Name  Mark  Percent
1   Sarath 45   90
2   Alex  49  98
3   Anu  45   90

$ cut -f1 student_data.txt
No
1
2
3
```

(3) 要想提取多个字段，就得给出由逗号分隔的多个字段编号：

```
$ cut -f2,4 student_data.txt
Name      Percent
Sarath    90
Alex      98
Anu       90
```

(4) 我们也可以用 --complement 选项显示出没有被 -f 指定的那些字段。下面的命令会打印出除第 3 列之外的所有列：

```
$ cut -f3 --complement student_data.txt
No   Name    Percent
1    Sarath  90
2    Alex    98
3    Anu     90
```

(5) 选项 -d 能够设置分隔符。下面的命令展示了如何使用 cut 处理由分号分隔的字段：

```
$ cat delimited_data.txt
No;Name;Mark;Percent
1;Sarath;45;90
2;Alex;49;98
3;Anu;45;90

$ cut -f2 -d";" delimited_data.txt
Name
Sarath
Alex
Anu
```

4.4.2　补充内容

cut 命令还有其他一些选项可以指定要显示的列。

指定字段的字符或字节范围

固定列宽的报表在列与列之间都存在数量不等的空格[①]。你没法根据字段的位置来提取值，但是可以根据字符位置提取。cut 命令可以根据字节或者字符来指定选择范围。

输入每一个字符的提取位置就说不过去了，因此除了逗号分隔的列表，cut 可以接受表 4-5 中列出的记法。

表　4-5

N-	从第 N 个字节、字符或字段开始到行尾
N-M	从第 N 个字节、字符或字段开始到第 M 个（包括第 M 个在内）字节、字符或字段
-M	从第 1 个字节、字符或字段开始到第 M 个（包括第 M 个在内）字节、字符或字段

---

① 这些空格是作为填充之用，为了保证列的宽度相同。

我们使用上面介绍的记法，结合下列选项将字段指定为某个范围内的字节、字符或字段：

- □ -b 表示字节
- □ -c 表示字符
- □ -f 用于定义字段

例如：

```
$ cat range_fields.txt
abcdefghijklmnopqrstuvwxyz
abcdefghijklmnopqrstuvwxyz
abcdefghijklmnopqrstuvwxyz
abcdefghijklmnopqrstuvwxy
```

你可以打印第2个到第5个字符：

```
$ cut -c2-5 range_fields.txt
bcde
bcde
bcde
bcde
```

打印前2个字符：

```
$ cut -c -2 range_fields.txt
ab
ab
ab
ab
```

若要用字节作为计数单位，可以将-c替换成-b。

选项--output-delimiter可以指定输出分隔符。在显示多组数据时，该选项尤为有用：

```
$ cut range_fields.txt -c1-3,6-9 --output-delimiter ","
abc,fghi
abc,fghi
abc,fghi
abc,fghi
```

4.5   使用 sed 替换文本

sed是stream editor（流编辑器）的缩写。它最常见的用法是进行文本替换。这则攻略中包括了大量sed命令的常见用法。

4.5.1   实战演练

sed可以使用另一个字符串来替换匹配模式。模式可以是简单的字符串或正则表达式：

```
$ sed 's/pattern/replace_string/' file
```

sed也可以从stdin中读取输入:

```
$ cat file | sed 's/pattern/replace_string/'
```

> 如果你用的是vi编辑器,你会发现它用于替换文本的命令和sed的非常相似。sed默认只打印出被替换的文本,可以将其用于管道中。
>
> ```
> $ cat /etc/passwd | cut -d : -f1,3 | sed 's/:/ - UID: /'
> root - UID: 0
> bin - UID: 1
> ...
> ```

(1) 选项-i会使得sed用修改后的数据替换原始文件:

```
$ sed -i 's/text/replace/' file
```

(2) 之前的例子只替换了每行中模式首次匹配的内容。g标记可以使sed执行全局替换:

```
$ sed 's/pattern/replace_string/g' file
```

/#g标记可以使sed替换第N次出现的匹配:

```
$ echo thisthisthisthis | sed 's/this/THIS/2g'
thisTHISTHISTHIS

$ echo thisthisthisthis | sed 's/this/THIS/3g'
thisthisTHISTHIS

$ echo thisthisthisthis | sed 's/this/THIS/4g'
thisthisthisTHIS
```

sed命令会将s之后的字符视为命令分隔符。这允许我们更改默认的分隔符/:

```
sed 's:text:replace:g'
sed 's|text|replace|g'
```

如果作为分隔符的字符出现在模式中,必须使用\对其进行转义:

```
sed 's|te\|xt|replace|g'
```

\|是出现在模式中被转义的分隔符。

4.5.2 补充内容

sed命令可以使用正则表达式作为模式,另外还包含了大量可用于文本处理的选项。

1. 移除空行

有了正则表达式的支持,移除空行不过是小菜一碟。空行可以用正则表达式 ^$ 进行匹配。

最后的 /d 告诉 sed 不执行替换操作，而是直接删除匹配到的空行：

```
$ sed '/^$/d' file
```

2. 直接在文件中替换

如果将文件名传递给 sed，它会将文件内容输出到 stdout。要是我们想就地（in place）修改文件内容，可以使用选项 -i：

```
$ sed 's/PATTERN/replacement/' -i filename
```

例如，使用指定的数字替换文件中所有3位数的数字：

```
$ cat sed_data.txt
11 abc 111 this 9 file contains 111 11 88 numbers 0000

$ sed -i 's/\b[0-9]\{3\}\b/NUMBER/g' sed_data.txt
$ cat sed_data.txt
11 abc NUMBER this 9 file contains NUMBER 11 88 numbers 0000
```

上面的单行命令只替换了所有的3位数字。正则表达式 \b[0-9]\{3\}\b 用于匹配3位数字。[0-9] 表示数字取值范围是从0到9。{3} 表示匹配之前的数字3次。\{3\} 中的 \ 用于转义 { 和 }。\b 表示单词边界。

> 有一种值得推荐的做法是先使用不带 -i 选项的 sed 命令，以确保正则表达式没有问题，如果结果符合要求，再加入 -i 选项将更改写入文件。另外，你也可以使用下列形式的 sed：
>
> ```
> sed -i.bak 's/abc/def/' file
> ```
>
> 这时的 sed 不仅替换文件内容，还会创建一个名为 file.bak 的文件，其中包含着原始文件内容的副本。

3. 已匹配字符串标记（&）

在 sed 中，我们可以用 & 指代模式所匹配到的字符串，这样就能够在替换字符串时使用已匹配的内容：

```
$ echo this is an example | sed 's/\w\+/[&]/g'
[this] [is] [an] [example]
```

在这个例子中，正则表达式 \w\+ 匹配每一个单词，然后我们用 [&] 替换它。& 对应于之前所匹配到的单词。

4. 子串匹配标记（\1）

& 指代匹配给定模式的字符串。我们还可以使用 \# 来指代出现在括号中的部分正则表达式

（注：子模式）所匹配到的内容：

```
$ echo this is digit 7 in a number | sed 's/digit \([0-9]\)/\1/'
this is 7 in a number
```

这条命令将digit 7替换为7。\(pattern\)用于匹配子串，在本例中匹配到的子串是7。子模式被放入使用反斜线转义过的()中。对于匹配到的第一个子串，其对应的标记是\1，匹配到的第二个子串是\2，往后以此类推。

```
$ echo seven EIGHT | sed 's/\([a-z]\+\) \([A-Z]\+\)/\2 \1/'
EIGHT seven
```

\([a-z]\+\)匹配第一个单词，\([A-Z]\+\)匹配第二个单词。\1和\2分别用来引用这两个单词。这种引用形式叫作**向后引用**（back reference）。在替换部分，它们的次序被更改为\2 \1，因此就呈现出了逆序的结果。

5. 组合多个表达式

可以利用管道组合多个sed命令，多个模式之间可以用分号分隔，或是使用选项-e PATTERN：

```
sed 'expression' | sed 'expression'
```

它等同于

```
$ sed 'expression; expression'
```

或者

```
$ sed -e 'expression' -e 'expression'
```

考虑下列示例：

```
$ echo abc | sed 's/a/A/' | sed 's/c/C/'
AbC
$ echo abc | sed 's/a/A/;s/c/C/'
AbC
$ echo abc | sed -e 's/a/A/' -e 's/c/C/'
AbC
```

6. 引用

sed表达式通常用单引号来引用。不过也可以使用双引号。shell会在调用sed前先扩展双引号中的内容。如果想在sed表达式中使用变量，双引号就能派上用场了。

例如：

```
$ text=hello
$ echo hello world | sed "s/$text/HELLO/"
HELLO world
```

$text的求值结果是hello。

4.6　使用 **awk** 进行高级文本处理

awk命令可以处理数据流。它支持关联数组、递归函数、条件语句等功能。

4.6.1　预备知识

awk脚本的结构如下：

```
awk 'BEGIN{ print "start" } pattern { commands } END{ print "end" }' file
```

awk命令也可以从stdin中读取输入。

awk脚本通常由3部分组成：BEGIN、END和带模式匹配选项的公共语句块（common statement block）。这3个部分都是可选的，可以不用出现在脚本中。

awk以逐行的形式处理文件。BEGIN之后的命令会先于公共语句块执行。对于匹配PATTERN的行，awk会对其执行PATTERN之后的命令。最后，在处理完整个文件之后，awk会执行END之后的命令。

4.6.2　实战演练

简单的awk脚本可以放在单引号或双引号中：

```
awk 'BEGIN { statements } { statements } END { end statements }'
```

或者

```
awk "BEGIN { statements } { statements } END { end statements }"
```

下面的命令会输出文件行数：

```
$ awk 'BEGIN { i=0 } { i++ } END { print i}' filename
```

或者

```
$ awk "BEGIN { i=0 } { i++ } END { print i }" filename
```

4.6.3　工作原理

awk命令的工作方式如下。

(1) 首先执行BEGIN { commands } 语句块中的语句。

(2) 接着从文件或stdin中读取一行，如果能够匹配pattern，则执行随后的commands语句块。重复这个过程，直到文件全部被读取完毕。

(3) 当读至输入流末尾时，执行END { commands } 语句块。

BEGIN语句块在awk开始从输入流中读取行之前被执行。这是一个可选的语句块，诸如变量初始化、打印输出表格的表头等语句通常都可以放在BEGIN语句块中。

END语句块和BEGIN语句块类似。它在awk读取完输入流中所有的行之后被执行。像打印所有行的分析结果这种常见任务都是在END语句块中实现的。

最重要的部分就是和pattern关联的语句块。这个语句块同样是可选的。如果不提供，则默认执行{ print }，即打印所读取到的每一行。awk对于读取到的每一行都会执行该语句块。这就像一个用来读取行的while循环，在循环体中提供了相应的语句。

每读取一行，awk就会检查该行是否匹配指定的模式。模式本身可以是正则表达式、条件语句以及行范围等。如果当前行匹配该模式，则执行{ }中的语句。

模式是可选的。如果没有提供模式，那么awk就认为所有的行都是匹配的：

```
$ echo -e "line1\nline2" | awk 'BEGIN { print "Start" } { print } \
    END { print "End" } '
Start
line1
line2
End
```

当使用不带参数的print时，它会打印出当前行。

print能够接受参数。这些参数以逗号分隔，在打印参数时则以空格作为参数之间的分隔符。在awk的print语句中，双引号被当作拼接操作符（concatenation operator）使用。例如：

```
$ echo | awk '{ var1="v1"; var2="v2"; var3="v3"; \
    print var1,var2,var3 ; }'
```

该命令输出如下：

```
v1 v2 v3
```

echo命令向标准输出写入一行，因此awk的{ }语句块中的语句只被执行一次。如果awk的输入中包含多行，那么{ }语句块中的语句也就会被执行相应的次数。

拼接的使用方法如下：

```
$ echo | awk '{ var1="v1"; var2="v2"; var3="v3"; \
    print var1 "-" var2 "-" var3 ; }'
```

该命令输出如下：

```
v1-v2-v3
```

{ }就像一个循环体，对文件中的每一行进行迭代。

> **TIP**　　我们通常将变量初始化语句（如var=0；）放入BEGIN语句块中。在END{}
> 语句块中，往往会放入用于打印结果的语句。

4.6.4　补充内容

awk命令与诸如grep、find和tr这类命令不同，它功能众多，而且拥有很多能够更改命令
行为的选项。awk命令是一个解释器，它能够解释并执行程序，和shell一样，它也包括了一些特
殊变量。

1. 特殊变量

以下是awk可以使用的一些特殊变量。

- ☐ NR：表示记录编号，当awk将行作为记录时，该变量相当于当前行号。
- ☐ NF：表示字段数量，在处理当前记录时，相当于字段数量。默认的字段分隔符是空格。
- ☐ $0：该变量包含当前记录的文本内容。
- ☐ $1：该变量包含第一个字段的文本内容。
- ☐ $2：该变量包含第二个字段的文本内容。

例如：

```
$ echo -e "line1 f2 f3\nline2 f4 f5\nline3 f6 f7" | \

awk '{
    print "Line no:"NR",No of fields:"NF, "$0="$0,
    "$1="$1,"$2="$2,"$3="$3
}'
Line no:1,No of fields:3 $0=line1 f2 f3 $1=line1 $2=f2 $3=f3
Line no:2,No of fields:3 $0=line2 f4 f5 $1=line2 $2=f4 $3=f5
Line no:3,No of fields:3 $0=line3 f6 f7 $1=line3 $2=f6 $3=f7
```

我们可以用print $NF打印一行中最后一个字段，用$(NF-1)打印倒数第二个字段，其他
字段以此类推。awk也支持printf()函数，其语法和C语言中的同名函数一样。

下面的命令会打印出每一行的第二和第三个字段：

```
$awk '{ print $3, $2 }'  file
```

我们可以使用NR统计文件的行数：

```
$ awk 'END{ print NR }' file
```

这里只用到了END语句块。每读入一行，awk都会更新NR。当到达文件末尾时，NR中的值就

是最后一行的行号。你可以将每一行中第一个字段的值按照下面的方法累加：

```
$ seq 5 | awk 'BEGIN { sum=0; print "Summation:" }
{ print $1"+"; sum+=$1 } END { print "=="; print sum }'
Summation:
1+
2+
3+
4+
5+
==
15
```

2. 将外部变量值传递给awk

借助选项-v，我们可以将外部值（并非来自stdin）传递给awk：

```
$ VAR=10000
$ echo | awk -v VARIABLE=$VAR '{ print VARIABLE }'
10000
```

还有另一种灵活的方法可以将多个外部变量传递给awk。例如：

```
$ var1="Variable1" ; var2="Variable2"
$ echo | awk '{ print v1,v2 }' v1=$var1 v2=$var2
Variable1 Variable2
```

当输入来自于文件而非标准输入时，使用下列命令：

```
$ awk '{ print v1,v2 }' v1=$var1 v2=$var2 filename
```

在上面的方法中，变量以键–值对的形式给出，使用空格分隔（v1=$var1 v2=$var2），作为awk的命令行参数紧随在BEGIN、{}和END语句块之后。

3. 用getline读取行

awk默认读取文件中的所有行。如果只想读取某一行，可以使用getline函数。它可以用于在BEGIN语句块中读取文件的头部信息，然后在主语句块中处理余下的实际数据。

该函数的语法为：getline var。变量var中包含了特定行。如果调用时不带参数，我们可以用$0、$1和$2访问文本行的内容。例如：

```
$ seq 5 | awk 'BEGIN { getline; print "Read ahead first line", $0 }
{ print $0 }'
Read ahead first line 1
2
3
4
5
```

4. 使用过滤模式对awk处理的行进行过滤

我们可以为需要处理的行指定一些条件：

```
$ awk 'NR < 5'      # 行号小于5的行
$ awk 'NR==1,NR==4'      # 行号在1到5之间的行
$ awk '/linux/'      # 包含模式为linux的行 (可以用正则表达式来指定模式)
$ awk '!/linux/'      # 不包含模式为linux的行
```

5. 设置字段分隔符

默认的字段分隔符是空格。我们也可以用选项-F指定不同的分隔符：

```
$ awk -F: '{ print $NF }' /etc/passwd
```

或者

```
awk 'BEGIN { FS=":" } { print $NF }' /etc/passwd
```

在BEGIN语句块中可以用OFS="delimiter"设置输出字段分隔符。

6. 从awk中读取命令输出

awk可以调用命令并读取输出。把命令放入引号中，然后利用管道将命令输出传入getline：

```
"command" | getline output ;
```

下面的代码从/etc/passwd文件中读入一行，然后显示出用户登录名及其主目录。在BEGIN语句块中将字段分隔符设置为:，在主语句块中调用了grep。

```
$ awk 'BEGIN {FS=":"} { "grep root /etc/passwd" | getline; \
    print $1,$6 }'
root /root
```

7. awk的关联数组

除了数字和字符串类型的变量，awk还支持关联数组。关联数组是一种使用字符串作为索引的数组。你可以通过中括号中索引的形式来分辨出关联数组：

```
arrayName[index]
```

就像用户定义的简单变量一样，你也可以使用等号为数组元素赋值：

```
myarray[index]=value
```

8. 在awk中使用循环

在awk中可以使用for循环，其格式与C语言中的差不多：

```
for(i=0;i<10;i++) { print $i ; }
```

另外awk还支持列表形式的for循环，也可以显示出数组的内容：

```
for(i in array) { print array[i]; }
```

下面的例子展示了如何将收集到的数据存入数组并显示出来。这个脚本从/etc/password中读取文本行，以:作为分隔符将行分割成字段，然后创建一个关联数组，数组的索引是登录ID，对应的值是用户名：

```
$ awk 'BEGIN {FS=":"} {nam[$1]=$5} END {for {i in nam} \
    {print i,nam[i]}}' /etc/passwd
root root
ftp FTP User
userj Joe User
```

9. awk内建的字符串处理函数

awk有很多内建的字符串处理函数。

- length(string)：返回字符串string的长度。
- index(string, search_string)：返回search_string在字符串string中出现的位置。
- split(string, array, delimiter)：以delimiter作为分隔符，分割字符串string，将生成的字符串存入数组array。
- substr(string, start-position, end-position)：返回字符串string中以start-position和end-position作为起止位置的子串。
- sub(regex, replacement_str, string)：将正则表达式regex匹配到的第一处内容替换成replacment_str。
- gsub(regex, replacement_str, string)：和sub()类似。不过该函数会替换正则表达式regex匹配到的所有内容。
- match(regex, string)：检查正则表达式regex是否能够在字符串string中找到匹配。如果能够找到，返回非0值；否则，返回0。match()有两个相关的特殊变量，分别是RSTART和RLENGTH。变量RSTART包含了匹配内容的起始位置，而变量RLENGTH包含了匹配内容的长度。

4.7 统计特定文件中的词频

计算机善于计数。我们经常要进行各种统计，例如发送垃圾邮件的站点数、不同页面的下载量或是文本中单词出现的频率。这则攻略将展示如何统计文本中的单词词频。其中用到的技术也可以应用于日志文件、数据库输出等方面。

4.7.1 预备知识

我们可以使用awk的关联数组来解决这个问题，而且实现方法还不止一种。单词是由空格或点号分隔的字母组合。首先,我们需要解析出给定文件中出现的所有单词,然后统计每个单词的出现次数。单词解析可以用正则表达式配合sed、awk或grep等工具来完成。

4.7.2   实战演练

我们已经了解了实现原理。现在来动手创建如下的脚本:

```
#!/bin/bash
# 文件名: word_freq.sh
# 用途: 计算文件中单词的词频

if [ $# -ne 1 ];
then
  echo "Usage: $0 filename";
  exit -1
fi

filename=$1
egrep -o "\b[[:alpha:]]+\b" $filename | \
  awk '{ count[$0]++ }
    END{ printf("%-14s%s\n","Word","Count") ;
      for(ind in count)
        { printf("%-14s%d\n",ind,count[ind]);
        }
      }
```

输出如下:

```
$ ./word_freq.sh words.txt
Word          Count
used            1
this            2
counting   1
```

4.7.3   工作原理

egrep命令将文本文件转换成单词流,每行一个单词。模式\b[[:alpha:]]+\b能够匹配每个单词并去除空白字符和标点符号。选项-o打印出匹配到的单词,一行一个。

awk命令统计每个单词。它针对每一行文本执行{}语句块中的语句,因此我们不需要再专门为此写一个循环。count[$0]++命令负责计数,其中$0是当前行,count是关联数组。所有的行处理完毕后,END{}语句块打印出各个单词及其数量。

整个处理过程也能够使用我们学过的其他工具来改写。可以利用tr命令将大写单词和非大写单词合计为一个单词,然后用sort命令排序输出:

```
egrep -o "\b[[:alpha:]]+\b" $filename | tr [A-Z] [a-z] | \
  awk '{ count[$0]++ }
    END{ printf("%-14s%s\n","Word","Count") ;
      for(ind in count)
        { printf("%-14s%d\n",ind,count[ind]);
        }
      }' | sort
```

4.7.4　参考

❑ 1.7节讲解了Bash中的数组。

❑ 4.6节讲解了awk命令。

4.8　压缩或解压缩 JavaScript

　　JavaScript广泛用于网站设计。在编写JavaScript代码时，出于代码可读性以及可维护性方面的考虑，我们会使用一些空格、注释和制表符。但这些内容会增加JavaScript文件的体积，拖慢页面的加载速度。因此，多数专业网站为了加快页面载入速度，都会压缩JavaScript文件。这多是通过删除空白字符和换行符来实现的（也被称为minified JS）。对于压缩过的JavaScript，还可以通过加入足够的空白字符和换行符解压缩，恢复代码的可读性。这则攻略就尝试在shell中实现类似的功能。

4.8.1　预备知识

　　我们准备写一个JavaScript压缩工具，当然，还包括与之对应的解压缩工具。来考虑下面的Javascript代码：

```
$ cat sample.js
function sign_out()
{

  $("#loading").show();
  $.get("log_in",{logout:"True"},

  function(){
    window.location="";
  });
}
```

　　下面是压缩JavaScript代码所需要完成的工作。

(1) 移除换行符和制表符。

(2) 移除重复的空格。

(3) 替换掉注释 `/* content */`。

要解压缩或者恢复 JavaScript 代码的可读性，则需要：

- 用 `;\n` 替换 `;;`；
- 用 `{\n` 替换 `{`，`\n}` 替换 `}`。

4.8.2   实战演练

按照之前叙述过的步骤，我们使用下面的命令序列：

```
$ cat sample.js | \
tr -d '\n\t' | tr -s ' ' \
| sed 's:/\*.*\*/::g' \
| sed 's/ \?\([{}();,:]\) \?/\1/g'
```

输出如下：

```
function sign_out(){$("#loading").show();$.get("log_in",
{logout:"True"}, function(){window.location="";});}
```

接着写一个可以将这些混乱的代码恢复正常的解压缩脚本：

```
$ cat obfuscated.txt | sed 's/;/;\n/g; s/{/{\n\n/g; s/}/\n\n}/g'
```

或者

```
$ cat obfuscated.txt | sed 's/;/;\n/g' | sed 's/{/{\n\n/g' | sed
's/}/\n\n}/g'
```

> 该脚本在使用上存在局限：它会删除本不该删除的空格。假如有下列语句：
>
> ```
> var a = "hello  world"
> ```
>
> 两个空格会被转换成一个。这种问题可以使用我们讲过的模式匹配工具来解决。另外，如果需要处理关键 JavaScript 代码，最好还是使用功能完善的工具来实现。

4.8.3   工作原理

通过执行下面的步骤来进行压缩。

(1) 移除 `\n` 和 `\t`：

```
tr -d '\n\t'
```

(2) 移除多余的空格：

```
tr -s ' '
```

或者

```
sed 's/[ ]\+/ /g'
```

(3) 移除注释：

```
sed 's:/\*.*\*/::g'
```

因为我们需要使用/*和*/，所以用:作为sed的分隔符，这样就不必对/进行转义了。

在sed中被转义为。

.*用来匹配/*与*/之间所有的文本。

(4) 移除{、}、（、）、；、、：以及,前后的空格：

```
sed 's/ \?\([{}();,:]\) \?/\1/g'
```

上面的sed语句含义如下。

❏ / \?\([{}();,:]\) \?/用于匹配，/\1/g用于替换。
❏ \([{}();,:]\)用于匹配字符组[{ }（ ） ； , :]（出于可读性方面的考虑，在这里加入了空格）中的任意一个字符。\(和\)是分组操作符，用于记忆所匹配的内容，以便在替换部分中进行向后引用。对(和)转义之后，它们便具备了另一种特殊的含义，可以作为分组操作符使用。位于分组操作符前后的\?用来匹配可能出现在字符集合周围的空格。
❏ 在命令的替换部分，匹配的字符串（也就是一个可选的空格、一个来自字符集的字符再加一个可选的空格）被匹配的子串所替换。由分组操作符匹配到并记忆的子串是通过向后引用来指代的。可以用符号\1向后引用该分组所匹配的内容。

解压缩命令的工作方式如下：

❏ s/;/;\n/g 将;替换为;\n;
❏ s/{/{\n\n/g 将{替换为{\n\n;
❏ s/}/\n\n}/g 将}替换为\n\n}。

4.8.4　参考

❏ 2.6节讲解了tr命令。
❏ 4.5节讲解了sed命令。

4.9　按列合并多个文件

cat命令可以按行依次合并两个文件。但有时候我们需要按列合并多个文件，也就是将每一个文件的内容作为单独的一列。

4.9.1 实战演练

可以用paste命令实现按列合并，其语法如下：

```
$ paste file1 file2 file3 ...
```

让我们来尝试一下：

```
$ cat file1.txt
1
2
3
4
5
$ cat file2.txt
slynux
gnu
bash
hack
$ paste file1.txt file2.txt
1 slynux
2 gnu
3 bash
4 hack
5
```

默认的分隔符是制表符，也可以用-d指定分隔符：

```
$ paste file1.txt file2.txt -d ","
1,slynux
2,gnu
3,bash
4,hack
5,
```

4.9.2 参考

4.4节讲解了如何从文本文件中提取数据。

4.10 打印文件或行中的第 n 个单词或列

我们经常需要从文件数据中提取少数几列。例如在以成绩排序的学生列表中，我们希望得到成绩最高的4名学生的姓名。来看看如何实现。

4.10.1 实战演练

这种任务通常都是使用awk来完成。

(1) 用下面的命令打印第5列：

```
$ awk '{ print $5 }' filename
```

(2) 也可以打印多列数据并在各列间插入指定的字符串。

如果要打印当前目录下各文件的权限和文件名，可以使用下列命令：

```
$ ls -l | awk '{ print $1 " : " $8 }'
-rw-r--r-- :  delimited_data.txt
-rw-r--r-- :  obfuscated.txt
-rw-r--r-- :  paste1.txt
-rw-r--r-- :  paste2.txt
```

4.10.2 参考

❑ 4.4节讲解了如何从文本文件中提取数据。
❑ 4.6节讲解了awk命令。

4.11 打印指定行或模式之间的文本

我们有时候可能需要根据某些条件打印文件的一部分，比如由指定行号或起止模式所匹配的文本范围。

4.11.1 预备知识

awk、grep和sed都可以根据条件打印部分行。最简单的方法是使用grep打印匹配模式的行。不过，最全能的工具还是awk。

4.11.2 实战演练

要打印指定行或模式之间的文本，可以依照以下步骤。

(1) 打印从M行到N行之间的文本：

```
$ awk 'NR==M, NR==N' filename
```

awk也可以从stdin处读取输入：

```
$ cat filename | awk 'NR==M, NR==N'
```

(2) 把M和N换成具体的数字：

```
$ seq 100 | awk 'NR==4,NR==6'
4
```

```
5
6
```

(3) 打印位于模式start_pattern与end_pattern之间的文本：

```
$ awk '/start_pattern/, /end_pattern/' filename
```

例如：

```
$ cat section.txt
line with pattern1
line with pattern2
line with pattern3
line end with pattern4
line with pattern5

$ awk '/pa.*3/, /end/' section.txt
line with pattern3
line end with pattern4
```

awk中使用的模式为正则表达式。

4.11.3　参考

4.6节讲解了awk命令。

4.12　以逆序形式打印行

这则攻略看起来似乎没什么用，不过它可以用来在Bash中模拟栈结构。

4.12.1　预备知识

最简单的实现方法是使用tac命令。当然也可以用awk来搞定。

4.12.2　实战演练

先来试试tac。

(1) 该命令的语法如下：

```
tac file1 file2 ...
```

它也可以从stdin中读取输入：

```
$ seq 5 | tac
5
```

```
4
3
2
1
```

tac命令默认使用\n作为行分隔符。但我们也可以用选项-s指定其他分隔符。

```
$ echo "1,2" | tac-s,
2
1
```

(2) 使用awk的实现方式如下:

```
seq 9 | \
  awk '{ lifo[NR]=$0 } \
    END { for(lno=NR;lno>-1;lno--){ print lifo[lno]; }
        }'
```

在shell脚本中, \可以很方便地将单行命令拆解成多行。

4.12.3 工作原理

这个awk脚本将每一行都存入关联数组中,用行号作为数组索引(行号由NR给出)。读取完所有的行之后, awk执行END语句块。变量NR是由awk维护的。该变量中保存了当前行号。当awk开始执行END语句块时, NR中的值就是总行数。在{ }语句块中使用lno=NR,从最后一行迭代到行号为0的第一行,同时以逆序形式打印出所有的行。

4.13 解析文本中的电子邮件地址和 URL

解析电子邮件地址和URL是一项常见任务。正则表达式能够帮助我们简化相关的工作。

4.13.1 实战演练

能够匹配电子邮件地址的正则表达式如下:

```
[A-Za-z0-9._]+@[A-Za-z0-9.]+\.[a-zA-Z]{2,4}
```

例如:

```
$ cat url_email.txt
this is a line of text contains,<email> #slynux@slynux.com.
</email> and email address, blog "http://www.google.com",
test@yahoo.com dfdfdfdddfdf;cool.hacks@gmail.com<br />
<a href="http://code.google.com"><h1>Heading</h1>
```

因为用到了扩展正则表达式(例如+), 所以得使用egrep命令:

```
$ egrep -o '[A-Za-z0-9._]+@[A-Za-z0-9.]+\.[a-zA-Z]{2,4}'
```

```
url_email.txt
slynux@slynux.com
test@yahoo.com
cool.hacks@gmail.com
```

匹配HTTP URL的 `egrep` 正则表达式如下：

```
http://[a-zA-Z0-9\-.]+\.[a-zA-Z]{2,4}
```

例如：

```
$ egrep -o "http://[a-zA-Z0-9.]+\.[a-zA-Z]{2,3}" url_email.txt
http://www.google.com
http://code.google.com
```

4.13.2   工作原理

如果逐个部分进行设计，这些正则表达式其实很简单。在匹配电子邮件地址的正则表达式中，我们都知道电子邮件地址可以采用 `name@domain.some_2-4_letter_suffix` 这种形式。那么，在编写正则表达式时也要遵循同样的规则：

```
[A-Za-z0-9.]+@[A-Za-z0-9.]+\.[a-zA-Z]{2,4}
```

`[A-Za-z0-9.]+` 表示在表示字面意义的字符 `@` 出现之前，`[]` 中的字符需要出现一次或多次（这也正是 `+` 的含义）。接下来就是域名，它是由包含字母或数字的字符串、点号以及2至4个字母组成的。模式 `[A-Za-z0-9.]+` 能够匹配字母–数字字符串。`\.` 能够匹配必须出现的字面意义上的点号。`[a-zA-Z]{2,4}` 能够匹配长度为2、3或4的字符串。

匹配HTTP URL与匹配电子邮件地址类似，只是不需要匹配 `name@` 部分：

```
http://[a-zA-Z0-9.]+\.[a-zA-Z]{2,3}
```

4.13.3   参考

□ 4.2节讲解了如何使用正则表达式。
□ 4.5节讲解了 `sed` 命令。

4.14   删除文件中包含特定单词的句子

利用正则表达式删除包含某个单词的句子不是件难事。这则攻略中给出了一个解决类似问题的方法。

4.14.1   预备知识

`sed` 是进行文本替换的不二之选。我们可以使用 `sed` 将匹配的句子替换成空白。

4.14.2　实战演练

先创建一个包含替换文本的文件。例如：

```
$ cat sentence.txt
Linux refers to the family of Unix-like computer operating systems
that use the Linux kernel. Linux can be installed on a wide variety
of computer hardware, ranging from mobile phones, tablet computers
and video game consoles, to mainframes and supercomputers. Linux is
predominantly known for its use in servers.
```

我们的目标是删除包含mobile phones的句子。可以用下面的sed语句来实现：

```
$ sed 's/ [^.]*mobile phones[^.]*\.//g' sentence.txt
Linux refers to the family of Unix-like computer operating systems
that use the Linux kernel. Linux is predominantly known for its use
in servers.
```

> 这里假设文件中没有出现跨行的句子。也就是说，句子总是完整地出现在同一行中。

4.14.3　工作原理

sed的正则表达式s/ [^.]*mobile phones[^.]*\.//g采用的格式为s/substitution_pattern/replacement_string/g。它将与substitution_pattern相匹配的每一处内容都用replacement_string替换掉。

本例中的substitution_pattern是用来匹配整句文本的正则表达式。文件中的每一句话都是以空格开头，以.结尾。正则表达式要匹配内容的格式就是：空格+若干文本+需要匹配的字符串+若干文本+句点。一个句子中除了作为分隔符的句点之外，可以包含任意字符。因此需要使用[^.]，该模式可以匹配除句点之外的任意字符。*表示之前的字符可以出现任意多次。用来匹配文本的mobile phones被放置在两个 [^.]* 之间。每一个匹配的句子均被//替换（注意，/与/之间没有任何内容）。

4.14.4　参考

- ❏ 4.2节讲解了如何使用正则表达式。
- ❏ 4.5节讲解了sed命令。

4.15　对目录中的所有文件进行文本替换

我们经常需要将目录下所有文件中的特定文本替换成其他内容。例如在网站的源文件目录中替换一个URI。

4.15.1   实战演练

我们可以首先使用find找到需要进行文本替换的文件,然后由sed负责完成实际的替换操作。

假设我们希望将所有.cpp文件中的Copyright替换成Copyleft:

```
find . -name *.cpp -print0 |  \
    xargs -I{} -0 sed -i 's/Copyright/Copyleft/g' {}
```

4.15.2   工作原理

我们使用find命令在当前目录(.)下查找所有的.cpp文件。它使用-print0打印出以\0作为分隔符的文件列表(这可以避免文件名中的空格所带来的麻烦)。然后使用管道将文件列表传递给xargs,后者将文件名作为sed的参数,通过sed修改文件内容。

4.15.3   补充内容

回忆一下,find有一个选项-exec,它可以对查找到的每个文件执行命令。我们可以使用该选项实现同样的效果或是改用下列命令:

```
$ find . -name *.cpp -exec sed -i 's/Copyright/Copyleft/g' \{\} \;
```

或者

```
$ find . -name *.cpp -exec sed -i 's/Copyright/Copyleft/g' \{\} \+
```

尽管这两个命令效果相同,但第一个命令会为查找到的每个文件调用一次sed,而在第二个命令中,find会将多个文件名一并传递给sed。

4.16   文本切片与参数操作

这则攻略将会讲解一些简单的文本替换技术以及Bash中可用的参数扩展简写法。这些简单的技巧通常能够帮助我们免敲不少键盘。

4.16.1   实战演练

让我们来练练手吧。

替换变量内容中的部分文本:

```
$ var="This is a line of text"
$ echo ${var/line/REPLACED}
This is a REPLACED of text"
```

单词line被替换成了REPLACED。

我们可以通过指定字符串的起始位置和长度来生成子串，其语法如下：

```
${variable_name:start_position:length}
```

下面的命令可以打印出第5个字符之后的内容：

```
$ string=abcdefghijklmnopqrstuvwxyz
$ echo ${string:4}
efghijklmnopqrstuvwxyz
```

从第5个字符开始，打印8个字符：

```
$ echo ${string:4:8}
efghijkl
```

字符串起始字符的索引从0开始。从后向前计数，字符串末尾字符的索引为-1。如果-1出现在括号内，那么(-1)表示的就是最后一个字符的索引：

```
echo ${string:(-1)}
z
$ echo ${string:(-2):2}
yz
```

4.16.2　参考

4.5节讲解了其他一些字符处理技巧。

第 5 章

一团乱麻？没这回事！

本章内容

- ☐ Web页面下载
- ☐ 以纯文本形式下载页面
- ☐ cURL入门
- ☐ 从命令行访问未读的Gmail邮件
- ☐ 解析网站数据
- ☐ 图片爬取器及下载工具
- ☐ 网页相册生成器
- ☐ Twitter命令行客户端

- ☐ 通过Web服务器查询单词含义
- ☐ 查找网站中的无效链接
- ☐ 跟踪网站变动
- ☐ 发送Web页面并读取响应
- ☐ 从Internet下载视频
- ☐ 使用OTS汇总文本
- ☐ 在命令行中翻译文本

5.1 简介

Web已经成为反映技术发展的晴雨表以及数据处理中心点。尽管shell脚本没法像PHP那样在Web上大包大揽，但还是有不少活儿挺适合它。本章会研究一些用于解析网站内容、下载数据、发送数据表单以及网站维护任务自动化之类的例子。我们可以用短短几行脚本自动化很多原本需要通过浏览器交互进行的活动。借助HTTP协议所提供的功能以及命令行实用工具，我们可以用脚本满足大量的Web自动化需求。

5.2 Web 页面下载

下载文件或者Web页面很简单。一些命令行下载工具就可以完成这项任务。

5.2.1 预备知识

wget是一个用于文件下载的命令行工具，选项繁多且用法灵活。

5.2.2　实战演练

用wget可以下载Web页面或远程文件：

```
$ wget URL
```

例如：

```
$ wget knopper.net
--2016-11-02 21:41:23-- http://knopper.net/
Resolving knopper.net... 85.214.68.145
Connecting to knopper.net|85.214.68.145|:80...
connected.
HTTP request sent, awaiting response... 200 OK
Length: 6899 (6.7K) [text/html]
Saving to: "index.html.1"

100% [============================>]45.5K=0.1s
2016-11-02 21:41:23 (45.5 KB/s) - "index.html.1" saved
[6899/6899]
```

可以指定从多个URL处进行下载：

```
$ wget URL1 URL2 URL3 ..
```

5.2.3　工作原理

下载的文件名默认和URL中的文件名会保持一致，下载日志和进度被写入stdout。

你可以通过选项-o指定输出文件名。如果存在同名文件，那么该文件会被下载文件所取代：

```
$ wget http://www.knopper.net -O knopper.html
```

也可以用选项-o指定一个日志文件，这样日志信息就不会被打印到stdout了。

```
$ wget ftp://ftp.example.com/somefile.img -O dloaded_file.img -o log
```

运行该命令，屏幕上不会出现任何内容。日志或进度信息都被写入文件log，下载文件为dloaded_file.img。

由于不稳定的互联网连接，下载有可能被迫中断。选项-t可以指定在放弃下载之前尝试多少次：

```
$ wget -t 5 URL
```

将-t选项的值设为0会强制wget不断地进行重试：

```
$ wget -t 0 URL
```

5.2.4   补充内容

wget还有一些其他选项可以调整程序行为，应对各种情况。

1. 下载限速

当下载带宽有限，却又有多个应用程序共享网络连接时，下载大文件会榨干所有的带宽，严重阻滞其他进程（可能是交互式用户）。选项--limit-rate可以限定下载任务能够占有的最大带宽，从而保证其他应用程序能够公平地访问Internet：

```
$ wget  --limit-rate 20k http://example.com/file.iso
```

在命令中可以用k（千字节）和m（兆字节）指定速度限制。

选项--quota或-Q可以指定最大下载配额（quota）。配额一旦用尽，下载随之停止。在下载多个文件时，对于存储空间有限的系统，限制总下载量是有必要的：

```
$ wget -Q 100m http://example.com/file1 http://example.com/file2
```

2. 断点续传

如果wget在下载完成之前被中断，可以利用选项-c从断点开始继续下载：

```
$ wget -c URL
```

3. 复制整个网站（镜像）

wget像爬虫一样以递归的方式遍历网页上所有的URL链接，并逐个下载。要实现这种操作，可以使用选项--mirror：

```
$ wget --mirror --convert-links exampledomain.com
```

或者

```
$ wget -r -N -k -l DEPTH URL
```

选项-l指定页面层级（深度）。这意味着wget只会向下遍历指定层数的页面。该选项要与-r（recursive，递归选项）一同使用。另外，-N表示使用文件的时间戳。URL表示欲下载的网站起始地址。-k或--convert-links指示wget将页面的链接地址转换为本地地址。

> 对网站进行镜像时，请三思而行。除非获得许可，否则你只应出于个人使用的目的才可以这么做，而且不要频繁地做镜像。

4. 访问需要认证的HTTP或FTP页面

一些网站需要HTTP或FTP认证，可以用--user和--password提供认证信息：

```
$ wget --user username --password pass URL
```

也可以不在命令行中指定密码，而是在网页上手动输入密码，这就需要将--password改为--ask-password。

5.3 以纯文本形式下载页面

Web页面其实就是包含HTML标签、JavaScript和CSS的文本文件。HTML标签定义了页面内容，如果要解析页面来查找特定的内容，这时bash就能派上用场了。可以用浏览器查看HTML文件格式是否正确，也可以用之前讲过的工具对其进行处理。

解析文本文件要比解析HTML数据来得容易，因为不用再去剥离HTML标签。Lynx是一款基于命令行的Web浏览器，能够以纯文本形式下载Web网页。

5.3.1 预备知识

lynx命令默认并没有安装在各种发行版中，不过可以通过包管理器来获取：

```
# yum install lynx
```

或者

```
apt-get install lynx
```

5.3.2 实战演练

选项-dump能够以纯ASCII编码的形式下载Web页面。下面的命令可以将下载到的页面保存到文件中：

```
$ lynx URL -dump > webpage_as_text.txt
```

这个命令会将页面中所有的超链接（<a href="link">）作为文本文件的页脚，单独放置在标题为References的区域。这样我们就可以使用正则表达式专门解析链接了。例如：

```
$lynx -dump http://google.com > plain_text_page.txt
```

你可以用cat命令查看纯文本形式的网页：

```
$ cat plain_text_page.txt
Search [1]Images [2]Maps [3]Play [4]YouTube [5]News [6]Gmail
[7]Drive
[8]More »
[9]Web History | [10]Settings | [11]Sign in

[12]St. Patrick's Day 2017
```

```
Google Search  I'm Feeling Lucky       [13]Advanced search
   [14]Language tools

[15]Advertising Programs     [16]Business Solutions      [17]+Google
   [18]About Google

              © 2017 - [19]Privacy - [20]Terms

References
...
```

5.4 cURL 入门

cURL可以使用HTTP、HTTPS、FTP协议在客户端与服务器之间传递数据。它支持POST、cookie、认证、从指定偏移处下载部分文件、参照页（referer）、用户代理字符串、扩展头部、限速、文件大小限制、进度条等特性。cURL可用于网站维护、数据检索以及服务器配置核对。

5.4.1 预备知识

和wget不同，并非所有的Linux发行版中都安装了cURL，你得使用包管理器自行安装。

cURL默认会将下载文件输出到stdout，将进度信息输出到stderr。如果不想显示进度信息，可以使用--silent选项。

5.4.2 实战演练

curl命令的用途广泛，其功能包括下载、发送各种HTTP请求以及指定HTTP头部。

❑ 使用下列命令将下载的文件输出到stdout：

```
$ curl URL
```

❑ 选项-O指明将下载数据写入文件，采用从URL中解析出的文件名。注意，其中的URL必须是完整的，不能仅是站点的域名：

```
$ curl www.knopper.net/index.htm --silent -O
```

❑ 选项-o可以指定输出文件名。如果使用了该选项，只需要写明站点的域名就可以下载其主页了：

```
$curl www.knopper.net -o knoppix_index.html
% Total % Received % Xferd  Avg  Speed Time   Time   Time
Current
Dload Upload Total Spent Left  Speed
100 6889 100 6889  0 0     10902  0      --:-- --:-- --:-- 26033
```

❑ 选项--silent可以让curl命令不显示进度信息：

```
$ curl URL --silent
```

❑ 如果需要在下载过程中显示形如#的进度条，可以使用选项--progress：

```
$ curl http://knopper.net -o index.html --progress
################################## 100.0%
```

5.4.3 工作原理

cURL可以将Web页面或远程文件下载到本地系统。你可以利用选项-O和-o来设置目标文件名，利用--silent和--progress来控制是否显示进度信息。

5.4.4 补充内容

前面我们学习了如何下载文件。cURL还包括其他一些可以调整程序行为的选项。

1. 断点续传

cURL能够从特定的文件偏移处继续下载。如果你每天有流量限制，但又要下载大文件时，这个功能非常有用。

```
$ curl URL/file -C offset
```

偏移量是以字节为单位的整数。如果只是想断点续传，那么cURL不需要指定准确的字节偏移。要是你希望cURL推断出正确的续传位置，请使用选项-C -，就像这样：

```
$ curl -C - URL
```

cURL会自动计算出应该从哪里开始续传。

2. 用cURL设置参照页字符串

> 💡 **TIP** 参照页（referer）[①]是位于HTTP头部中的一个字符串，用来标识用户是从哪个页面到达当前页面的。如果用户通过点击页面A中的某个链接跳转到了页面B，那么页面B头部的参照页字符串就会包含页面A的URL。

一些动态页面会在返回HTML数据前检测参照页字符串。例如，如果用户是通过Google搜索来到了当前页面，那么页面上就可以显示一个Google的logo；如果用户是通过手动输入URL来到当前页面，则显示其他内容。

---

① referer其实应该是英文单词referrer，不过拼错的人太多了，所以编写标准的人也就将错就错了。

Web开发人员可以根据条件作出判断：如果参照页是www.google.com，那么就返回一个Google页面，否则返回其他页面。

可以用curl命令的 --referer 选项指定参照页字符串：

```
$ curl --referer Referer_URL target_URL
```

例如：

```
$ curl --referer http://google.com http://knopper.org
```

3. 用cURL设置cookie

我们可以用curl来指定并存储HTTP操作过程中使用到的cookie。

选项 --cookieCOOKIE_IDENTIFER 可以指定提供哪些cookie。cookies需要以 name=value 的形式来给出。多个cookie之间使用分号分隔：

```
$ curl http://example.com --cookie "user=username;pass=hack"
```

选项 --cookie-jar 可以将cookie另存为文件：

```
$ curl URL --cookie-jar cookie_file
```

4. 用cURL设置用户代理字符串

如果不指定用户代理（user agent），一些需要检验用户代理的页面就无法显示。例如，有些旧网站只能在Internet Explorer（IE）下正常工作。如果使用其他浏览器，则会提示只能用IE访问。这是因为这些网站检查了用户代理。你可以用curl来设置用户代理。

cURL的选项 --user-agent 或 -A 用于设置用户代理：

```
$ curl URL --user-agent "Mozilla/5.0"
```

cURL也能够发送其他HTTP头部信息。使用 -H "Header" 传递多个头部信息：

```
$ curl -H "Host: www.knopper.net" -H "Accept-language: en" URL
```

> 浏览器和爬虫使用的用户代理字符串各不相同。你可以在这里找到其中的一部分：http://www.useragentstring.com/pages/useragentstring.php。

5. 限定cURL可占用的带宽

如果多个用户共享带宽有限，我们可以用 --limit-rate 限制cURL的下载速度：

```
$ curl URL --limit-rate 20k
```

在命令中用k（千字节）和m（兆字节）指定下载速度限制。

6. 指定最大下载量

可以用`--max-filesize`选项指定可下载的最大文件大小：

```
$ curl URL --max-filesize bytes
```

> 如果文件大小超出限制，命令返回一个非0的退出码。如果文件下载成功，则返回0。

7. 用cURL进行认证

可以用`curl`的选项`-u`完成HTTP或FTP认证。

使用`-u username:password`来指定用户名和密码：

```
$ curl -u user:pass http://test_auth.com
```

如果你喜欢经提示后输入密码，只需要使用用户名即可：

```
$ curl -u user http://test_auth.com
```

8. 只打印响应头部信息（不包括数据部分）

只检查头部信息就足以完成很多检查或统计。例如，如果要检查某个页面是否能够打开，并不需要下载整个页面内容。只读取HTTP响应头部就足够了。

检查HTTP头部的另一种用法就是通过检查其中的`Content-Length`字段来得知文件的大小，或是检查`Last-Modified`字段，在下载之前了解文件是否比当前版本更新。

选项`-I`或`--head`可以只打印HTTP头部信息，无须下载远程文件：

```
$ curl -I http://knopper.net
HTTP/1.1 200 OK
Date: Tue, 08 Nov 2016 17:15:21 GMT
Server: Apache
Last-Modified: Wed, 26 Oct 2016 23:29:56 GMT
ETag: "1d3c8-1af3-b10500"
Accept-Ranges: bytes
Content-Length: 6899
Content-Type: text/html; charset=ISO-8859-1
```

5.4.5 参考

参考5.13节。

5.5   从命令行访问未读的 Gmail 邮件

Gmail是Google所提供的一项被广泛使用的免费电子邮件服务。你可以通过浏览器或经过认证的RSS feed来读取个人邮件。我们解析RSS feed来获取发件人姓名和邮件主题。这种方法无需打开浏览器就能够快速地查看未读邮件。

5.5.1   实战演练

来看下面这个脚本文件，它的作用是通过解析Gmail的RSS feed来显示未读的邮件：

```
#!/bin/bash
#用途: Gmail邮件读取工具

username='PUT_USERNAME_HERE'
password='PUT_PASSWORD_HERE'

SHOW_COUNT=5      # 需要显示的未读邮件数量

echo
curl  -u $username:$password --silent \
    "https://mail.google.com/mail/feed/atom" | \
    tr -d '\n' | sed 's:</entry>:\n:g' |\
    sed -n
's/.*<title>\(.*\)<\/title.*<author><name>\([^<]*\)<\/name><email>
 \([^<]*\).*/From: \2 [\3] \nSubject: \1\n/p' | \
head -n $(( $SHOW_COUNT * 3 ))
```

输出如下：

```
$ ./fetch_gmail.sh
From: SLYNUX [ slynux@slynux.com ]
Subject: Book release - 2

From: SLYNUX [ slynux@slynux.com ]
Subject: Book release - 1
.
... 5 entries
```

> **TIP**
>
> 如果你的Gmail账户开启了双重身份认证，那就必须为此脚本生成一个新的密钥并使用。你的普通密码就不能再用了。

5.5.2   工作原理

这个脚本使用cURL来下载RSS feed。你可以登录Gmail账户，在https://mail.google.com/mail/feed/atom查看下载到的数据格式。

cURL使用-u user：pass所提供的用户认证信息来读入RSS feed。如果只用了-u user，cURL在运行时会要求输入密码。

- ❑ `tr -d '\n'`移除了所有的换行符。
- ❑ `sed 's:</entry>:\n:g'`将每一处`</entry>`替换成换行符，以保证每一条邮件项独立成行，以便逐行解析邮件。

该脚本接下来的部分作为sed的单个表达式执行，用于提取相关字段：

```
sed 's/.*<title>\(.*\)<\/title.*<author><name>\([^<]*\)<\/name><email>
\([^<]*\).*/Author: \2 [\3] \nSubject: \1\n/'
```

脚本用`<title>\(.*\)<\/title`匹配邮件标题，`<author><name>\([^<]*\)<\/ name>`匹配发件人姓名，`<email>\([^<]*\)`匹配发件人电子邮件地址。sed利用反向引用，将邮件的作者（author）、标题（title）和主题（subject）以易读的形式显示出来：

```
Author: \2 [\3] \nSubject: \1\n
```

`\1`对应于第一处匹配（邮件标题），`\2`对应于第二处匹配（发件人姓名），以此类推。

`SHOW_COUNT=5`用来设置需要在终端中显示的未读邮件数量。

`head`用来显示`SHOW_COUNT*3`[①]行文本。`SHOW_COUNT`乘以3是因为每一封未读邮件的相关信息需要占用3行。

5.5.3　参考

- ❑ 5.4节讲解了`curl`命令。
- ❑ 4.5节讲解了`sed`命令。

5.6　解析网站数据

`lynx`、`sed`和`awk`都可以用来挖掘网站数据。在第4章有关`grep`的攻略中（4.3节），我们见到过一份演员评级列表。那个列表就是通过解析http://www. johntorres.net/BoxOfficefemaleList.html得到的。

5.6.1　实战演练

下面来讲解用于从网站解析演员详细信息的命令：

[①] 这里的`SHOW_COUNT*3`行文本并不包括脚本开始部分由echo生成的那一行（空行）。

```
$ lynx -dump -nolist \
    http://www.johntorres.net/BoxOfficefemaleList.html
    grep -o "Rank-.*" | \
    sed -e 's/ *Rank-\([0-9]*\) *\(.*\)/\1\t\2/' | \
    sort -nk 1 > actresslist.txt
```

输出如下：

```
# 由于篇幅有限，故只显示前3位演员的信息
1    Keira Knightley
2    Natalie Portman
3    Monica Bellucci
```

5.6.2　工作原理

Lynx是一个基于命令行的网页浏览器。它并不会像wget或cURL那样输出一堆原始的HTML标签，而是能够像浏览器那样显示网站的文本版本。这样就免去了移除HTML标签的步骤。lynx的-nolist选项可以显示不带编号的链接。按照下面的方法用sed解析并格式化包含Rank的行：

```
sed -e 's/ *Rank-\([0-9]*\) *\(.*\)/\1\t\2/'
```

然后再根据评级情况对这些行进行排序。

5.6.3　参考

- ❑ 4.5节讲解了sed命令。
- ❑ 5.3节讲解了lynx命令。

5.7　图片爬取器及下载工具

图片爬取器（image crawler）可以下载Web页面上所有的图片。不用翻遍页面手动保存图片，我们可以用脚本识别图片并自动下载。

5.7.1　实战演练

下面的bash脚本可以识别并下载Web页面上的图片：

```
#!/bin/bash
#用途:图片下载工具
#文件名: img_downloader.sh

if [ $# -ne 3 ];
then
  echo "Usage: $0 URL -d DIRECTORY"
  exit -1
fi
```

```
while [ $# -gt 0 ]
do
  case $1 in
  -d) shift; directory=$1; shift ;;
  *) url=$1; shift;;
  esac
done

mkdir -p $directory;
baseurl=$(echo $url | egrep -o "https?://[a-z.\-]+")

echo Downloading $url
curl -s $url | egrep -o "<img[^>]*src=[^>]*>" | \
  sed 's/<img[^>]*src=\"\([^"]*\).*/\1/g' | \
  sed "s,^/,$baseurl/," > /tmp/$$.list

cd $directory;

while read filename;
do
  echo Downloading $filename
  curl -s -O "$filename" --silent
done < /tmp/$$.list
```

使用方法：

```
$ url=https://commons.wikimedia.org/wiki/Main_Page
$ ./img_downloader.sh $url -d images
```

5.7.2 工作原理

图片下载器脚本首先解析HTML页面，除去<img>之外的所有标签，然后从<img>标签中解析出src="URL"并将图片下载到指定的目录中。这个脚本接受一个Web页面的URL和用于存放图片的目录作为命令行参数。

[$# -ne 3]用于检查脚本参数数量是否为3个。如果不是，脚本会退出运行并显示使用说明。如果参数没有问题，就解析URL和目标目录：

```
while [ -n "$1" ]
do
  case $1 in
  -d) shift; directory=$1; shift ;;
   *) url=${url:-$1}; shift;;
esac
done
```

while循环会一直处理完所有的参数。shift用来向左移动参数，这样$2的值就会被赋给$1，$3的值被赋给$2，往后以此类推。因此通过$1就可以求值所有的参数。

case语句检查第一个参数（$1）。如果匹配-d，那么下一个参数一定是目录，接着就移动参数并保存目录名。否则的话，就是URL。

采用这种方法来解析命令行参数的好处在于可以将-d置于命令行中的任意位置：

```
$ ./img_downloader.sh -d DIR URL
```

或者

```
$ ./img_downloader.sh URL -d DIR
```

egrep -o "<img src=[^>]*>"只打印带有属性值的<img>标签。[^>]*用来匹配除>之外的所有字符，也就是<img src="image.jpg">。

sed 's/<img src=\"\([^"]*\).*/\1/g'可以从字符串src="url"中提取出url。

图像文件源路径有两种类型：相对路径和绝对路径。**绝对路径**包含以http:// 或 https://起始的完整URL，**相对路径**则以/或图像文件名起始。例如http://example.com/image.jpg就是绝对路径，而/image.jpg则是相对路径。

对于以/起始的相对路径，应该用基址URL（base URL）把它转换为 http://example.com/image.jpg。脚本初始化baseurl的方法是使用下列命令从初始URL中提取基址部分：

```
baseurl=$(echo $url | egrep -o "https?://[a-z.\-]+")
```

上述sed命令的输出通过管道传入另一个sed命令，后者使用baseurl替换掉起始的/（leading /），其结果被保存在以脚本PID为名的文件中（/tmp/$$.list）：

```
sed "s,^/,$baseurl/," > /tmp/$$.list
```

最后的while循环用来逐行迭代图片的URL列表并使用curl下载图像文件。curl的--silent选项可避免在屏幕上出现下载进度信息。

5.7.3   参考

❑ 5.4节讲解了curl命令。
❑ 4.5节讲解了sed命令。
❑ 4.3节讲解了grep命令。

5.8   网页相册生成器

Web开发人员经常会创建包含全尺寸和缩略图的相册。点击缩略图，就会出现一幅放大的图片。但如果需要很多图片，每一次都得复制<img>标签、调整图片大小来创建缩略图、把调整好的图片放进缩略图目录。我们可以写一个简单的Bash脚本将这些重复的工作自动化。这样一来，创建缩略图、将缩略图放入对应的目录、生成<img>标签都可以自动搞定。

5.8.1 预备知识

脚本使用for循环迭代当前目录下的所有图片。这需要借助一些常见的bash工具，如cat和convert（来自Image Magick软件包）。我们将在index.html中生成一个包含了所有图片的HTML相册。

5.8.2 实战演练

生成HTML相册页面的bash脚本如下：

```
#!/bin/bash
#文件名：generate_album.sh
#用途：用当前目录下的图片创建相册

echo "Creating album.."
mkdir -p thumbs
cat <<EOF1 > index.html
<html>
<head>
<style>

body
{
  width:470px;
  margin:auto;
  border: 1px dashed grey;
  padding:10px;
}

img
{
  margin:5px;
  border: 1px solid black;

}
</style>
</head>
<body>
<center><h1> #Album title </h1></center>
<p>
EOF1

for img in *.jpg;
do
  convert "$img" -resize "100x" "thumbs/$img"
  echo "<a href=\"$img\" >" >>index.html
```

```
    echo "<img src=\"thumbs/$img\" title=\"$img\" /></a>" >> index.html
done

cat <<EOF2 >> index.html

</p>
</body>
</html>
EOF2

echo Album generated to index.html
```

运行脚本：

```
$ ./generate_album.sh
Creating album..
Album generated to index.html
```

5.8.3   工作原理

脚本的起始部分用于生成HTML页面的头部。

接下来，脚本将一直到EOF1的这部分内容（不包括EOF1）重定向到index.html：

```
cat <<EOF1 > index.html
contents...
EOF1
```

页面头部包括HTML和CSS样式。

for img in *.jpg;对每一个文件进行迭代并执行相应的操作。

convert "$img" -resize "100x" "thumbs/$img"将创建宽度为100像素的图像缩略图。

下面的语句会生成所需的<img>标签并将其添加到index.html中：

```
echo "<a href=\"$img\" >"
echo "<img src=\"thumbs/$img\" title=\"$img\" /></a>" >> index.html
```

最后再用cat添加HTML页脚，实现方法和添加页面头部一样。

5.8.4   参考

1.6节讲解了EOF和stdin重定向。

5.9   Twitter 命令行客户端

Twitter不仅是最流行的微博平台，同时也是最时髦的在线社交媒体。我们可以使用Twitter API

从命令行中读取自己的时间线。

来看看如何实现。

5.9.1 预备知识

最近Twitter已经不再允许用户使用普通的HTTP认证（plain HTTP Authentication）登录了，我们必须使用OAuth进行自身认证（authenticate ourselves）。完整地讲解OAuth超出了本书的范围，因此我们会利用一个代码库，以便在Bash脚本中可以方便地使用OAuth。

(1) 从https://github.com/livibetter/bash-oauth/archive/master.zip处下载`bash-oauth`库，将其解压缩到任意目录中。

(2) 进入该目录中的bash-oauth-master子目录，以root身份执行`make install-all`。

(3) 进入https://apps.twitter.com/注册新的应用，以便能够使用OAuth。

(4) 注册完新的应用之后，进入应用设置，将**Access type**更改为**Read and Write**。

(5) 进入应用的**Details**部分，注意两个地方：**Consumer Key**和**Consumer Secret**，以便在脚本中替换相应的部分。

不错，接下来就该编写脚本了。

5.9.2 实战演练

下面的bash脚本使用OAuth库读取或发送你的tweet：

```bash
#!/bin/bash
#文件名: twitter.sh
#用途:twitter客户端基本版

oauth_consumer_key=YOUR_CONSUMER_KEY
oauth_consumer_secret=YOUR_CONSUMER_SECRET

config_file=~/.$oauth_consumer_key-$oauth_consumer_secret-rc

if [[ "$1" != "read" ]] && [[ "$1" != "tweet" ]];
then
  echo -e "Usage: $0 tweet status_message\n    OR\n    $0 read\n"
  exit -1;
fi

#source /usr/local/bin/TwitterOAuth.sh
source bash-oauth-master/TwitterOAuth.sh
TO_init

if [ ! -e $config_file ]; then
 TO_access_token_helper
```

```
 if (( $? == 0 )); then
   echo oauth_token=${TO_ret[0]} > $config_file
   echo oauth_token_secret=${TO_ret[1]} >> $config_file
 fi
fi

source $config_file

if [[ "$1" = "read" ]];
then
TO_statuses_home_timeline '' 'YOUR_TWEET_NAME' '10'
  echo $TO_ret | sed 's/,"/\n/g' | sed 's/":/~/' | \
    awk -F~ '{} \
       {if ($1 == "text") \
         {txt=$2;} \
        else if ($1 == "screen_name") \
         printf("From: %s\n Tweet: %s\n\n", $2, txt);} \
       {}' | tr '"' ' '

elif [[ "$1" = "tweet" ]];
then
  shift
  TO_statuses_update '' "$@"
  echo 'Tweeted :)'
fi
```

运行脚本：

```
$./twitter.sh read
Please go to the following link to get the PIN:
https://api.twitter.com/oauth/authorize?
oauth_token=LONG_TOKEN_STRING
PIN: PIN_FROM_WEBSITE
Now you can create, edit and present Slides offline.
- by A Googler
$./twitter.sh tweet "I am reading Packt Shell Scripting Cookbook"
Tweeted :)
$./twitter.sh read | head -2
From: Clif Flynt
Tweet: I am reading Packt Shell Scripting Cookbook
```

5.9.3　工作原理

首先，使用 source 命令引入 TwitterOAuth.sh 库，这样就可以利用其中定义好的函数访问 Twitter 了。函数 TO_init 负责初始化库。

所有的应用在首次使用的时候都需要获取一个 OAuth 令牌（token）以及令牌密钥（token secret）。如果没有得到，则调用库函数 TO_access_token_helper。拿到令牌之后，将其保存在 config 文件中，以后再执行脚本时，只需对该文件执行 source 命令就可以了。

库函数`TO_statuses_home_timeline`可以从 Twitter 中获取发布的内容。该函数返回的数据是一个 JSON 格式的长字符串，类似于下列形式：

```
[{"created_at":"Thu Nov 10 14:45:20 +0000
"016","id":7...9,"id_str":"7...9","text":"Dining...
```

每条 tweet 都是以 `created_at` 标签作为起始，其中还包含了 `text` 和 `screen_name` 标签。该脚本会提取 `text` 和 `screen_name` 标签对应的内容并仅显示出这两个字段。

脚本将这个长字符串分配给变量 `TO_ret`。

JSON 格式使用引用字符串作为键，对应的值是否写成引用形式均可。键/值序列之间用逗号分隔，键与值之间用冒号分隔。

第一个 `sed` 命令将`"`替换成换行符，使得每个键/值序列都出现在单独的一行中。这些行通过管道传入另一个 `sed` 命令，在这里将每一处`":`替换成波浪号（~），处理后的结果类似于这样：

```
screen_name~"Clif_Flynt"
```

最后的 `awk` 脚本读取每一行。选项 `-F~` 使得 `awk` 在波浪号处将行分割成字段，因此 `$1` 中保存的是键，`$2` 中保存的是值。`if` 命令会检查 `text` 或 `screen_name`。`text` 在 tweet 中先出现，但是如果我们先输出推送人（sender）的话，会更容易读取。因此脚本保存 `text` 所对应的值，等碰到 `screen_name` 时，输出 `$2` 的值以及之前保存的 `text` 的值。

库函数 `TO_statuses_update` 可用来发布新的 tweet。如果该函数的第一个参数为空，则表明使用默认格式，要发布的内容可以作为函数的第二个参数。

5.9.4　参考

☐ 4.5 节讲解了 `sed` 命令。
☐ 4.3 节讲解了 `grep` 命令。

5.10　通过 Web 服务器查询单词含义

网上有一些提供了 API 的词典，利用这些 API 可以在脚本中通过网站查询词汇。这则脚本展示了如何使用其中一款流行的词典工具。

5.10.1　预备知识

我们打算使用 `curl`、`sed` 和 `grep` 来编写一个词汇查询工具。词典类网站数不胜数，你可以注册并免费使用网站的 API（限于个人用途）。在这里，我们使用 Merriam-Webster 的词典 API。请按照下列步骤执行。

(1) 进入http://www.dictionaryapi.com/register/index.htm注册账户。选择**Collegiate Dictionary**和
　　Learner's Dictionary。

(2) 使用新创建的用户登录，进入**My Keys**获取密钥。记下Learner's Dictionary的密钥。

5.10.2　实战演练

下面这段脚本可以显示出词汇含义：

```
#!/bin/bash
#文件名：define.sh
#用途:用于从dictionaryapi.com获取词汇含义

key=YOUR_API_KEY_HERE

if  [ $# -ne 2 ];
then
  echo -e "Usage: $0 WORD NUMBER"
  exit -1;
fi

curl --silent \
http://www.dictionaryapi.com/api/v1/references/learners/xml/$1?key=$key | \
  grep -o \<dt\>.*\</dt\> | \
  sed 's$</*[a-z]*>$$g' | \
  head -n $2 | nl
```

运行脚本：

```
$ ./define.sh usb 1
1  :a system for connecting a computer to another device (such as
a printer, keyboard, or mouse) by using a special kind of cord a
USB cable/port USB is an abbreviation of "Universal Serial Bus."How
it works...
```

5.10.3　工作原理

我们使用curl，通过指定API key（$apikey）以及待查找含义的词汇（$1）从词典API页面获取相关数据。包含定义的查询结果位于<dt>标签中，可以使用grep来将其选中。sed命令用于删除标签。脚本从词汇含义中提取所需要的行数并使用nl在行前加上行号。

5.10.4　参考

- 4.5节讲解了sed命令。
- 4.3节讲解了grep命令。

5.11 查找网站中的无效链接

我们必须要检查网站中的无效链接。在大型网站上采用人工方式检查是不现实的。好在这种活儿很容易实现自动化。我们可以利用HTTP处理工具来找出无效的链接。

5.11.1 预备知识

我们使用lynx和curl识别链接并找出其中的无效链接。lynx有一个-traversal选项，能够以递归方式访问网站页面并建立所有超链接的列表。我们可以用curl验证每一个链接的有效性。

5.11.2 实战演练

下面的脚本利用lynx和curl查找Web页面上的无效链接：

```
#!/bin/bash
#文件名：find_broken.sh
#用途：查找网站中的无效链接

if [ $# -ne 1 ];
then
  echo -e "$Usage: $0 URL\n"
  exit 1;
fi

echo Broken links:

mkdir /tmp/$$.lynx
cd /tmp/$$.lynx

lynx -traversal $1 > /dev/null
count=0;

sort -u reject.dat > links.txt

while read link;
do
  output=`curl -I $link -s \
| grep -e "HTTP/.*OK" -e "HTTP/.*200"`
  if [[ -z $output ]];
  then
    output=`curl -I $link -s | grep -e "HTTP/.*301"`
    if [[ -z $output ]];
      then
      echo "BROKEN: $link"
      let count++
    else
      echo "MOVED: $link"
    fi
```

```
    fi
done < links.txt

[ $count -eq 0 ] && echo No broken links found.
```

5.11.3   工作原理

lynx -traversal URL会在当前工作目录下生成多个文件，其中包括reject.dat，该文件包含网站中的所有链接。sort -u用来建立一个不包含重复项的列表。然后，我们迭代每一个链接并通过curl -I检验接收到的响应头部。如果响应头部的第一行包含HTTP/以及OK或200，就表示该链接正常。如果链接不正常，进一步检查响应状态码是否为301（永久性转移）。如果仍不是，则将这个无效链接输出到屏幕。

> 从名称上来看，reject.dat中包含的应该是无效URL的列表。但其实并非如此，lynx是将所有的URL全都放到了这个文件中。
>
> lynx还生成了一个名为traverse.errors的文件，其中包含了所有在浏览过程中存在问题的URL。但是lynx只会将返回HTTP 404(not found)的URL放入该文件，因此会遗漏那些存在其他类型错误的URL（例如HTTP 403 Forbidden）。这就是为什么要手动检查返回状态的原因。

5.11.4   参考

- ❏ 5.3节讲解了lynx命令。
- ❏ 5.4节讲解了curl命令。

5.12   跟踪网站变动

对于Web开发人员和用户来说，能够跟踪网站的变动情况是件好事，但靠人工检查就不实际了。我们可以编写一个定期运行的变动跟踪脚本来完成这项任务。一旦发生变动，脚本便会发出提醒。

5.12.1   预备知识

用bash脚本跟踪网站变动意味着要在不同的时间检索网站，然后用diff命令进行比对。我们可以使用curl和diff来实现。

5.12.2   实战演练

下面的bash脚本结合了各种命令来跟踪页面变动：

```
#!/bin/bash
#文件名: change_track.sh
#用途: 跟踪页面变动

if [ $# -ne 1 ];
then
  echo -e "$Usage: $0 URL\n"
  exit 1;
fi

first_time=0
# 非首次运行

if [ ! -e "last.html" ];
then
  first_time=1
  # 首次运行
fi

curl --silent $1 -o recent.html

if [ $first_time -ne 1 ];
then
  changes=$(diff -u last.html recent.html)
  if [ -n "$changes" ];
  then
    echo -e "Changes:\n"
    echo "$changes"
  else
    echo -e "\nWebsite has no changes"
  fi
else
  echo "[First run] Archiving.."

fi

cp recent.html last.html
```

让我们分别观察一下网页未发生变动和发生变动后脚本track_changes.sh的输出。

注意把MyWebSite.org改成你自己的网站名。

❑ 第一次运行：

```
$ ./track_changes.sh http:// www.MyWebSite.org
[First run] Archiving..
```

❑ 第二次运行：

```
$ ./track_changes.sh http://www.MyWebSite.org
Website has no changes
```

❑ 在网页变动后，第三次运行：

```
$ ./track_changes.sh http://www.MyWebSite.org

Changes:

--- last.html     2010-08-01 07:29:15.000000000 +0200
+++ recent.html      2010-08-01 07:29:43.000000000 +0200
@@ -1,3 +1,4 @@
<html>
  +added line :)
  <p>data</p>
</html>
```

5.12.3 工作原理

脚本用[! -e "last.html"];检查自己是否是首次运行。如果last.html不存在，那就意味着这是首次运行，必须下载Web页面并将其复制为last.html。

如果不是首次运行，那么脚本应该下载一个新的页面副本（recent.html），然后用diff检查差异。如果有变化，则打印出变更信息并将recent.html复制成last.html。

注意，网站会在作出修改的第一次检查时产生体积巨大的diff文件。如果要跟踪多个页面，你可以为每个网站分别创建相应的目录。

5.12.4 参考

5.4节讲解了curl命令。

5.13   发送 Web 页面并读取响应

POST和GET是HTTP的两种请求类型，用于发送或检索信息。在GET请求方式中，我们利用页面的URL来发送参数（名称-值）。而在POST请求方式中，参数是放在HTTP消息主体中发送的。POST方式常用于提交内容较多的表单或是私密信息。

5.13.1 预备知识

这里我们使用了tclhttpd软件包中自带的样例网站guestbook。你可以从http://sourceforge.net/projects/tclhttpd下载tclhttpd，然后在本地系统上运行，创建一个本地Web服务器。如果用户点击按钮**Add me to your guestbook**，页面会发送一个包含姓名和URL的请求，请求中的信息会被添加到guestbook的页面上，以显示出都有谁访问过该站点。

这个过程可以使用一条curl（或wget）命令实现自动化。

5.13.2 实战演练

下载tclhttpd软件包，切换到bin目录。启动tclhttpd守护进程：

```
tclsh httpd.tcl
```

使用curl发送POST请求并读取网站的响应（HTML格式）：

```
$ curl URL -d "postvar=postdata2&postvar2=postdata2"
```

例如：

```
$ curl http://127.0.0.1:8015/guestbook/newguest.html \
-d "name=Clif&url=www.noucorp.com&http=www.noucorp.com"
```

curl会打印出响应页面：

```
<HTML>
<Head>
<title>Guestbook Registration Confirmed</title>
</Head>
<Body BGCOLOR=white TEXT=black>
<a href="www.noucorp.com">www.noucorp.com</a>

<DL>
<DT>Name
<DD>Clif
<DT>URL
<DD>
</DL>
www.noucorp.com

</Body>
```

-d表示以POST方式提交用户数据。-d的字符串参数形式类似于GET请求。每对var=value之间用&分隔。

也可以利用wget的--post-data "string"来提交数据。例如：

```
$ wget http://127.0.0.1:8015/guestbook/newguest.cgi \
--post-data "name=Clif&url=www.noucorp.com&http=www.noucorp.com" \
-O output.html
```

"名称–值"的格式同cURL中一样。output.html中的内容和cURL命令返回的一样。

> 以POST形式发送的字符串（例如-d或--post-date）总是应该以引用的形式给出。否则，&会被shell解读为该命令需要作为后台进程运行。

如果查看网站的源代码（使用网页浏览器的**View Source**选项），你会发现一个与下面类似的HTML表单：

```
<form action="newguest.cgi" " method="post" >
<ul>
<li> Name: <input type="text" name="name" size="40" >
<li> Url: <input type="text" name="url" size="40" >
<input type="submit" >
</ul>
</form>
```

其中，`newguest.cgi`是目标URL。当用户输入详细信息并点击**Submit**按钮时，姓名和URL就以POST请求的方式被发送到`newguest.cgi`页面，然后响应页面被返回到浏览器。

5.13.3　参考

❑ 5.4节讲解了`curl`命令。
❑ 5.2节讲解了`wget`命令。

5.14　从 Internet 下载视频

下载视频的原因有很多。如果你使用的是**计量服务**（metered service），可能想要在资费较低的闲暇时段下载视频。也可能是因为网络带宽不足以支持流媒体，亦或是想永久保留一份可爱的喵星人的视频秀给好朋友们看。

5.14.1　预备知识

有一个叫作youtube-dl的视频下载工具。多数发行版中并没有包含这个工具，软件仓库里的版本也未必是最新的，因此最好是去官方网站下载（http://yt-dl.org）。

按照页面上的链接和信息下载并安装youtube-dl。

5.14.2　实战演练

youtube-dl用起来很简单。打开浏览器，找到你喜欢的视频。将视频的URL复制/粘贴到youtube-dl的命令行中：

youtube-dl https://www.youtube.com/watch?v=AJrsl3fHQ74

下载完成之后，youtube-dl会在终端中生成一条状态信息。

5.14.3　工作原理

youtube-dl通过向服务器发出GET请求（就像浏览器一样）来实现视频下载。它会伪装成浏览器，使得YouTube或其他视频提供商以为这是一台流媒体设备，从而下载到视频。

选项-list-formats（-F）会列出支持的视频格式，选项-format（-f）可以指定下载哪种格式的视频。如果你的Internet连接带宽不足，而你又想下载高分辨率视频的时候，这个选项就用得上了。

5.15   使用 OTS 汇总文本

开放文本摘要器（Open Text Summarizer，OTS）可以从文本中删除无关紧要的内容，生成一份简洁的摘要。

5.15.1   预备知识

大多数Linux发行版并不包含ots软件包，可以通过下列命令进行安装：

```
apt-get install libots-devel
```

5.15.2   实战演练

ots用起来很简单。它从文件或stdin中读取输入，将生成的摘要输出到stdout：

```
ots LongFile.txt | less
```
或者
```
cat LongFile.txt | ots | less
```

ots也可以结合curl生成网站的摘要信息。例如，你可以用ots为那些絮絮叨叨的博客做摘要：

```
curl http://BlogSite.org | sed -r 's/<[^>]+>//g' | ots | less
```

5.15.3   工作原理

curl命令从博客站点中检索页面并将其传给sed。sed命令利用正则表达式删除所有的HTML标签和分别以小于号和大于号作为起止的字符串。余下的文本被传入ots，后者生成的摘要信息由less命令显示出来。

5.16   在命令行中翻译文本

你可以通过浏览器访问Google所提供的在线翻译服务。Andrei Neculau编写了一个awk脚本，可以从命令行中访问该服务并进行翻译。

5.16.1 预备知识

大多数Linux发行版中都没有包含这个命令行翻译器，不过你可以从Git直接安装：

```
cd ~/bin
wget git.io/trans
chmod 755 ./trans
```

5.16.2 实战演练

`trans`可以将文本翻译成locale环境变量所设置的语言：

```
$> trans "J'adore Linux"

J'adore Linux

I love Linux

Translations of J'adore Linux
French -> English

J'adore Linux
I love Linux
```

你可以在待翻译的文本前使用选项来控制翻译所用的语言。选项格式如下：

```
from:to
```

要想将英语翻译成法语，可以使用下列命令：

```
$> trans en:fr "I love Linux"
J'aime Linux
```

5.16.3 工作原理

`trans`程序包含了5000行左右的awk代码，其中使用了curl来获取Google、Bing以及Yandex的翻译服务。

第 6 章

仓储管理

6

6.1 简介

你开发应用程序的时间越长，就越能体会到有一个能够跟踪程序修订历史的软件是多重要。修订版本控制系统能够为新的解决方案创建一个沙盒环境、维护已发布代码的多个分支并提供一份开发历史记录（在面对知识产权纠纷的时候）。Linux和Unix支持众多的源代码控制系统，从早期原始的SCCS和RCS到诸如CVS和SVN这样的并发系统以及以Git和Fossil为代表的现代分布式开发系统。

相较于旧式系统（如CVS和SVN），Git和Fossil的最大优势在于开发者无需联网就可以使用。当你坐在办公室时，像CVS和RCS这样的系统用起来没有任何问题，但如果要远程工作，你就没办法处理代码了。

Git和Fossil是两种不同的修订版本控制系统，彼此之间既有相似之处，也有不同点。二者都支持分布式开发模型。Git提供了源代码控制功能以及一些附加的应用程序，而Fossil就只是单个程序，提供的功能包括修订版本控制、故障报告表、Wiki、Web页面以及技术笔记。

Linux内核开发以及很多开源开发者都采用了Git。Fossil是专为SQLite开发团队设计的，同时它也被广泛应用于开源和闭源社区。

大多数Linux发行版中都已经包含了Git。如果你的系统中还没有安装，可以通过yum（Redhat或SuSE）或apt-get（Debian或Ubuntu）获取：

```
$ sudo yum install git-all
$ sudo apt-get install git-all
```

> 可以从http://www.fossil-scm.org下载Fossil的源代码或可执行文件。

Git系统使用git命令以及大量的子命令来完成各种操作。接下来我们会讨论git克隆、git提交、git分支等内容。

在学习使用git前，你得先有个代码仓库。你可以自己创建（针对自己的项目）或是克隆远程仓库。

6.2　创建新的 git 仓库

如果你在开发自己的项目，那么可以创建对应的项目仓库。仓库可以创建在本地系统中，也可以创建在如GitHub这样的远程站点上。

6.2.1　预备知识

git中的所有项目都需要有一个用于保存项目文件的主目录（master folder）。

```
$ mkdir MyProject
$ cd MyProject
```

6.2.2　实战演练

gitinit命令会在当前工作目录下创建子目录.git并初始化git配置文件。

```
$ git init
```

6.2.3　工作原理

gitinit命令初始化一个本地使用的git仓库。如果你想让远程用户也能够访问这个仓库，需

要使用update-server-info命令:

```
$ git update-server-info
```

6.3 克隆远程 git 仓库

如果你打算访问别人的项目,不管是为了贡献新的代码,还是仅仅为了使用该项目,你都需要把代码克隆到本地系统中。

必须联网才能克隆仓库。只要将文件复制到你自己的系统,就可以执行提交代码、回溯到旧版本等操作了。只有在联网的状态下,你才能向上游推送新的变更。

实战演练

git clone命令可以将文件从远程站点复制到本地系统中。远程站点可以是匿名仓库(如GitHub),也可以是需要用户名和密码登录的系统。

从已知的远程站点(如GitHub)克隆:

```
$ git clone http://github.com/ProjectName
```

从需要用户名和密码的站点(可能是你自己的服务器)克隆:

```
$ git clone clif@172.16.183.130:gitTest
clif@172.16.183.130's password:
```

6.4 使用 git 添加与提交变更

有了git这种分布式版本控制系统,你可以在仓库的本地副本上完成大部分工作。你可以添加新代码、改动代码、测试、修订版本,最后提交经过完全测试的代码。这鼓励你在本地仓库副本上频繁进行多次小型提交,待到代码稳定之后,再完成一次大的提交。

实战演练

git add命令可以将工作代码(working code)中的变更添加到暂存区。该命令并不会改变仓库内容,它只是标记出此次变更,将其加入下一次提交中:

```
$ vim SomeFile.sh
$ git add SomeFile.sh
```

如果你希望在提交所有变更的时候不会遗漏某一个,最好在每次编辑之后都执行git add。

你可以使用git add命令将新文件添加到仓库中:

```
$ echo "my test file" >testfile.txt
$ git add testfile.txt
```

也可以一次添加多个文件：

```
$ git add *.c
```

git commit命令可以将变更提交至仓库：

```
$ vim OtherFile.sh
$ git add OtherFile.sh
$ git commit
```

git commit命令会打开shell环境变量EDITOR中定义好的编辑器，其中包含如下预生成的文本：

```
# Please enter the commit message for your changes. Lines starting
# with '#' will be ignored, and an empty message aborts the commit.
#
# Committer: ClifFlynt<clif@cflynt.com>
#
# On branch branch1
# Changes to be committed:
#   (use "git reset HEAD <file>..." to unstage)
#
#       modified: SomeFile.sh
#       modified: OtherFile.sh
```

输入注释信息之后，你所作出的变更就被保存在仓库的本地副本中了。

这并不会将变更推送到主仓库中（可能是github），但如果其他开发者在你的系统中拥有账户的话，他们可以从你的仓库中拉取新的代码。

可以利用-a和-m选项缩短add/commit操作的输入。

❑ -a：在提交前加入新的代码。
❑ -m：指定一条信息，不进入编辑器。

```
git commit -am "Add and Commit all modified files."
```

6.5　使用 git 创建与合并分支

如果你正在做应用程序的维护工作，可能会需要返回应用先前的分支进行测试。例如，修复一个已经潜伏了很久的bug。你想找出这个bug是什么时候出现的，进而跟踪到引入该bug的代码（参考6.11节中的git bisect命令）。

在添加新特性的时候，应当创建一个新的分支来标识出这次变更。新的代码经过测试和验证之后，就可以由项目维护者将新分支合并入主分支了。git的checkout子命令可用于更改及创建新分支。

6.5.1　预备知识

gitinit或git clone可以在系统中创建项目。

6.5.2　实战演练

切换到之前创建的分支：

```
$ git checkout OldBranchName
```

6.5.3　工作原理

checkout子命令会检查系统中的.git目录，然后恢复与指定分支相关联的快照。

注意，如果你在当前工作区（workspace）中尚有未提交的变更，则无法切换到其他已有的分支。不过你可以使用checkout的选项-b来创建新的分支：

```
$ git checkout -b MyBranchName
Switched to a new branch 'MyBranchName'
```

该命令将当前工作分支定义为MyBrachName。它将MyBrachName的指针指向前一个分支。随着变更的添加和提交，该指针会离最初的分支越来越远。

当测试过新分支上的代码后，就可以将变更合并回起始分支（the branche you started from）了。

6.5.4　补充内容

git branch命令可以查看分支：

```
$ git branch
* MyBranchName
master
```

当前分支由星号（*）着重标出。

合并分支

在完成编辑、添加、测试和提交操作之后，你希望将变更合并回起始分支。

(1) 实战演练

创建了新分支，添加并提交过变更之后，切换回起始分支，然后使用git merge命令将变更合并入新分支：

```
$ git checkout originalBranch
$ git checkout -b modsToOriginalBranch
# 编辑，测试
$ git commit -a -m "Comment on modifications to originalBranch"
$ git checkout originalBranch
$ git merge modsToOriginalBranch
```

(2) 工作原理

第一个git checkout命令检索起始分支的快照。第二个git checkout命令将当前的工作代码标记为新的分支。

git commit命令移动新分支的快照指针，使其远离起始分支。第三个git checkout命令将代码恢复到进行编辑和提交之前的初始状态。

git merge命令将起始分支的快照指针移动至正在合并的分支快照。

(3) 补充内容

如果合并完分支之后不再需要该分支，可以使用选项-d进行删除：

```
$ git branch -d MyBranchName
```

6.6　分享工作成果

不需要连接Internet就可以使用Git开展工作。最后，你会想要分享自己的工作成果。

有两种方法可以实现这一目标：创建一个补丁或是将新代码推送到主仓库。

制作补丁

补丁文件描述了已提交的变更。其他开发者可以将你的补丁文件应用到自己的代码中来使用新的代码。

format-patch命令会汇集你所作出的变更，创建一个或多个补丁文件。补丁文件名由数字、描述以及.patch组成。

实战演练

format-patch命令需要一个标识符来告诉Git第一个补丁文件是哪一个。Git会根据需要创建相应数量的补丁文件将代码修改成所需要的样子。

标识首个快照的方法不止一种。多个补丁文件的常见应用之一是将你在特定分支上所做的变更提交给项目维护者。假设你在主分支之外创建了另一个用于新特性的分支。在完成测试之后，可以将补丁文件发送给该项目的维护者，由他们来进行验证，然后将新特性合并入项目。

以父分支名作为参数的`format-patch`子命令会生成当前分支的补丁文件：

```
$ git checkout master
$ git checkout -b newFeature
# 编辑、添加并提交
$ git format-patch master
0001-Patch-add-new-feature-to-menu.patch
0002-Patch-support-new-feature-in-library.patch
```

另一种常见的标识符是git快照的SHA1。每个git快照都可以通过SHA1字符串来标识。

你可以使用`git log`命令查看仓库中所有提交的日志：

```
$ git log
commit 82567395cb97876e50084fd29c93ccd3dfc9e558
Author: Clif Flynt <clif@example.com>
Date:    Thu Dec 15 13:38:28 2016 -0500

Fixed reported bug #1

commit 721b3fee54e73fd9752e951d7c9163282dcd66b7
Author: Clif Flynt <clif@example.com>
Date:    Thu Dec 15 13:36:12 2016 -0500

Created new feature
```

使用SHA1作为参数的`git format-patch`命令形式如下：

```
$ git format-patch SHA1
```

你可以在命令中使用完整的SHA1字符串或是只使用其中不重复的起始部分：

```
$ git format-patch 721b
$ git format-patch 721b3fee54e73fd9752e951d7c9163282dcd66b7
```

也可以根据与当前位置的距离来标识某个快照，这可以通过选项`-#`来实现。

下列命令会为主分支上的最近一次变更生成补丁文件：

```
$ git format-patch -1 master
```

下列命令会为`bleedingEdge`分支上最近的两次变更生成补丁文件：

```
$ git format-patch -2 bleedingEdge
```

应用补丁

git apply命令可以将补丁应用于工作代码。在运行该命令之前，你必须检出相应的快照。

选项--check可以测试补丁是否有效。

如果应用补丁的环境没有问题，那么就不会产生其他输出。如果你没有检出正确的分支，--check会输出错误信息：

```
$ git apply --check 0001-Patch-new-feature.patch
error: patch failed: feature.txt:2
error: feature.txt: patch does not apply
```

如果通过了--check的测试，就可以使用git apply命令应用补丁了：

```
$ git apply 0001-Patch-new-feature.patch
```

6.7 推送分支

你的最终目标是与所有人分享新的代码，而不是只把补丁发送给个别人。

git push命令可以将分支推送到主线。

实战演练

如果你有一个唯一的分支，可以将其推送到主仓库：

```
$ git push origin MyBranchName
```

修改了现有分支后，你可能会接收到如下错误信息。

❑ remote:error:Refusing to update checked out branch: refs/heads/master
❑ remote:error:By default, updating the current branch in a non-bare repotory

在这种情况下，需要将变更推送到远程的新分支上：

```
$ git push origin master:NewBranchName
```

另外还需要提醒项目维护者将该分支合并入主线：

```
# 在远程
$ git merge NewBranchName
```

从当前分支检索最新的源。如果项目中有不止一名开发者，你偶尔需要与远程仓库执行同步，以检索有其他开发者推送的数据。

get fetch和git pull命令可以将数据从远程下载到本地仓库。

> **ℹ**　更新仓库并不会修改当前的工作代码。

get fetch和git pull命令会下载新的代码，但不会修改你的工作代码。

get fetch SITENAME

要克隆的仓库名为origin：

$ get fetch origin

下列命令可以从其他开发者仓库中获取数据：

$ get fetch Username@Address:Project

> **ℹ**　更新仓库以及当前的工作代码。

git pull命令会获取并合并变更到工作代码。如果出现冲突，命令将会失败，需要你去解决冲突：

```
$ git pull origin
$ git pull Username@Address:Project
```

6.8　检查 git 仓库状态

在完成集中开发和调试后，你可能记不清楚都做了哪些变更。git status命令可以助你一臂之力。

6.8.1　实战演练

git status命令会输出项目的当前状态。它会告诉你当前所处分支、是否有未提交的变更以及是否与origin仓库[①]保持同步：

```
$ git status
# On branch master
# Your branch is ahead of 'origin/master' by 1 commit.
#
# Changed but not updated:
#   se "git add <file>..." to update what will be committed)
#   (use "git checkout -- <file>..." to discard changes in working
```

---

① origin是远程仓库的别名。运行git remote -v或者查看.git/config可以看到origin的含义。

```
 directory)
#
#modified:    newFeature.tcl
```

6.8.2　工作原理

在上面的 git status 输出中可以看到已经添加并提交了一个变更，还有一个文件已经修改，但尚未提交。

这一行显示有一个未推送的提交：

```
# Your branch is ahead of 'origin/master' by 1 commit.
```

以下行说明文件已经修改，但尚未提交：

```
#modified:    newFeature.tcl
gitconfig --global user.name "Your Name"
gitconfig --global user.email you@example.com
```

如果用于提交的身份信息不对，可以使用下面的命令修正：

```
git commit --amend --author='Your Name <you@example.com>'
1 files changed, 1 insertions(+), 0 deletions(-)
create mode 100644 testfile.txt
```

6.9　查看 git 历史记录

在开始着手一个项目之前，你应该先回顾一下项目先前的工作成果，以便于同其他开发者的工作保持一致。

git log 命令可以生成一份报告，帮助你了解项目的一系列变更。

实战演练

git log 命令所生成的报告中包括 SHA1 ID、提交快照的作者、提交日期以及日志信息：

```
$ git log
commit fa9ef725fe47a34ab8b4488a38db446c6d664f3e
Author: Clif Flynt <clif@noucorp.com>
Date:    Fri Dec 16 20:58:40 2016 -0500
Fixed bug # 1234
```

6.10　查找 bug

哪怕是最好的测试组也无法杜绝 bug。bug 出现时，只能由开发者找出原因并进行修复。

git有一些能够帮得上忙的工具。

没人会故意制造bug，出现的问题可能是在修复旧bug或添加新特性的时候造成的。

如果你能隔离有问题的代码，`git blame`命令就可以找出是谁提交了这段代码以及对应的SHA。

6.10.1 实战演练

`git blame`命令可以返回一个列表，其中包含提交的SHA、作者、提交日期以及提交信息的第一行：

```
$ git blame testGit.sh
d5f62aa1 (Flynt 2016-12-07 09:41:52 -0500 1) Created testGit.sh
063d573b (Flynt 2016-12-07 09:47:19 -0500 2) Edited on master repo.
2ca12fbf (Flynt 2016-12-07 10:03:47 -0500 3) Edit created remotely
and merged.
```

6.10.2 补充内容

如果在测试中发现了问题，但是不知道出错的是哪些代码，可以使用`git bisect`命令找出引发问题的提交。

1. 实战演练

`git bisect`命令需要两个标识符，一个用于最近所知的好代码（the last known good code），另一个用于坏代码（bad release）。`bisect`命令会找到位于好代码和坏代码之间的中间提交点以供测试。

测试过之后，重置好代码或坏代码的指针。如果测试通过，重置前者；如果测试不通过，则重置后者。

然后git会再次检出一个新的位于好坏代码之间的中间提交点：

```
# 将当前（有bug的）代码拉取进git仓库
$ git checkout buggyBranch

# 初始化git bisect
$ git bisect start

# 将当前提交标记为bad
$ git bisect bad

# 将没有问题的提交标记为good
# 拉取中间提交点进行测试
```

```
$ git bisect good v2.5
Bisecting: 3 revisions left to test after this (roughly 2 steps)
[6832085b8d358285d9b033cbc6a521a0ffa12f54] New Feature

# 编译并测试
# 标记为good或bad
# 拉取下一个提交进行测试
$ git bisect good
Bisecting: 1 revision left to test after this (roughly 1 step)
[2ca12fbf1487cbcd0447cf9a924cc5c19f0debf9] Merged. Merge branch
'branch1'
```

2. 工作原理

git bisect命令能够找出好坏版本之间的中间版本。你可以构建并测试这个版本，然后重新运行git bisect来标记出good或bad。接着git bisect再找出好坏版本之间另一个新的中间版本。

6.11　快照标签

git支持使用易记的字符串和附加信息为特定的快照打标签。你可以利用标签为开发树（development tree）加上信息（例如Mergedin new memory management），使其更为清晰，或是标记出分支上特定的快照。例如，用标签标出release-1分支上的release-1.0和release-1.1。

git支持轻量标签（仅为快照打标签）以及注解标签。

git标签仅在本地范围内有效。git push默认不会推送标签。要想把标签发送到origin仓库，必须加上选项--tags：

```
$ git push origin --tags
```

git tag命令包括可以用于添加、删除和列出标签的选项。

实战演练

不使用选项的git tag命令可以列出可见标签：

```
$ git tag
release-1.0
release-1.0beta
release-1.1
```

你可以通过添加标签名在当前检出中创建标签：

```
$ git tag ReleaseCandidate-1
```

在gittag命令中加入指定提交的SHA-1，就可以为该提交添加标签：

```
$ git log --pretty=oneline
72f76f89601e25a2bf5bce59551be4475ae78972 Initialcheckin
fecef725fe47a34ab8b4488a38db446c6d664f3e Added menu GUI
ad606b8306d22f1175439e08d927419c73f4eaa9 Added menu functions
773fa3a914615556d172163bbda74ef832651ed5 Initial action buttons


$ git tag menuComplete ad606b
```

选项-a可以为标签加入注解：

```
$ git tag -a tagWithExplanation
# git会打开编辑器，创建注解
```

你可以在命令行中使用-m选项定义信息：

```
$ git tag -a tagWithShortMessage -m "A short description"
```

如果使用git show命令，会显示如下信息：

```
$ git show tagWithShortMessage

tag tagWithShortmessage
Tagger: Clif Flynt <clif@cflynt.com>
Date:   Fri Dec 23 09:58:19 2016 -0500

A short description
...
```

选项-d可以删除标签：

```
$ git tag
tag1
tag2
tag3
$ git tag -d tag2
$ git tag
tag2
tag3F
```

6.12 提交信息规范

提交信息没有什么固定的形式，只要你觉得可以就行。但是在Git社区中，存在着一些约定用法。

实战演练

- 每行长度在72个字符左右。使用空行分隔段落。
- 第一行的长度应该保持在50个字符左右并总结出此次提交的原因。其内容应该足够具体，不要泛泛而谈，要让用户一眼就能看明白做了什么。

❑ 不要写成Fix bug，甚至是Fix bugzilla bug #1234，应该写作Remove silly messages that appear each April 1。

随后的段落可以描述具体的细节，这对于希望跟随你工作成果的用户非常重要。代码中用到的全局变量、副作用等都要在此提及。如果其中还描述了你解决的问题，记得加上bug报告或特性请求的URL。

6.13　使用 fossil

fossil是另一种分布式版本控制系统。和Git一样，它维护了一份变更记录，不管开发者是否能够访问主仓库。和Git不同的是，fossil支持自动同步（auto-sync）模式，在远程仓库可用的时候能够自动推送提交。如果在提交的时候无法访问远程仓库，fossil会保存变更，直到下次能够访问。

fossil和Git存在几个方面的差异。fossil仓库是以单个SQLite数据库的形式实现的，而不像Git那样采用的是一组目录。fossil应用本身包含了如Web界面、故障报告表系统以及wiki，而Git是采用附加程序的形式来实现这些服务的。

和Git一样，fossil的主要接口是fossile命令以及执行特定操作的子命令，例如创建新仓库、克隆已有仓库、添加、提交文件等。

fossil包含了帮助功能。fossil的help命令会生成一份所支持命令的列表，fossil help CMDNAME会显示出一个帮助页面：

```
$ fossil help
Usage: fossil help COMMAND
Common COMMANDs: (use "fossil help -a|-all" for a complete list)
add        cat        finfo      mv         revert     timeline
...
```

6.13.1　预备知识

你的系统中可能并没有安装fossil。可以从官方网站http://www.fossil-scm.org下载。

6.13.2　实战演练

从http://www.fossil-scm.org下载适合你所在平台的fossil可执行文件，然后将其放入bin目录中。

6.14　创建新的 fossil 仓库

fossil易于安装，无论是对于你自己的项目还是你参与的已有项目，其用起来都很方便。

fossil new和fossil init命令效果一样。你可以根据个人喜好选用其中之一。

6.14.1　实战演练

fossil new和fossil init命令会创建一个空的fossil仓库：

```
$ fossil new myProject.fossil
project-id: 855b0e1457da519d811442d81290b93bdc0869e2
server-id:  6b7087bce49d9d906c7572faea47cb2d405d7f72
admin-user: clif (initial password is "f8083e")

$ fossilinitmyProject.fossil
project-id: 91832f127d77dd523e108a9fb0ada24a5deceedd
server-id:  8c717e7806a08ca2885ca0d62ebebec571fc6d86
admin-user: clif (initial password is "ee884a")
```

6.14.2　工作原理

fossil new和fossil init命令功能相同。两者都会使用指定名称创建一个空的仓库数据库。.fossil后缀并非强制性的，不过这算是一个惯例。

6.14.3　补充内容

再来看一些fossil的其他用法。

1. fossil的Web界面

fossil的Web服务器为fossil系统特性（包括配置、故障报告表管理、wiki、图像化提交历史等）提供了本地或远程访问功能。

fossil ui命令会启动一个http服务器并将本地浏览器连接到该服务器上。你可以在浏览器中执行所需要的任务。

实战演练

```
$ fossilui
Listening for HTTP requests on TCP port 8080

#> fossil ui -P 80
Listening for HTTP requests on TCP port 80
```

2. 启用仓库的远程访问功能

fossil server命令会启动一个fossil服务器，允许远程用户克隆仓库。默认情况下，fossil允许所有用户克隆项目。在Admin/Users/Anonymous页面禁止Admin/Users/Nobody的检入、检出、克隆以及下载功能将限制只有注册用户才能远程访问仓库。

当fossil服务器运行时，其支持Web界面配置，但是必须使用创建仓库时的凭证登录。

fossil服务器可以使用仓库的完整路径启动：

```
$ fossil server /home/projects/projectOne.fossil
```

fossil服务器也可以从fossil仓库的目录中启动，这时就不需要指定仓库了：

```
$ cd /home/projects
$ ls
projectOne.fossil
$ fossil server
Listening for HTTP requests on TCP port 8080
```

6.15　克隆远程 fossil 仓库

因为fossil仓库是包含在单个文件中的，你只需要复制该文件就能完成仓库的克隆了。可以采用电子邮件附件、发布到网站或是复制进U盘的形式将仓库发送给其他开发者。

`fossil scrub`命令可以删除Web服务器所需的数据库用户名和密码信息。建议在分发仓库副本的时候先执行这一步。

6.15.1　实战演练

你可以使用`fossil clone`命令从运行fossil服务器的站点上克隆仓库。该命令会克隆版本历史，但是并不包括用户名和密码信息：

```
$ fossil clone http://RemoteSite:port projectName.fossil
```

6.15.2　工作原理

`fossil clone`命令将远程站点的仓库按照给定的名称（在本例中是projectName.fossil）复制为本地文件。

6.16　打开 fossil 项目

`fossil open`命令可以从仓库中提取文件。保存项目最简单的方法就是在fossil仓库目录下创建一个子目录。

6.16.1　实战演练

下载fossil仓库：

```
$ fossil clone http://example.com/ProjectName project.fossil
```

创建工作目录并切换到该目录:

```
$ mkdirnewFeature
$ cdnewFeature
```

在工作目录中打开仓库:

```
$ fossil open ../project.fossil
```

6.16.2　工作原理

`fossil open`命令可以将已经检入fossil仓库的所有目录、子目录以及文件全部提取出来。

6.16.3　补充内容

你可以使用`fossil open`从仓库中提取代码的某个修订版。下面的例子展示了如何检出代码的1.0发行版来修复一个旧bug。创建一个新的工作目录并切换进去:

```
$ mkdir fix_1.0_Bug
$ cd fix_1.0_Bug
```

在工作目录中打开仓库:

```
$ fossil open ../project.fossil release_1.0
```

6.17　使用 fossil 添加与提交变更

创建仓库之后,就该添加和编辑文件了。`fossil add`命令可以将新文件添加到仓库,`fossil commit`命令可以将变更提交到仓库。这和Git不同,Git的`add`命令会标记出要被添加的变更,`commit`命令负责实际的提交操作。

6.17.1　实战演练

下面的例子展示了fossil在没有定义shell变量EDITOR或VISUAL情况下的行为。如果定义了其中一个变量,fossil就不会在命令行中发出提示,而是使用编辑器:

```
$ echo "example" >example.txt
$ fossil add example.txt
ADDED   example.txt

$ fossil commit
# Enter a commit message for this check-in. Lines beginning with #
are ignored.
```

```
#
# user: clif
# tags: trunk
#
# ADDED         example.txt

$ echo "Line 2" >>example.txt
$ fossil commit
# Enter a commit message for this check-in. Lines beginning with #
are ignored.
#
# user: clif
# tags: trunk
#
# EDITED        example.txt
```

6.17.2　补充内容

要想编辑文件，你只需要做提交就行了。默认情况下，提交操作会记得你在本地仓库中作出的所有变更。如果启用了自动同步，此次提交也会被推送至远程仓库：

```
$ vim example.txt
$ vim otherExample.txt
$ fossil commit
# Enter a commit message for this check-in. Lines beginning with #
are ignored.
#
# user: clif
# tags: trunk
#
# EDITED        example.txt, otherExample.txt
```

6.18　使用 fossil 分支与 fork

在理想世界里，开发树是一条直线，一个修订版本直接跟着上一个修订版本。可是在现实中，开发者经常是从稳定的基础代码开始着手，对其作出改动，然后再合并回主线。

对于从主线代码上出现的临时分叉（temporary divergence）（例如，修复仓库中的bug）和永久分叉（permanent divergence）（例如，1.x发布版中只修复bug，2.x发布版中包含新的特性），fossil系统作出了区分。

在fossil的惯例中，特意产生的分叉称为分支（branch），无意产生的分叉称为fork。例如，你为正在开发的新代码创建的是一个分支，而如果你在别人已经提交了某个文件的变更之后再提交自己对该文件的变更，那产生的就是fork，除非你是第一个更新并解决冲突的人。

分支可分为临时分支和永久分支。临时分支可以是开发新特性时创建的。永久分支是在制作发行版时创建的，这种分支本就该与主线代码分开。

临时分支和永久分支都可以使用标签和属性进行管理。

当你使用fossil init或fossil new创建fossil仓库时，会为开发树分配名为trunk的标签。

fossil branch命令可用于管理分支。另外还有一些子命令，能够创建新分支、列举分支以及关闭分支。

6.18.1　实战演练

(1) 使用分支的第一步是先创建分支。fossil branch new命令可以创建一个新的分支。它能够基于项目的当前检出版本或早期版本创建分支。

(2) fossil branch new命令可以基于指定版本创建新分支：

```
$ fossil branch new NewBranchName Basis-Id
New branch: 9ae25e77317e509e420a51ffbc43c2b1ae4034da
```

(3) Basis-Id是一个标识符，用于告诉fossil新分支要以哪个代码快照为基础。指定Basis-Id的方法有多种，其中最常用的方法会在下一节中讲到。

(4) 注意，在将工作目录更新到新分支之前需要执行一次检出：

```
$ fossil checkout NewBranchName
```

6.18.2　工作原理

NewBranchName是新分支的名字。在命名分支时，通常的习惯是描述出该分支所作出的改动。例如localtime_fixes或bug_1234_fix就是常见的分支名。

Basis-Id是一个标识了分支分叉点的字符串。它可以是一个分支名（如果分叉点是在特定分支的头部）。

下面的命令可以在trunk的顶端（tip of a trunk）创建一个分支：

```
$ fossil branch new test_rework_parse_logic trunk
New branch: 9ae25e77317e509e420a51ffbc43c2b1ae4034da

$ fossil checkout test_rework_parse_logic
```

带有选项--branch的fossil commit命令允许在提交时指定新的分支名：

```
$ fossil checkout trunk

# 作出变更

$ fossil commit --branch test_rework_parse_logic
```

6.18.3   补充内容

合并fork以及分支

分支和fork都可以合并回其父分支。因为fork属于临时性质，在变更被采纳之后，应该立刻合并。分支属于永久性质，但即便如此，也是可以合并回主线的。

fossil merge命令可以将临时的fork合并入另一个分支。

实战演练

❑ 要创建临时fork并将其合并回已有分支，首先必须检出要使用的分支：

```
$ fossil checkout trunk
```

❑ 现在可以开始编辑和测试了。如果新的代码没有问题，就提交到新分支。选项--branch会在必要时创建新的分支并将其设置为当前分支：

```
$ fossil commit --branch new_logic
```

❑ 代码经过测试和验证后，在想合并入的分支上执行检出操作，将代码合并回相应的分支，然后调用fossil merge命令进行合并，最后提交合并：

```
$ fossil checkout trunk
$ fossil merge new_logic
$ fossil commit
```

❑ fossile和Git在这方面略有不同。git merge命令会更新仓库，而fossil merge命令直到提交合并时才会修改仓库。

6.19   使用 fossil 分享工作成果

如果你使用了多个开发平台或是参与了他人的项目，就需要在本地仓库与远程主仓库之间进行同步。fossil为此提供了多种方法。

6.19.1   实战演练

fossil默认运行在autosync模式下。在这种模式下，你的提交会自动同步到远程仓库。

fossil setting命令可以启用或禁止autosync设置：

```
$ fossil setting autosync off
$ fossil setting autosync on
```

如果禁用了autosync模式（fossil运行在手动合并模式下），你就必须使用fossil push命令将本地仓库中的变更推送到远程仓库：

```
$ fossil push
```

6.19.2　工作原理

push命令能够将本地仓库的所有变更推送至远程仓库。它不会修改任何检出代码。

6.20　更新本地 fossil 仓库

向远程仓库推送相反的操作就是更新本地仓库。如果你在笔记本电脑上进行开发，而主仓库位于公司服务器上，或是你和他人共同开发某个项目，需要与同事的开发进度保持一致，在这些情况下，你就需要更新本地仓库了。

实战演练

fossil不会自动向远程仓库推送更新。fossil pull命令会将更新拉取到本地仓库。它会更新仓库，但不会修改你当前的工作代码：

```
$ fossil pull
```

如果仓库中存在变更，fossil checkout命令会更新工作代码：

```
$ fossilcheckout
```

你可以使用fossil update命令来结合pull和checkout这两个子目录的功能：

```
$ fossil update
UPDATE main.tcl
-------------------------------------------------------------
------------
updated-to:   47c85d29075b25aa0d61f39d56f61f72ac2aae67 2016-12-20
17:35:49 UTC
tags:         trunk
comment:      Ticket 1234abc workaround (user: clif)
changes:      1 file modified.
"fossil undo" is available to undo changes to the working checkout.
```

6.21　检查 fossil 仓库状态

在着手新的开发之前，你应该将本地仓库与主仓库进行比较。你不会希望自己花时间编写出来的代码与已接受的代码发生冲突。

实战演练

fossil status命令会报告项目的当前状态、是否有未提交的编辑以及工作代码是否在分支顶端：

```
$ fossil status
repository:    /home/clif/myProject/../myProject.fossil
local-root:    /home/clif/myProject/
config-db:     /home/clif/.fossil
checkout:      47c85d29075b25aa0d61f39d56f61f72ac2aae67 2016-12-20
17:35:49 UTC
parent:        f3c579cd47d383980770341e9c079a87d92b17db 2016-12-20
17:33:38 UTC
tags:          trunk
comment:       Ticket 1234abc workaround (user: clif)
EDITED     main.tcl
```

如果在最后一次检出之后向工作分支发起过提交，输出的状态信息中会包含如下行：

```
child:         abcdef123456789...    YYYY-MM-DD HH:MM::SS UTC
```

这表明代码有一次提交。在向分支头部提交之前，你必须使用fossil update命令完成工作代码的副本的同步。这可能需要手动解决冲突。

注意，fossil只能够反映出本地仓库的数据。如果变更已作出，但尚未推送至服务器并拉取到本地仓库，这些信息是不会显示出来的。你应该在使用fossil status之前调用fossil sync，确保仓库处于最新状态。

6.22 查看 fossil 历史记录

fossil server和fossil ui命令会启动fossil的Web服务器，使你可以通过浏览器查看检入历史以及翻阅代码。

timeline标签提供了分支、提交以及合并的树状结构视图。Web界面支持查看与提交相关的源代码，能够在不同的代码版本之间执行差异比较。

实战演练

在UI模式下启动fossil。它会查找浏览器并打开主页。如果操作失败，你可以为fossil指定浏览器：

```
$ fossil ui
Listening for HTTP requests on TCP port 8080

$ konqueror 127.0.0.1:8080
```

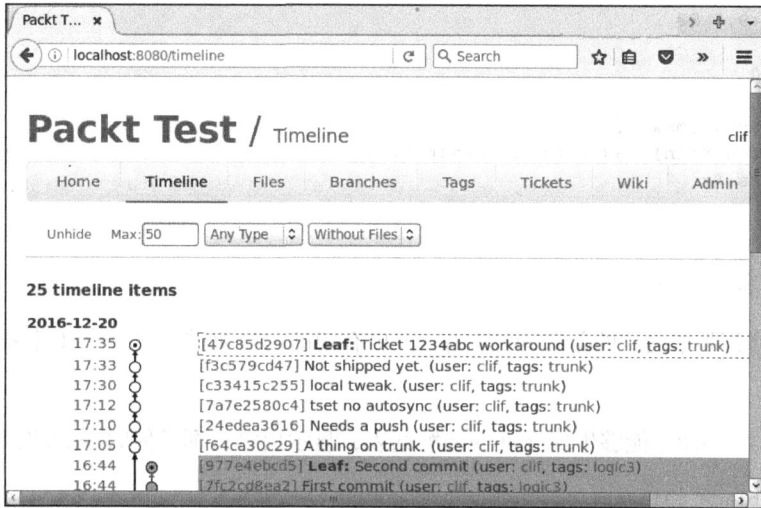

图 6-1

1. 查找bug

fossil提供了一些工具，能够帮助我们定位引入bug的提交，见表6-1。

表 6-1

工 具	描 述
fossil diff	显示文件的两个修订版本之间的差异
fossil blame	生成报表，显示出文件中每一行的提交信息
fossil bisect	在应用程序的好坏版本之间进行二分搜索

(1) 实战演练

fossil diff命令包含若干选项。在查找引入问题的代码时，我们通常会在文件的两个不同版本之间比较差异。fossil diff的选项-from和-to就可以完成这项操作：

```
$ fossil diff -from ID-1 -to ID-2FILENAME
```

ID-1和ID-2是仓库中使用的标识符。它们可以是SHA-1、标签或日期等。FILENAME是所提交的文件名。

下面的命令可以查找出文件main.tcl的两个不同修订版之间的差异：

```
$ fossil diff -from 47c85 -to 7a7e25 main.tcl

Index: main.tcl
================================================================
--- main.tcl
+++ main.tcl
```

```
@@ -9,10 +9,5 @@

set max 10
set min 1
+ while {$x < $max} {
- for {set x $min} {$x < $max} {incr x} {
-    process $x
- }
-
```

(2) 补充内容

了解不同修订版本之间的差异固然有用，但更有帮助的是通过注解整个文件来显示出每一行的添加时间。

fossil blame 命令能够生成文件的注解列表，显示出每行都是何时添加的：

```
$ fossil blame main.tcl
7806f43641 2016-12-18      clif: # main.tcl
06e155a6c2 2016-12-19      clif: # ClifFlynt
b2420ef6be 2016-12-19      clif: # Packt fossil Test Script
a387090833 2016-12-19      clif:
76074da03c 2016-12-20      clif: for {set i 0} {$i < 10} {incr
i} {
76074da03c 2016-12-20      clif: puts "Buy my book"
2204206a18 2016-12-20      clif: }
7a7e2580c4 2016-12-20      clif:
```

如果你确定了问题出在哪个版本中，就应该将注意力集中在该版本上。

fossil bisect 命令为此提供了支持。它可以让你定义代码的好坏版本并自动检出两者之间的一个版本进行测试。然后你可以将此版本标记为好版本或坏版本，由 fossil 重复上述过程。fossil bisect 会生成一份报表，显示出测试了多少个版本以及还有多少版本需要测试。

(1) 实战演练

fossil bisect reset 命令可以初始化好坏版本指针。fossil bisect good 和 fossil bisect bad 命令会标记出好版本和坏版本并检出这两个版本之间的中间版本：

```
$ fossil bisect reset
$ fossil bisect good 63e1e1
$ fossil bisect bad 47c85d
UPDATE main.tcl
----------------------------------------------------------------
updated-to:   f64ca30c29df0f985105409700992d54e 2016-12-20 17:05:44 UTC
tags:         trunk
comment:      Reworked flaky test. (user: clif)
changes:      1 file modified.
 "fossil undo" is available to undo changes to the working checkout.
  2 BAD      2016-12-20 17:35:49 47c85d29075b25aa
```

```
3 CURRENT 2016-12-20 17:05:44 f64ca30c29df0f98
1 GOOD    2016-12-19 23:03:22 63e1e1290f853d76
```

测试过f64ca版本的代码后，将其标记为good或bad，`fossil bisect`将会接着检出下一个版本进行测试。

(2) 补充内容

`fossil bisect status`命令会生成一份报表，其中包含了可用版本以及标记出的已测试版本。

```
$ fossil bisect status
2016-12-20 17:35:49 47c85d2907 BAD
2016-12-20 17:33:38 f3c579cd47
2016-12-20 17:30:03 c33415c255 CURRENT NEXT
2016-12-20 17:12:04 7a7e2580c4
2016-12-20 17:10:35 24edea3616
2016-12-20 17:05:44 f64ca30c29 GOOD
```

2. 为快照打标签

fossil开发树上的每一个节点都可以有一个或多个标签。标签可用于标识发行版、分支或是需要引用的特定里程碑版本。例如，你希望在release-1分支中使用标签来标识release-1.0、release-1.1等。在检出或合并操作中，也可以不使用SHA-1，而换用标签。

标签是通过`fossil tag`命令来实现的。fossil支持多个子命令，可用于添加、取消、查找和列举标签。

使用`fossil tag add`命令创建一个新的标签：

```
$ fossil tag add TagName Identifier
```

(1) 实战演练

`TagName`是分支名。

`Identifier`是需要打标签的节点标识符。可以采用下列形式。

❏ 分支名：为该分支上最近一次提交打标签。
❏ SHA-1：为拥有该SHA-1的提交打标签。
❏ 日期戳（YYYY-MM-DD）：为该日期戳之前的提交打标签。
❏ 时间戳（YYYY-MM-DD HH:MM:SS）：为该时间戳之前的提交打标签。

```
# 为trunk分支的顶端打上标签release_1.0
$ fossil add tag release_1.0 trunk

# 为12月15日的最后一次提交打上标签beta_release_1
$ fossil add tag beta_release_1 2016-12-16
```

(2) 补充内容

标签也可以作为创建fork或分支时的标识符：

```
$ fossil add tag newTag trunk
$ fossil branch new newTagBranchnewTag
$ fossil checkout newTagBranch
```

在带有-branch选项的commit命令中，标签可用于创建分支：

```
$ fossil add tag myNewTag 2016-12-21
$ fossil checkout myNewTag
# 编辑并修改
$ fossil commit -branch myNewTag
```

## 第 7 章

B 计 划

7

本章内容

- ❏ 使用 tar 归档
- ❏ 使用 cpio 归档
- ❏ 使用 gzip 压缩数据
- ❏ 使用 zip 归档及压缩
- ❏ 更快的归档工具 pbzip2

- ❏ 创建压缩文件系统
- ❏ 使用 rsync 备份系统快照
- ❏ 差异化归档
- ❏ 使用 fsarchiver 创建全盘镜像

7.1 简介

书到用时方恨少，备份也是一样。因此，自动备份必不可少。随着磁盘存储技术的发展，最简单的备份方法就是添加新的磁盘设备或是使用云存储，而不再是依赖磁带。但即便是磁盘设备或云存储的价格便宜，也应该压缩备份数据，降低存储空间需求以及传输时间。把数据存放在云端之前应该对其加密。数据在加密之前通常都要先进行归档和压缩。本章讲述了创建和维护文件或文件夹归档、压缩格式以及加密技术。

7.2 使用 tar 归档

tar 命令可以归档文件。它最初是设计用来将数据存储在磁带上，因此其名字也来源于 Tape ARchive。tar 可以将多个文件和文件夹打包为单个文件，同时还能保留所有的文件属性，如所有者、权限等。由 tar 创建的文件通常称为 tarball。在这则攻略里，我们将学习如何使用 tar 创建归档文件。

7.2.1 预备知识

所有类 Unix 操作系统中都默认包含 tar 命令。它语法简单，文件格式具备可移植性。tar 支持多种选项，可用于调整命令的行为。

7.2.2　实战演练

tar命令可以创建、更新、检查以及解包归档文件。

(1) 用tar创建归档文件：

```
$ tar -cf output.tar [SOURCES]
```

选项-c表示创建新的归档文件。选项-f表示归档文件名，该选项后面必须跟一个文件名称：

```
$ tar -cf archive.tar file1 file2 file3 folder1 ..
```

(2) 选项-t可以列出归档文件中所包含的文件：

```
$ tar -tf archive.tar
file1
file2
```

(3) 选项-v或-vv参数可以在命令输出中加入更多的细节信息。这个特性叫作“冗长模式（v，verbose）”或“非常冗长模式（vv，very verbose）”。对于能够在终端中生成报告的命令，-v是一个约定的选项。该选项能够显示出更多的细节，例如文件权限、所有者所属的分组、文件修改日期等信息：

```
$ tar -tvf archive.tar
-rw-rw-r-- shaan/shaan          0 2013-04-08 21:34 file1
-rw-rw-r-- shaan/shaan          0 2013-04-08 21:34 file2
```

> 文件名必须紧跟在-f之后出现，而且-f应该是选项中的最后一个。假如你希望使用冗长模式，应该像这样写：
>
> ```
> $ tar -cvf output.tar file1 file2 file3 folder1 ..
> ```

7.2.3　工作原理

tar命令可以接受一组文件名或是通配符（如*.txt），以此指定需要进行归档的源文件。命令执行完毕后，所有的源文件都会被归入指定的归档文件中。

命令行参数有数量限制，我们无法一次性传递数百个文件或目录。如果要归档的文件很多，那么使用追加选项（详见下文）要更安全些。

7.2.4　补充内容

让我们再来看看tar命令的其他特性。

1. 向归档文件中追加文件

选项-r可以将新文件追加到已有的归档文件末尾:

```
$ tar -rvf original.tar new_file
```

创建一个包含文本文件的归档:

```
$ echo hello >hello.txt
$ tar -cf archive.tar hello.txt
```

选项-t可以列出归档文件中的内容。选项-f可以指定归档文件名:

```
$ tar -tf archive.tar
hello.txt
```

接着使用选项-r向该归档文件中再追加一个文件:

```
$ tar -rf archive.tar world.txt
$ tar -tf archive.tar
hello.txt
world.txt
```

这个归档文件中现在包含了两个文件。

2. 从归档文件中提取文件或目录

选项-x可以将归档文件的内容提取到当前目录:

```
$ tar -xf archive.tar
```

使用-x时,tar命令将归档文件中的内容提取到当前目录。我们也可以用选项-C来指定将文件提取到哪个目录:

```
$ tar -xf archive.tar -C /path/to/extraction_directory
```

该命令将归档文件的内容提取到指定目录中。它提取的是归档文件中的全部内容。我们可以通过将文件名作为命令行参数来提取特定的文件:

```
$ tar -xvf file.tar file1 file4
```

上面的命令只提取file1和file4,忽略其他文件。

3. 在tar中使用stdin和stdout

在归档时,我们可以将stdout指定为输出文件,这样另一个命令就可以通过管道来读取(作为stdin)并进行其他处理。

当通过安全shell(Secure Shell,SSH)传输数据时,这招很管用。例如:

```
$ tar cvf - files/ | ssh user@example.com "tar xv -C Documents/"
```

在上面的例子中，对files目录中的内容进行了归档并将其输出到stdout（由-指明），然后提取到远程系统中的Documents目录中。

4. 拼接两个归档文件

我们可以用选项-A合并多个tar文件。

假设我们现在有两个tar文件：file1.tar和file2.tar。下面的命令可以将file2.tar的内容合并到file1.tar中：

```
$ tar -Af file1.tar file2.tar
```

查看内容，验证操作是否成功：

```
$ tar -tvf file1.tar
```

5. 通过检查时间戳来更新归档文件中的内容

追加选项（-r）可以将指定的任意文件加入到归档文件中。如果同名文件已经存在，那么归档文件中就会包含两个名字一样的文件。我们可以用更新选项-u指明：只添加比归档文件中的同名文件更新（newer）的文件。

```
$ tar -tf archive.tar
filea
fileb
filec
```

仅当filea自上次被加入archive.tar后出现了改动才对其执行追加操作：

```
$ tar -uf archive.tar filea
```

如果两个filea的时间戳相同，则什么都不会发生。

使用touch命令修改文件的时间戳，然后再用tar命令：

```
$ tar -uvvf archive.tar filea
-rw-r--r-- slynux/slynux      0 2010-08-14 17:53 filea
```

因为时间戳比归档文件中的同名文件更新，因此执行追加操作。可以用选项-t来验证：

```
$ tar -tf archive.tar
-rw-r--r-- slynux/slynux      0 2010-08-14 17:52 filea
-rw-r--r-- slynux/slynux      0 2010-08-14 17:52 fileb
-rw-r--r-- slynux/slynux      0 2010-08-14 17:52 filec
-rw-r--r-- slynux/slynux      0 2010-08-14 17:53 filea
```

如你所见，一个新的filea被加入到了归档文件中。当从中提取文件时，tar会挑选最新的filea。

6. 比较归档文件与文件系统中的内容

选项-d可以将归档中的文件与文件系统中的文件作比较。这个功能能够用来确定是否需要创建新的归档文件。

```
$ tar -df archive.tar
afile: Mod time differs
afile: Size differs
```

7. 从归档中删除文件

我们可以用`--delete`选项从归档中删除文件：

```
$ tar -f archive.tar --delete file1 file2 ..
```

或者

```
$ tar --delete --file archive.tar [FILE LIST]
```

来看另外一个例子：

```
$ tar -tf archive.tar
filea
fileb
filec
$ tar --delete --file archive.tar filea
$ tar -tf archive.tar
fileb
filec
```

8. 压缩tar归档文件

`tar`命令默认只归档文件，并不对其进行压缩。不过`tar`支持用于压缩的相关选项。压缩能够显著减少文件的体积。归档文件通常被压缩成下列格式之一。

- ❏ gzip格式：`file.tar.gz`或`file.tgz`。
- ❏ bzip2格式：`file.tar.bz2`。
- ❏ Lempel-Ziv-Markov格式：`file.tar.lzma`。

不同的`tar`选项可以用来指定不同的压缩格式：

- ❏ `-j`指定bunzip2格式；
- ❏ `-z`指定gzip格式；
- ❏ `--lzma`指定lzma格式。

不明确指定上面那些特定的选项也可以使用压缩功能。`tar`能够基于输出或输入文件的扩展名来进行压缩。为了让`tar`支持根据扩展名自动选择压缩算法，使用`-a`或`--auto-compress`选项：

```
$ tar -acvf archive.tar.gz filea fileb filec
filea
fileb
```

```
filec
$ tar -tf archive.tar.gz
filea
fileb
filec
```

9. 在归档过程中排除部分文件

选项`--exclude [PATTERN]`可以将匹配通配符模式的文件排除在归档过程之外。

例如，排除所有的.txt文件：

```
$ tar -cf arch.tar * --exclude "*.txt"
```

> **TIP** 注意，模式应该使用双引号来引用，避免shell对其进行扩展。

也可以将需要排除的文件列表放入文件中，同时配合选项`-X`：

```
$ cat list
filea
fileb

$ tar -cf arch.tar * -X list
```

这样就把filea和fileb排除了。

10. 排除版本控制目录

`tar`文件的用处之一是用来分发代码。很多源代码都是使用版本控制系统进行维护的，如subversion、Git、mercurial、CVS（参考上一章）。版本控制系统中的代码目录通常包含一些特殊目录，如.svn或.git。这些目录由版本控制系统负责管理，对于开发者之外的用户并没有什么用。因此无需将其包含在分发给用户的`tar`文件内。

`tar`的选项`--exclude-vcs`可以在归档时排除版本控制相关的文件和目录。例如：

```
$ tar --exclude-vcs -czvvf source_code.tar.gz eye_of_gnome_svn
```

11. 打印总字节数

选项`-totals`可以打印出归档的总字节数。注意，这是实际数据的字节数。如果使用了压缩选项，文件大小会小于总的归档字节数：

```
$ tar -cf arc.tar * --exclude "*.txt" --totals
Total bytes written: 20480 (20KiB, 12MiB/s)
```

7.2.5　参考

7.4节会讲解gzip命令。

7.3 使用 cpio 归档

cpio类似于tar。它可以归档多个文件和目录，同时保留所有的文件属性，如权限、文件所有权等。cpio格式被用于RPM软件包（Fedora使用这种格式）、Linux内核的initramfs文件（包含了内核镜像）等。这则攻略将给出几种cpio的用法。

7.3.1 实战演练

cpio通过stdin获取输入文件名并将归档文件写入stdout。我们必须将stdout重定向到文件中来保存cpio的输出。

(1) 创建测试文件：

```
$ touch file1 file2 file3
```

(2) 归档测试文件：

```
$ ls file* | cpio -ov > archive.cpio
```

(3) 列出cpio归档文件中的内容：

```
$ cpio -it < archive.cpio
```

(4) 从cpio归档文件中提取文件：

```
$ cpio -id < archive.cpio
```

7.3.2 工作原理

对于归档命令cpio：

❑ -o指定了输出；
❑ -v用来打印归档文件列表。

> 在cpio命令中，我们可以使用文件的绝对路径进行归档。/usr/somedir就是一个绝对路径，因为它是以根目录（/）作为路径的起始。
>
> 相对路径不以/开头，而是以当前目录作为起始点。例如，test/file表示有一个目录test，而file位于test目录中。
>
> 当进行提取时，cpio会将归档内容提取到绝对路径中。但是tar会移去绝对路径开头的/，将其转换为相对路径。

对于列出给定cpio归档文件中所有内容的命令：

❑ -i用于指定输入；

❑ -t用于列出归档文件中的内容。

在提取命令中，-o表示提取，cpio会直接覆盖文件，不作任何提示；-d在需要的时候创建新的目录。

7.4   使用 `gzip` 压缩数据

gzip是GNU/Linux平台下常用的压缩格式。gzip、gunzip和zcat都可以处理这种格式。但这些工具只能压缩/解压缩单个文件或数据流，无法直接归档目录和多个文件。好在gzip可以同tar和cpio配合使用。

7.4.1   实战演练

gzip和gunzip可以分别用于压缩与解压缩。

(1) 使用gzip压缩文件：

```
$ gzip filename
$ ls
filename.gz
```

(2) 解压缩gzip文件：

```
$ gunzip filename.gz
$ ls
filename
```

(3) 列出压缩文件的属性信息：

```
$ gzip -l test.txt.gz
compressed          uncompressed  ratio uncompressed_name
35                      6 -33.3% test.txt
```

(4) gzip命令可以从stdin中读入文件并将压缩文件写出到stdout。

从stdin读入并将压缩后的数据写出到stdout：

```
$ cat file | gzip -c > file.gz
```

选项 -c用来将输出指定到stdout。该选项也可以与cpio配合使用：

```
$ ls * | cpio -o | gzip -c > cpiooutput.gz
$ zcat cpiooutput.gz | cpio -it
```

(5) 我们可以指定gzip的压缩级别。--fast或--best选项分别提供最低或最高的压缩率。

7.4.2　补充内容

gzip命令通常与其他命令结合使用，另外还有一些高级选项可以用来指定压缩率。

1. 压缩归档文件

后缀.gz表示的是经过gzip压缩过的tar归档文件。有两种方法可以创建此类文件。

❑ 第一种方法

```
$ tar -czvvf archive.tar.gz [FILES]
```

或者

```
$ tar -cavvf archive.tar.gz [FILES]
```

选项-z指明用gzip进行压缩，选项-a指明根据文件扩展名推断压缩格式。

❑ 第二种方法

首先，创建一个tar归档文件：

```
$ tar -cvvf archive.tar [FILES]
```

压缩tar归档文件：

```
$ gzip archive.tar
```

如果有大量文件（上百个）需要归档及压缩，我们可以采用第二种方法并稍作变动。将多个文件作为命令行参数传递给tar的问题在于后者能够接受的参数有限。要解决这个问题，我们可以在循环中使用追加选项（-r）来逐个添加文件：

```
FILE_LIST="file1 file2 file3 file4 file5"
for f in $FILE_LIST;
  do
  tar -rvf archive.tar $f
done
gzip archive.tar
```

下面的命令可以提取经由gzip压缩的归档文件中的内容：

```
$ tar -xavvf archive.tar.gz -C extract_directory
```

其中，选项-a用于自动检测压缩格式。

2. zcat——直接读取gzip格式文件

zcat命令无需经过解压缩操作就可以将.gz文件的内容输出到stdout。.gz文件不会发生任何变化。

```
$ ls
test.gz

$ zcat test.gz
A test file
# 文件test中包含了一行文本"A test file"

$ ls
test.gz
```

3. 压缩率

我们可以指定压缩率，它共有9级，其中：

❑ 1级的压缩率最低，但是压缩速度最快；
❑ 9级的压缩率最高，但是压缩速度最慢。

你可以按照下面的方法指定压缩比：

```
$ gzip -5 test.img
```

gzip默认使用第6级，倾向于在牺牲一些压缩速度的情况下获得比较好的压缩率。

4. 使用bzip2

bzip2在功能和语法上与gzip类似。不同之处在于bzip2的压缩效率比gzip更高，但花费的时间比gzip更长。

用bzip2进行压缩：

```
$ bzip2 filename
```

解压缩bzip2格式的文件：

```
$ bunzip2 filename.bz2
```

生成tar.bz2文件并从中提取内容的方法同之前介绍的tar.gz类似：

```
$ tar -xjvf archive.tar.bz2
```

其中，-j表明该归档文件是以bzip2格式压缩的。

5. 使用lzma

lzma的压缩率要优于gzip和bzip2。

使用lzma进行压缩：

```
$ lzma filename
```

解压缩`lzma`文件：

```
$ unlzma filename.lzma
```

可以使用`--lzma`选项压缩生成的`tar`归档文件：

```
$ tar -cvvf --lzma archive.tar.lzma [FILES]
```

或者

```
$ tar -cavvf archive.tar.lzma [FILES]
```

将`lzma`压缩的`tar`归档文件中的内容提取到指定的目录中：

```
$ tar -xvvf --lzma archive.tar.lzma -C extract_directory
```

其中，`-x`用于提取内容，`--lzma`指定使用`lzma`解压缩归档文件。

我们也可以用：

```
$ tar -xavvf archive.tar.lzma -C extract_directory
```

7.4.3 参考

7.2节讲解了`tar`命令。

7.5 使用 **zip** 归档及压缩

ZIP作为一种流行的压缩格式，在Linux、Mac和Windows平台中都可以看到它的身影。在Linux下，它的应用不如`gzip`或`bzip2`那么广泛，但是向其他平台分发数据的时候，这种格式很有用。

7.5.1 实战演练

(1) 创建`zip`格式的压缩归档文件（zip archive）：

```
$ zip archive_name.zip file1 file2 file3...
```

例如：

```
$ zip file.zip file
```

该命令会生成file.zip。

(2) 选项`-f`可以对目录进行递归式归档：

```
$ zip -r archive.zip folder1 folder2
```

(3) unzip命令可以从ZIP文件中提取内容：

```
$ unzip file.zip
```

在完成提取操作之后，unzip并不会删除file.zip（这一点与unlzma和gunzip不同）。

(4) 选项-u可以更新压缩归档文件中的内容：

```
$ zip file.zip -u newfile
```

(5) 选项-d从压缩归档文件中删除一个或多个文件：

```
$ zip -d arc.zip file.txt
```

(6) 选项-l可以列出压缩归档文件中的内容：

```
$ unzip -l archive.zip
```

7.5.2　工作原理

尽管同大多数我们已经讲过的归档、压缩工具类似，但zip在完成归档之后并不会删除源文件，这一点与lzma、gzip、bzip2不同。尽管与tar相像，但zip可以进行归档和压缩操作，而单凭tar是无法进行压缩的。

7.6　更快的归档工具 pbzip2

如今大多数计算机都配备了至少两个处理器核心，这基本上相当于拥有了两块物理CPU。但是仅仅是一块多核CPU并不代表程序可以运行得更快，重要的是程序自身能够利用多个处理器核心来提高运行速度。

我们目前已经看到的多数压缩命令只能利用单个处理器核心。pbzip2、plzip、pigz和lrzip命令都采用了多线程，能够借助多核来降低压缩文件所需的时间。

大多数发行版中都没有安装这些工具，可以使用apt-get或yum自行安装。

7.6.1　预备知识

多数发布版中都没有预装pbzip2，你得使用软件包管理器自行安装：

```
sudo apt-get install pbzip2
```

7.6.2　实战演练

(1) 压缩单个文件：

```
pbzip2 myfile.tar
```

pbzip2会自动检测系统中处理器核心的数量，然后将myfile.tar压缩成myfile.tar.bz2。

(2) 要压缩并归档多个文件或目录，可以使用tar配合pbzip2来实现：

```
tar cf sav.tar.bz2 --use-compress-prog=pbzip2 dir
```

或者

```
tar -c directory_to_compress/ | pbzip2 -c > myfile.tar.bz2
```

(3) 从pbzip2格式的文件中进行提取。

选项-d可以解压缩：

```
pbzip2 -d myfile.tar.bz2
```

如果是tar.bz2文件，我们可以利用管道完成解压缩和提取：

```
pbzip2 -dc myfile.tar.bz2 | tar x
```

7.6.3　工作原理

pbzip2在内部使用的压缩算法和bzip2一样，但是它会利用pthreads（一个线程库）来同时压缩多个数据块。线程化对于用户而言都是透明的，结果就是获得更快的压缩速度。

同gzip或bzip2一样，pbzip2并不会创建归档文件，它只能对单个文件进行操作。要想压缩多个文件或目录，还得结合tar或cpio来使用。

7.6.4　补充内容

pbzip2还有另外一些有用的选项。

1. 手动指定处理器数量

pbzip2的-p选项可以手动指定处理器核心的数量。如果无法自动检测处理器核心数量或是希望能够释放一些处理核心供其他任务使用，-p选项就能派上用场了：

```
pbzip2 -p4 myfile.tar
```

上面的命令告诉pbzip2使用4个处理器核心。

2. 指定压缩比

从选项-1到-9可以指定最快到最好的压缩效果，其中-1的压缩速度最快，-9的压缩率最高。

7.7　创建压缩文件系统

squashfs程序能够创建出一种具有超高压缩率的只读型文件系统。它能够将2GB~3GB的数据压缩成一个700MB的文件。Linux LiveCD（或是LiveUSB）就是使用squashfs创建的。这类CD利用只读型的压缩文件系统将根文件系统保存在一个压缩文件中。可以使用环回方式将其挂载并装入完整的Linux环境。如果需要某些文件，可以将它们解压，然后载入内存中使用。

如果需要压缩归档文件并能够随机访问其中的内容，那么squashfs就能够大显身手了。解压体积较大的压缩归档文件可得花上一阵工夫。但如果将其以环回形式挂载，那速度会变得飞快。因为只有出现访问请求时，对应的那部分压缩文件才会被解压缩。

7.7.1　预备知识

所有的现代Linux发行版都支持挂载squashfs文件系统。但是创建squashfs文件的话，则需要使用包管理器安装squashfs-tools：

```
$ sudo apt-get install squashfs-tools
```

或者

```
$ yum install squashfs-tools
```

7.7.2　实战演练

(1) 使用mksquashfs命令添加源目录和文件，创建一个squashfs文件：

```
$ mksquashfs SOURCES compressedfs.squashfs
```

SOURCES可以是通配符、文件或目录路径。

例如：

```
$ sudo mksquashfs /etc test.squashfs
Parallel mksquashfs: Using 2 processors
Creating 4.0 filesystem on test.squashfs, block size 131072.
[=====================================] 1867/1867 100%
```

> 还有更多的细节信息会出现在终端上。由于版面的限制，这里就不再列出这些信息了。

(2) 利用环回形式挂载squashfs文件：

```
# mkdir /mnt/squash
# mount -o loop compressedfs.squashfs /mnt/squash
```

你可以通过/mnt/squashfs访问文件内容。

7.7.3　补充内容

可以指定其他选项来定制squashfs文件系统。

在创建squashfs文件时排除部分文件

选项-e可以排除部分文件和目录：

```
$ sudo mksquashfs /etc test.squashfs -e /etc/passwd /etc/shadow
```

其中，选项-e用于将文件/etc/passwd和/etc/shadow排除在外。

也可以将需要排除的文件名列表写入文件，然后用选项-ef指定该文件：

```
$ cat excludelist
/etc/passwd
/etc/shadow

$ sudo mksquashfs /etc test.squashfs -ef excludelist
```

如果希望在排除文件列表中使用通配符，需要使用-wildcard选项。

7.8　使用 rsync 备份系统快照

数据备份需要定期完成。除了备份本地文件，可能还涉及远程数据。rsync可以在最小化数据传输量同时，同步不同位置上的文件和目录。相较于cp命令，rsync的优势在于比较文件修改日期，仅复制较新的文件。另外，它还支持远程数据传输以及压缩和加密。

7.8.1　实战演练

(1) 将源目录复制到目的路径：

```
$ rsync -av source_path destination_path
```

例如：

```
$ rsync -av /home/slynux/data
slynux@192.168.0.6:/home/backups/data
```

其中：

❏ -a表示进行归档操作；
❏ -v（verbose）表示在stdout上打印出细节信息或进度。

上面的命令会以递归的方式将所有的文件从源路径复制到目的路径。源路径和目的路径既可以是远程路径，也可以是本地路径。

(2) 将数据备份到远程服务器或主机：

```
$ rsync -av source_dir username@host:PATH
```

要想保持两端的数据同步，需要定期运行同样的rsync命令。它只会复制更改过的文件。

(3) 下面的命令可以将远程主机上的数据恢复到本地：

```
$ rsync -av username@host:PATH destination
```

> rsync命令用SSH连接远程主机，因此必须使用user@host这种形式设定远程主机的地址，其中user代表用户名，host代表远程主机的IP地址或主机名。而PATH指定了远程主机中待复制数据所在的路径。
>
> 确保远程主机上已安装并运行着OpenSSH服务器。如果连接远程主机时不希望输入密码，可以参考8.10节。

(4) 通过网络进行传输时，压缩数据能够明显改善传输效率。我们可以用rsync的选项-z指定在传输时压缩数据。例如：

```
$ rsync -avz source destination
```

(5) 将一个目录中的内容同步到另一个目录：

```
$ rsync -av /home/test/ /home/backups
```

这条命令将源目录（/home/test）中的内容（不包括目录本身）复制到现有的backups目录中。

(6) 将包括目录本身在内的内容复制到另一个目录中：

```
$ rsync -av /home/test /home/backups
```

这条命令将包括源目录本身（/home/test）在内的内容复制到新的backups目录中。

> 就路径格式而言，如果我们在源路径末尾使用/，那么rsync会将sourch_path中结尾目录内所有内容复制到目的地。
>
> 如果没有在源路径末尾使用/，rsync会将sourch_path中的结尾目录本身也复制过去。
>
> 选项-r强制rsync以递归方式复制目录中所有的内容。

7.8.2　工作原理

rsync所使用的源路径和目的路径既可以是本地路径，也可以是远程路径，甚至两者皆可以是远程路径。在远程连接时，通常使用SSH提供安全的双路通信。本地路径和远程路径形式如下：

❑ `/home/user/data`(本地路径)
❑ `user@192.168.0.6:/home/backups/data`（远程路径）

`/home/slynux/data`指定的是执行`rsync`命令的那台主机上的绝对路径。`user@192.168.0.6:/home/backups/data`指定的是以用户`user`身份登录，IP地址为`192.168.0.6`的主机上的`/home/backups/data`。

7.8.3 补充内容

`rsync`命令还提供了一些其他功能选项。

1. 在使用`rsync`进行归档时排除部分文件

选项`--exclude`和`--exclude-from`可以指定不需要传输的文件：

`--exclude PATTERN`

可以使用通配符指定需要排除的文件。例如：

```
$ rsync -avz /home/code/app /mnt/disk/backup/code --exclude "*.o"
```
该命令不备份`.o`文件。

或者我们也可以通过一个列表文件指定需要排除的文件。

这需要使用`--exclude-from FILEPATH`。

2. 在更新`rsync`备份时，删除不存在的文件

默认情况下，`rsync`并不会在目的端删除那些在源端已不存在的文件。如果要删除这类文件，可以使用`rsync`的`--delete`选项：

```
$ rsync -avz SOURCE DESTINATION --delete
```

3. 定期备份

你可以创建一个`cron`任务来定期进行备份。

下面是一个简单的例子：

```
$ crontab -ev
```

添加上这么一行：

```
0 */10 * * * rsync -avz /home/code user@IP_ADDRESS:/home/backups
```
上面的`crontab`项将`rsync`调度为每10小时运行一次。

/10处于crontab语法中的钟点位（hour position），/10表明每10小时执行一次备份。如果/10出现在分钟位（minutes position），那就是每10分钟执行一次备份。

请参阅10.8节了解如何配置crontab。

7.9 差异化归档

到目前为止，我们所描述的备份方法都是完整地复制当时的文件系统。如果在出现问题的时候你立刻就能发现，然后使用最近的快照来恢复，那么这种方法是有用的。但如果你没有及时发现问题，直到又制作了新的快照，先前正确的数据已被目前存在错误的数据覆盖，这种方法就派不上用场了。

文件系统归档提供了一份文件变更的历史记录。如果你需要返回某个受损文件的早期版本，就用得上它了。

rsync、tar和cpio可以用来制作文件系统的每日快照。但这样做成本太高。每天创建一份独立的快照，一周下来所需要的存储空间是所备份文件系统的7倍。

差异化备份只需要保存自上次完整备份之后发生变化的文件。Unix中的倾印/恢复（dump/restore）工具支持这种形式的归档备份。但可惜的是，这些工具是设计用于磁带设备的，所以用起来不太容易。

find命令配合tar或cpio可以实现相同的功能。

7.9.1 实战演练

使用tar创建第一份完整备份：

```
tar -cvz /backup/full.tgz /home/user
```

使用find命令的-newer选项确定自上次完整备份之后，都有哪些文件作出了改动，然后创建一份新的归档：

```
tar -czf day-`date +%j`.tgz `find /home/user -newer
/backup/full.tgz`
```

7.9.2 工作原理

find命令会生成自上次创建完整备份（/backup/full.tgz）以来有改动的所有文件的列表。

date命令会基于儒略历（Julian date）生成一个文件名。因此，当年的第一个差异化备份就是day-1.tgz，1月2日的备份就是day-2.tgz，以此类推。

因为从第一份完整备份往后，越来越多的文件会发生改动，所以每天的差异化归档也会越来越大。当归档大小超出预期的时候，需要再制作一份新的完整备份。

7.10 使用 `fsarchiver` 创建全盘镜像

fsarchiver可以将整个磁盘分区中的内容保存成一个压缩归档文件。和tar或cpio不同，fsarchiver能够保留文件的扩展属性，可用于将当前文件系统恢复到磁盘中。它能够识别并保留Windows和Linux系统的文件属性，因此适合于迁移Samba挂载的分区。

7.10.1 预备知识

fsarchiver默认并没有安装在大多数发布版中。你得用软件包管理器自行安装。更多的信息可以参考http://www.fsarchiver.org/Installation。

7.10.2 实战演练

(1) 创建文件系统/分区备份。

使用fsarchiver的savefs选项：

```
fsarchiver savefs backup.fsa /dev/sda1
```

backup.fsa是最终的备份文件，/dev/sda1是要备份的分区。

(2) 同时备份多个分区。

还是使用savefs选项，将多个分区作为fsarchiver最后的参数：

```
fsarchiver savefs backup.fsa /dev/sda1 /dev/sda2
```

(3) 从备份归档中恢复分区。

使用fsarchiver的restfs选项：

```
fsarchiver restfs backup.fsa id=0,dest=/dev/sda1
```

id=0表明我们希望从备份归档中提取第一个分区的内容，将其恢复到由dest=/dev/sda1所指定的分区。

从备份归档中恢复多个分区。

像之前一样，使用restfs选项：

```
fsarchiver restfs backup.fsa id=0,dest=/dev/sda1
id=1,dest=/dev/sdb1
```

我们在命令中使用了两组id,dest告诉fsarchiver从备份中将前两个分区的内容恢复到指定的分区。

7.10.3　工作原理

和tar一样，fsarchiver遍历整个文件系统来生成一个文件列表，然后将所有的文件保存在压缩过的归档文件中。但不像tar那样只保存文件信息，fsarchiver还会备份文件系统。这意味着它可以很容易地将备份恢复到一个全新的分区，无须再重新创建文件系统。

如果你是第一次看到/dev/sda1这样的分区记法，那有必要解释一下。在Linux中，/dev下存放的都是称为设备文件的一类特殊文件，它们分别指向某个物理设备。sda1中的sd指的是SATA disk（SATA磁盘），接下来的字母可以是a、b、c等，最后跟上分区编号，如图7-1所示。

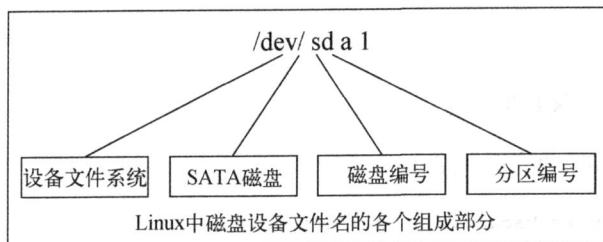

图　7-1

无网不利

8

8

8.1　简介

联网就是将计算机互联，使其之间得以交换信息的过程。应用最广泛的网络栈就是TCP/IP，其中每个节点都分配了唯一的IP地址作为标识。如果你对此已经熟悉，可以跳过这一节。

TCP/IP网络的运作过程就是在节点之间传递分组（packet）[①]。每一个分组中都包含了目标的IP地址以及处理分组中数据的应用程序端口号。

当节点接收到分组时，它会查看自己是否就是该分组的目的地。如果是，节点会再检查端口号并调用相应的应用程序来处理分组数据。如果不是，节点则根据已知的网络配置，将分组发送到离最终目的地更近的下一个节点。

[①] TCP/IP协议栈中的各层对于其数据处理单元都有各自的术语，比如bit（比特，对应于物理层）、frame（帧，对应于数据链路层）、datagram（数据报，对应于IP层）、segment（段，对应于TCP层）、message（消息，对应于应用层）。在泛指的时候，通常使用packet（分组）这个词。

shell脚本可用于配置网络节点、测试主机是否可用、自动执行远程主机命令等。本章着重介绍网络相关的工具和命令，以及如何有效利用它们解决各种问题。

8.2 网络设置

在深入学习与联网相关的攻略之前，有必要简单了解一下网络设置、相关术语以及用于分配IP地址、添加路由等的命令。这则攻略会回顾GNU/Linux中的一些网络命令。

8.2.1 预备知识

网络接口用于将主机以有线或无线的形式连接到网络。Linux使用eth0、eth1或enp0s25（指代以太网接口）这种方式来命名网络接口。还有一些其他的接口，如usb0、wlan0以及tun0，分别对应USB网络接口、无线LAN和隧道。

在这则攻略中会涉及如下命令：`ifconfig`、`route`、`nslookup`和`host`。

`ifconfig`命令用于配置及显示网络接口、子网掩码等细节信息。它通常位于/sbin/ifconfig中。

8.2.2 实战演练

(1) 列出当前的网络接口配置：

```
$ ifconfig
lo        Link encap:Local Loopback
inet addr:127.0.0.1  Mask:255.0.0.0
inet6addr: ::1/128 Scope:Host
    UP LOOPBACK RUNNING  MTU:16436  Metric:1
    RX packets:6078 errors:0 dropped:0 overruns:0 frame:0
    TX packets:6078 errors:0 dropped:0 overruns:0 carrier:0
collisions:0 txqueuelen:0
    RX bytes:634520 (634.5 KB)  TX bytes:634520 (634.5 KB)
wlan0     Link encap:EthernetHWaddr 00:1c:bf:87:25:d2
inet addr:192.168.0.82  Bcast:192.168.3.255  Mask:255.255.252.0
inet6addr: fe80::21c:bfff:fe87:25d2/64 Scope:Link
    UP BROADCAST RUNNING MULTICAST  MTU:1500  Metric:1
    RX packets:420917 errors:0 dropped:0 overruns:0 frame:0
    TX packets:86820 errors:0 dropped:0 overruns:0 carrier:0
collisions:0 txqueuelen:1000
    RX bytes:98027420 (98.0 MB)  TX bytes:22602672 (22.6 MB)
```

`ifconfig`输出的最左边一列是网络接口名，右边的若干列显示对应的网络接口的详细信息。

(2) 设置网络接口的IP地址：

```
# ifconfig wlan0 192.168.0.80
```

你需要以root身份运行上述命令。192.168.0.80是为无线设备wlan0所设置的IP地址。

使用以下命令设置此IP地址的子网掩码：

```
# ifconfig wlan0 192.168.0.80  netmask 255.255.252.0
```

(3) 很多网络使用**动态主机配置协议**（DHCP）自动为连接到网络上的计算机分配IP地址。dhclient命令可以用于完成这项任务。如果通过DHCP分配IP地址，请使用dhclient，不要手动设置地址，以免和网络上的其他主机产生冲突。很多Linux发行版在感知到有网络物理连接的时候会自动调用dhclient。

```
# dhclient eth0
```

8.2.3 补充内容

ifconfig命令可以与其他shell工具结合使用，生成特定的报告。

1. 打印网络接口列表

这个单行命令可以打印系统可用的网络接口列表：

```
$ ifconfig | cut -c-10 | tr -d ' ' | tr -s '\n'
lo
wlan0
```

ifconfig输出的每行前10个字符被保留用于网络接口名称。因此我们用cut命令提取每一行的前10个字符。tr -d ' '删除每一行的所有空格。用tr -s 'n'压缩多个换行符以生成接口名称列表。

2. 显示IP地址

ifconfig会显示系统中所有活动网络接口的详细信息。不过，我们可以限制它只显示某个特定接口的信息：

```
$ ifconfig iface_name
```

例如：

```
$ ifconfig wlan0
wlan0     Link encap:EthernetHWaddr 00:1c:bf:87:25:d2
inet addr:192.168.0.82 Bcast:192.168.3.255 Mask:255.255.252.0
inet6 addr: fe80::3a2c:4aff:6e6e:17a9/64 Scope:Link
UP BROADCAST RUNNINT MULTICAST MTU:1500 Metric:1
RX Packets...
```

要想控制某台网络设备，我们需要IP地址、广播地址、硬件地址和子网掩码：

❏ HWaddr 00:1c:bf:87:25:d2是硬件地址（MAC地址）；

❑ inet addr:192.168.0.82是IP地址；

❑ Bcast:192.168.3.255是广播地址；

❑ Mask:255.255.252.0是子网掩码。

要从`ifconfig`输出中提取IP地址，可以使用：

```
$ ifconfig wlan0 | egrep -o "inetaddr:[^ ]*" | grep -o "[0-9.]*"
192.168.0.82
```

`egrep -o "inetaddr:[^ ]*"` 会打印出`inet addr:192.168.0.82`。其中的模式以`inetaddr:`作为起始，以非空格字符序列（由 `[^ ]*` 指定）作为结束。接下来命令`grep -o "[0-9.]*"`只输出数字与点号（`.`）的组合，也就是IP地址。

3. 硬件地址（MAC地址）欺骗

如果采用了基于硬件地址的认证或过滤，那么我们可以使用硬件地址欺骗（hardware address spoofing）。硬件地址在`ifconfig`输出中是以`HWaddr 00:1c:bf:87:25:d2`形式出现的。

`ifconfig`的子命令可以定义设备类别以及MAC地址：

```
# ifconfig eth0 hw ether 00:1c:bf:87:25:d5
```

在上面的命令中，`00:1c:bf:87:25:d5`是分配的新MAC地址。如果我们需要通过部署了MAC认证的服务提供商才能够访问Internet，这招就能发挥作用了。

> 注意，所分配的MAC地址在机器重启之后就失效了。

4. 名字服务器与DNS（域名服务）

Internet底层的寻址方案是采用点分十进制形式的IP地址（例如83.166.169.231）。相较于数字，人类更喜欢使用文字，因此Internet上的资源是通过被称为URL或域名的字符串来标识的。例如，www.packpub.com就是一个域名，它对应着一个IP地址。在浏览器中输入IP地址或域名都可以访问到该站点。

将IP地址映射为符号名称的这种技术称为**域名服务**（DNS）。当我们输入www.google.com，计算机使用DNS服务器将域名解析为对应的IP地址。在本地网络中，我们可以设置本地DNS为本地主机命名。

名字服务器是在文件 /etc/resolv.conf中定义的：

```
$ cat /etc/resolv.conf
# Local nameserver
nameserver 192.168.1.1
# External nameserver
nameserver 8.8.8.8
```

我们可以编辑该文件来手动添加名字服务器或是使用下面的命令：

```
# sudo  echo nameserver IP_ADDRESS >> /etc/resolv.conf
```

获取域名所对应IP地址的最简单方法就是用ping命令访问指定的域名。命令的回应信息中就包含了IP地址：

```
$ ping google.com
PING google.com (64.233.181.106) 56(84) bytes of data.
```

64.233.181.106是google.com对应的IP地址。

一个域名可以对应多个IP地址。对于这种情况，ping只会显示其中的一个地址。要想获取分配给域名的所有IP地址，就得使用DNS查找工具了。

5. DNS查找

有多种基于命令行的DNS查找工具都可以实现名字与IP地址的解析。host和nslookup就是其中两个常用工具。

host命令会列出某个域名所有的IP地址：

```
$ host google.com
google.com has address 64.233.181.105
google.com has address 64.233.181.99
google.com has address 64.233.181.147
google.com has address 64.233.181.106
google.com has address 64.233.181.103
google.com has address 64.233.181.104
```

nslookup命令可以完成名字与IP地址之间的相互映射：

```
$ nslookup google.com
Server:    8.8.8.8
Address:   8.8.8.8#53

Non-authoritative answer:
Name:  google.com
Address: 64.233.181.105
Name:  google.com
Address: 64.233.181.99
Name:  google.com
Address: 64.233.181.147
Name:  google.com
Address: 64.233.181.106
Name:  google.com
Address: 64.233.181.103
Name:  google.com
Address: 64.233.181.104

Server:    8.8.8.8
```

上面最后一行对应着用于DNS解析的默认名字服务器。

也可以通过向文件/etc/hosts中加入条目来实现名字解析。

/etc/hosts文件格式如下：

```
IP_ADDRESS name1 name2 ...
```

用下面的方法更新该文件：

```
# echo IP_ADDRESS symbolic_name >> /etc/hosts
```

例如：

```
# echo 192.168.0.9 backupserver >> /etc/hosts
```

添加了条目之后，任何时候解析backupserver，都会返回192.168.0.9。

如果backupserver有多个名字，将其全部写入同一行中：

```
# echo 192.168.0.9 backupserver backupserver.example.com >> /etc/hosts
```

6. 显示路由表信息

多个网络相互连接是很常见的场景。例如，工作场所或学校的不同部门可能处于不同的网络中。如果一个网络中的设备想同另一个网络中的设备通信，就需要借助某个同时连接了两个网络的设备发送分组。这个特殊的设备叫作**网关**，它的作用是在不同的网络中转发分组。

操作系统维护着一个叫作**路由表**的表格，它包含了分组如何转发的信息。route命令可以显示路由表：

```
$ route
Kernel IP routing table
Destination      Gateway      GenmaskFlags   Metric  Ref   UseIface
192.168.0.0        *         255.255.252.0   U       2       0    0wlan0
link-local         *         255.255.0.0     U       1000    0    0wlan0
default          p4.local    0.0.0.0         UG      0       0    0wlan0
```

也可以使用

```
$ route -n
Kernel IP routing table
Destination     Gateway       Genmask        Flags Metric Ref   UseIface
192.168.0.0     0.0.0.0       255.255.252.0   U     2      0     0  wlan0
169.254.0.0     0.0.0.0       255.255.0.0     U     1000   0     0  wlan0
0.0.0.0         192.168.0.4   0.0.0.0         UG    0      0     0  wlan0
```

-n指定以数字形式显示地址。默认情况下，route命令会将IP地址映射为名字。

如果系统不知道如何分组到目的地的路由，它会将其发送到默认网关。默认网关可以连接到

Internet或部门内部的路由器。

route add命令可以添加默认网关：

```
# route add default gw IP_ADDRESS INTERFACE_NAME
```

例如：

```
# route add default gw 192.168.0.1 wlan0
```

8.2.4 参考

- ❏ 1.3节讲解了PATH变量。
- ❏ 4.3节讲解了grep命令。

8.3 ping!

ping是一个基础的网络命令，所有主流操作系统都支持该命令。ping可用于检验网络上主机之间的连通性，找出活动主机。

8.3.1 实战演练

ping命令使用Internet控制消息协议（Internet Control Message Protocol，ICMP）中的echo分组检验网络上两台主机之间的连通性。当向某台主机发送echo分组时，如果分组能够送达且该主机处于活动状态，那么它就会返回一条回应（reply）。如果没有通往目标主机的路由或是目标主机不知道如何将回应返回给请求方，ping命令则执行失败。

检查某台主机是否可达：

```
$ ping ADDRESS
```

ADDRESS可以是主机名、域名或者IP地址。

默认情况下，ping会连续发送分组，回应信息将被打印在终端上。可以用Ctrl+C来停止ping命令。

来看下面的例子。

- ❏ 如果主机可达，那么会输出如下信息：

```
$ ping 192.168.0.1
PING 192.168.0.1 (192.168.0.1) 56(84) bytes of data.
64 bytes from 192.168.0.1: icmp_seq=1 ttl=64 time=1.44 ms
^C
```

```
--- 192.168.0.1 ping statistics ---
1 packets transmitted, 1 received, 0% packet loss, time 0ms
rtt min/avg/max/mdev = 1.440/1.440/1.440/0.000 ms

$ ping google.com
PING google.com (209.85.153.104) 56(84) bytes of data.
64 bytes from bom01s01-in-f104.1e100.net (209.85.153.104):
icmp_seq=1 ttl=53 time=123 ms
^C
--- google.com ping statistics ---
1 packets transmitted, 1 received, 0% packet loss, time 0ms
rtt min/avg/max/mdev = 123.388/123.388/123.388/0.000 ms
```

❑ 如果主机不可达，则输出如下信息：

```
$ ping 192.168.0.99
PING 192.168.0.99 (192.168.0.99) 56(84) bytes of data.
From 192.168.0.82 icmp_seq=1 Destination Host Unreachable
From 192.168.0.82 icmp_seq=2 Destination Host Unreachable
```

在主机不可达时，ping返回错误信息Destination Host Unreachable。

> 网络管理员通常会对网络设备（如路由器）进行配置，使其不响应ping命令。这样做是为了降低安全风险，因为ping可以被攻击者（使用蛮力）用来获取主机的IP地址。

8.3.2 补充内容

除了检查网络主机之间的连通性，ping命令还可以获取其他信息。往返时间和分组丢失率报告可用于确定网络是否正常运行。

1. 往返时间

ping命令可以显示出每个分组的**往返时间**（Round Trip Time，RTT）。RTT的单位是毫秒。在内部网络中，RTT基本上还不到1ms。在Internet上，RTT通常在10ms到400ms之间，有可能还会超过1000ms：

```
--- google.com ping statistics ---
5 packets transmitted, 5 received, 0% packet loss, time 4000ms
rtt min/avg/max/mdev = 118.012/206.630/347.186/77.713 ms
```

其中，最小的RTT是118.012ms，平均RTT是206.630ms，最大的RTT是347.186ms。ping输出中的mdev（77.713ms）代表的是平均偏差（mean deviation）。

2. 序列号

ping发出的每个分组都有一个序列号，从1开始，直到ping命令结束。如果网络接近饱和，分组可能会因为冲突、重试或被丢弃的原因，以乱序的形式返回：

```
$> ping example.com
64 bytes from example.com (1.2.3.4): icmp_seq=1 ttl=37 time=127.2 ms
64 bytes from example.com (1.2.3.4): icmp_seq=3 ttl=37 time=150.2 ms
64 bytes from example.com (1.2.3.4): icmp_seq=2 ttl=30 time=1500.3 ms
```

在这个例子中，第二个分组被丢弃了，超时之后又进行了重发，因此在返回的时候出现了乱序，RTT时间也更长。

3. 生存时间

ping命令发送的每个分组都有一个可以在被丢弃前完成的跳数，这个值是预先定义好的。分组途径的每个路由器会将该值减1。它表明了发出ping命令的主机和目的主机之间相隔了多少个路由器。依据你所使用的系统或ping命令版本的不同，生存时间（Time To Live，TTL）的初始值也不尽相同。你可以通过向环回接口发起ping命令来确定TTL的初始值：

```
$> ping 127.0.0.1
64 bytes from 127.0.0.1: icmp_seq=1 ttl=64 time=0.049 ms
$> ping www.google.com
64 bytes from 173.194.68.99: icmp_seq=1 ttl=45 time=49.4 ms
```

在本例中，我们向环回地址发起ping命令，以此决定TTL的值。因为是环回地址，所以跳数不会发生变化（仍是64）[1]。然后向远程站点发起ping命令，使用TTL的初始值减去回应中的TTL值，就得到了两个位置之间的跳数。在这里是19跳（64-45）。

两个位置之间的TTL值通常是固定的，但如果路径发生了变化，TTL的值也会随之变化。

4. 限制发送的分组数量

ping命令会不停地发送echo分组并等待回复，直到按下Ctrl+C为止。我们可以用选项-c限制所发送的echo分组的数量。用法如下：

```
-c COUNT
```

例如：

```
$ ping 192.168.0.1 -c 2
PING 192.168.0.1 (192.168.0.1) 56(84) bytes of data.
64 bytes from 192.168.0.1: icmp_seq=1 ttl=64 time=4.02 ms
64 bytes from 192.168.0.1: icmp_seq=2 ttl=64 time=1.03 ms

--- 192.168.0.1 ping statistics ---
2 packets transmitted, 2 received, 0% packet loss, time 1001ms
rtt min/avg/max/mdev = 1.039/2.533/4.028/1.495 ms
```

在上面的例子中，ping命令发送了两个echo分组后就停止发送。如果我们需要通过脚本ping一组IP地址来检查主机的状态，那么这个技巧就能派上用场了。

---

[1] TTL的值就是跳数。

5. ping命令的返回状态

ping命令如果执行顺利，会返回退出状态0；否则，返回非0。执行顺利意味着目标主机可达，执行失败意味着目标主机不可达。

返回状态可以通过下面的方法获得：

```
$ ping domain -c2
if [ $? -eq 0 ];
then
  echo Successful ;
else
  echo Failure
fi
```

8.4   跟踪 IP 路由

当应用程序通过Internet请求服务时，服务器可能位于远端，两者之间通过多个网关或路由器相连。traceroute命令可以显示分组途径的所有网关的地址。这些信息可以帮助我们搞明白分组到达目的地需要经过多少跳。中途的网关或路由器的数量给出了网络上两个节点之间的有效距离，这未必和物理距离有关。传输时间会随着每一跳增加。对于路由器而言，接收、解析以及发送分组都是需要花时间的。

实战演练

traceroute命令的格式如下：

traceroute destinationIP

destinationIP可以是IP地址，也可以是域名。

```
$ traceroute google.com
traceroute to google.com (74.125.77.104), 30 hops max, 60 byte packets
1   gw-c6509.lxb.as5577.net (195.26.4.1) 0.313 ms 0.371 ms 0.457 ms
2   40g.lxb-fra.as5577.net (83.243.12.2) 4.684 ms 4.754 ms 4.823 ms
3   de-cix10.net.google.com (80.81.192.108) 5.312 ms 5.348 ms 5.327 ms
4   209.85.255.170 (209.85.255.170)   5.816 ms 5.791 ms 209.85.255.172
(209.85.255.172)   5.678 ms
5   209.85.250.140 (209.85.250.140) 10.126 ms  9.867 ms  10.754 ms
6   64.233.175.246 (64.233.175.246) 12.940 ms 72.14.233.114 (72.14.233.114)
13.736 ms 13.803 ms
7   72.14.239.199 (72.14.239.199) 14.618 ms 209.85.255.166 (209.85.255.166)
12.755 ms 209.85.255.143 (209.85.255.143) 13.803 ms
8   209.85.255.98 (209.85.255.98) 22.625 ms 209.85.255.110 (209.85.255.110)
14.122 ms
*
9   ew-in-f104.1e100.net (74.125.77.104) 13.061 ms 13.256 ms 13.484 ms
```

如今的Linux发布版中还包括了一个命令mtr，它类似于traceroute，但是能够显示实时刷新的数据。这对于检查网络线路质量等问题很有帮助。

8.5　列出网络中所有的活动主机

当我们管理大型网络时，可能需要检查网络上的其他主机是否处于活动状态。一台非活动主机可能有两种情况：要么是没有开机，要么是网络连接有问题。借助shell脚本，我们可以轻易找出并报告网络上的哪一台主机处于活动状态。

8.5.1　预备知识

在这则攻略中，我们演示了两种方法。分别使用ping和fping。在脚本中使用fping更容易些，而且比ping拥有更多的特性。fping默认并没有包含在Linux发行版中，需要用软件包管理器手动安装。

8.5.2　实战演练

下面的脚本使用ping命令找出网络上所有的活动主机：

```
#!/bin/bash
# 文件名: ping.sh
#根据你所在网络的实际情况修改网络地址192.168.0

for ip in 192.168.0.{1..255} ;
do
  ping $ip -c 2 &> /dev/null ;

  if [ $? -eq 0 ];
  then
    echo $ip is alive
  fi
done
```

输出如下：

```
$ ./ping.sh
192.168.0.1 is alive
192.168.0.90 is alive
```

8.5.3　工作原理

在这个脚本中，我们用ping命令找出网络上的活动主机。这里用了一个for循环对表达式192.168.0.{1..255}所生成的一组IP地址进行迭代。像{start..end}这种记法会得到包括

start和end在内的一系列值。在本例中，产生的是IP地址192.168.0.1至192.168.0.255。

　　ping $ip -c 2 &> /dev/null会对相应的IP地址执行ping命令。选项-c 2将发送的分组数量限制为两个。&> /dev/null用于将stderr和stdout重定向到 /dev/null，使得终端上不会出现任何输出信息。脚本使用 $? 获取退出状态。如果顺利退出，退出状态为0，否则为非0值。因此能够ping通的IP地址就被打印出来。

　　在这个脚本中，每个地址对应一个ping命令，依次执行。这就使得如果出现某个IP地址不回应的话，整个脚本的运行速度就会被拖慢，因为在发出下一次ping之前，必须等上一次的ping超时。

8.5.4　补充内容

接下来将会展示对ping脚本所作出的一些改进以及fping的用法。

1. 并行ping

上一节的脚本是依次测试每个地址的。每次测试累积下来的延迟时间可不短。我们可以利用并行方式来提高整体执行速度。要使ping命令可以并行执行，可将循环体放入()&。()中的命令会在子shell中运行，而&会将其置入后台。例如：

```
#!/bin/bash
# 文件名: fast_ping.sh
#用途：根据你所在网络的实际情况修改网络地址192.168.0。

for ip in 192.168.0.{1..255} ;
do
  (
    ping $ip -c2 &> /dev/null ;

    if [ $? -eq 0 ];
    then
     echo $ip is alive
    fi
  )&
  done
wait
```

在for循环体中执行了多个后台进程，然后结束循环并终止脚本。wait命令会等待所有的子进程结束后再终止脚本。

> 脚本输出的信息按照的是ping命令的回应顺序。如果某些主机或网段的速度较慢，这个顺序就未必和发送顺序一致了。

2. 使用fping

第二种方法使用了另一个命令fping。它可以为多个IP地址生成ICMP分组，然后等待回应。其运行速度要比之前的脚本快得多。

fping的选项如下：

❑ 选项 -a指定显示出所有活动主机的IP地址；
❑ 选项 -u指定显示出所有不可达的主机；
❑ 选项 -g指定从"IP地址/子网掩码"记法或者"IP地址范围"记法中生成一组IP地址；

```
$ fping -a 192.160.1/24 -g
```

或者

```
$ fping -a 192.160.1 192.168.0.255 -g
```

❑ 2>/dev/null用于将由于主机不可达所产生的错误信息输出到null设备。

也可以采用命令行参数的方式手动指定一组IP地址，或者作为列表文件从stdin中接收。例如：

```
$ fping -a 192.168.0.1 192.168.0.5 192.168.0.6
# 将IP地址作为参数传递
$ fping -a < ip.list
# 从文件中传递一组IP地址
```

8.5.5 参考

❑ 1.6节讲解了数据重定向。
❑ 1.17节讲解了数字比较。

8.6 使用 SSH 在远程主机上执行命令

SSH代表的是Secure Shell（安全shell）。它使用加密隧道连接两台计算机。SSH能够让你访问远程计算机上的shell，从而在其上执行交互命令并接收结果，或是启动交互会话。

8.6.1 预备知识

GNU/Linux发布版中默认并不包含SSH，需要使用软件包管理器安装openssh-server和openssh-client。SSH服务默认运行在端口22之上。

8.6.2   实战演练

(1) 连接运行了SSH服务器的远程主机：

```
$ ssh username@remote_host
```

其中：

❑ username是远程主机上的用户；
❑ remote_host可以是域名或IP地址。

例如：

```
$ ssh mec@192.168.0.1
The authenticity of host '192.168.0.1 (192.168.0.1)' can't be
established.
RSA key fingerprint is
2b:b4:90:79:49:0a:f1:b3:8a:db:9f:73:2d:75:d6:f9.
Are you sure you want to continue connecting (yes/no)? yes
Warning: Permanently added '192.168.0.1' (RSA) to the list of
known hosts.
Password:

Last login: Fri Sep  3 05:15:21 2010 from 192.168.0.82
mec@proxy-1:~$
```

SSH会询问用户密码，一旦认证成功，就会连接到远程主机上的登录shell。

SSH执行指纹核对（fingerprint verification）来确保用户连接到正确的远程主机。这是为了避免中间人攻击（man-in-the-middle attack），在这类攻击中，攻击者试图假扮成另一台计算机。在第一次连接到服务器上时，SSH默认会存储指纹信息，在之后的连接过程中核对该指纹。

SSH服务器默认在端口22上运行。但有些SSH服务器并没有使用这个端口。针对这种情况，可以用ssh命令的-p port_num来指定端口。

(2) 连接运行在端口422之上的SSH服务器：

```
$ ssh user@locahost -p 422
```

在shell脚本中使用ssh时，并不需要交互式shell，因为我们只是需要在远程系统中执行命令并处理命令输出。

每次都要输入密码对于自动化脚本来说显然不实际，因此要对SSH进行无密码登录配置。8.10节将讲解具体的配置方法。

(3) 要想在远程主机中执行命令，在本地shell中显示命令输出，可以这样做：

```
$ ssh user@host 'COMMANDS'
```

例如：

```
$ ssh mec@192.168.0.1 'whoami'
mec
```

可以输入多条命令，命令之间用分号分隔：

```
$ ssh user@host "command1 ; command2 ; command3"
```

例如：

```
$ ssh mec@192.168.0.1  "echo user: $(whoami);echo OS: $(uname)"
Password:
user: mec
OS: Linux
```

在这个例子中，在远程主机上执行的命令是：

```
echo user: $(whoami);
echo OS: $(uname)
```

我们也可以在命令序列中用子shell操作符()传递更为复杂的子shell。

(4) 接下来是一个基于SSH的shell脚本，它用来收集一组远程主机的运行时间（uptime）。运行时间是系统上一次加电后运行的时间，uptime命令可以返回这个时间。

假设在IP_LIST列出的所有系统中都有一个用户test。

```
#!/bin/bash
# 文件名：uptime.sh
# 用途：系统运行时间监视器

IP_LIST="192.168.0.1 192.168.0.5 192.168.0.9"
USER="test"

for IP in $IP_LIST;
do
utime=$(ssh ${USER}@${IP} uptime  | awk '{ print $3 }' )
  echo $IP uptime:  $utime
done
```

输出如下：

```
$ ./uptime.sh
192.168.0.1 uptime: 1:50,
192.168.0.5 uptime: 2:15,
192.168.0.9 uptime: 10:15,
```

8.6.3　补充内容

让我们看看ssh命令的另一些选项。

1. SSH的压缩功能

SSH协议也支持对数据进行压缩传输。当带宽有限时，这一功能很方便。用ssh命令的选项-C启用这一功能：

```
$ ssh -C user@hostname COMMANDS
```

2. 将数据重定向至远程shell命令的stdin

SSH允许你使用本地系统的命令输出作为远程系统的输入：

```
$ echo 'text' | ssh user@remote_host 'echo'
text
```

或者

```
# 重定向文件中的数据
$ ssh user@remote_host 'echo'  < file
```

在远程主机上，echo打印出从stdin接收到的数据，但这些数据却是从本地主机传递到远程shell的stdin中的。

这项功能可以将本地主机上的tar存档文件传给远程主机。这在第7章中有过详述：

```
$> tar -czf - LOCALFOLDER | ssh 'tar -xzvf-'
```

8.7   在远程主机上执行图形化命令

如果你打算在远程主机上执行采用了图形化窗口的命令，就会碰上类似于cannot open display之类的错误。这是因为ssh shell尝试连接远程主机上的X服务器失败造成的。

8.7.1   实战演练

要想在远程主机上运行图像化应用你需要设置变量$DISPLAY来强制应用程序连接到本地主机上的X服务器：

```
ssh user@host "export DISPLAY=:0 ; command1; command2"""
```

这将启用远程主机上的图形化输出。

如果你想在本地主机上显示图形化输出，使用SSH的X11转发选项（forwarding option）：

```
ssh -X user@host "command1; command2"
```

这样一来，在远程主机上所执行命令的图形化输出就会显示在本地主机上。

8.7.2　参考

8.10节讲解了如何实现在不输入密码的情况下，自动登录执行远程命令。

8.8　通过网络传输文件

计算机联网的主要目的之一就是资源共享。文件是常见的共享资源。在系统之间传递文件的方法不止一种，例如U盘和sneakernet[①]，或是网络存储（如NFS和Samba）。这则攻略就讨论了如何用常见的协议FTP、SFTP、RSYNC和SCP传输文件。

8.8.1　预备知识

用来在网络上传输文件的命令多数都已默认包含在了Linux中。通过FTP传输文件可以使用传统的ftp命令或更新的lftp命令，通过SSH传输文件可以使用scp和sftp。rsync命令可以实现系统间的文件同步。

8.8.2　实战演练

文件传输协议（File Transfer Protocol，FTP）是一个古老的协议，在很多公共站点上用于文件共享。FTP服务器通常运行在端口21上。远程主机上必须安装并运行FTP服务器才能使用FTP。我们可以使用传统的ftp命令或更新的lftp命令访问FTP服务器。两者都支持下面要讲到的命令。很多公共网站都是用FTP共享文件。

要连接FTP服务器传输文件，可以使用：

```
$ lftpusername@ftphost
```

它会提示你输入密码，然后显示一个像下面这样的登录提示符：

```
lftp username@ftphost:~>
```

你可以在提示符后输入各种命令，如下所示。

❑ cd directory：更改远程主机目录。
❑ lcd：更改本地主机目录。
❑ mkdir：在远程主机上创建目录。
❑ ls：列出远程主机当前目录下的文件。

[①] sneakernet是一个非正式的术语，指的是将数据通过存储设备（磁带、软盘、U盘、移动硬盘等）从一台计算机带到另一台计算机来实现数据传递，而不是通过网络实现。参见https://en.wikipedia.org/wiki/Sneakernet。

❏ get FILENAME：将文件下载到本地主机的当前目录中。

```
lftp username@ftphost:~> get filename
```

❏ put filename：将文件从当前目录上传到远程主机。

```
lftp username@ftphost:~> put filename
```

❏ quit命令可以退出lftp会话。

lftp提示符支持命令自动补全。

8.8.3 补充内容

让我们看看其他可用于网络文件传输的技术及命令。

1. FTP自动传输

lftp和ftp为用户启动一个交互式会话。下面的脚本可以用来实现FTP自动传输：

```
#!/bin/bash

#FTP传输自动化
HOST=example.com'
USER='foo'
PASSWD='password'
lftp  -u ${USER}:${PASSWD} $HOST <<EOF

binary
cd /home/foo
put testfile.jpg

quit
EOF
```

上面的脚本包含下列结构：

```
<<EOF
DATA
EOF
```

这种结构用来通过stdin向lftp命令发送数据。1.6节中已经讲过了重定向到stdin的各种方法。

选项-u可以使用我们定义的USER和PASSWD登入远程站点。binary命令将文件模式设置为二进制。

2. SFTP（Secure FTP，安全FTP）

SFTP是一个运行在SSH连接之上并模拟了FTP接口的文件传输系统。它不需要远端运行FTP服务器来进行文件传输，但必须要有SSH服务器。sftp是一个交互式命令，提供了命令提示符。

sftp支持与ftp和lftp相同的命令。

启动sftp会话：

```
$ sftp user@domainname
```

和lftp类似，输入quit命令可以退出sftp会话。

SSH服务器有时候并不在默认的端口22上运行。如果它在其他端口运行，我们可以在sftp中用选项-oPort=PORTNO来指定端口号。例如：

```
$ sftp -oPort=422 user@slynux.org
```

-oPort应该作为sftp命令的第一个参数。

3. rsync命令

rsync命令广泛用于网络文件复制以及备份。7.8节详细讲解了rsync的用法。

4. SCP（Secure Copy Program，安全复制程序）

SCP是一个安全的文件复制命令，和旧式的、不安全的远程复制命令rcp类似。文件均通过SSH加密通道进行传输。

```
$ scp filename user@remotehost:/home/path
```

该命令会提示你输入密码，可以用SSH自动登录功能来免于此步骤。8.10节会讲解SSH自动登录。一旦实现了SSH自动登录，scp就可以直接执行了。

命令中的remotehost可以是IP地址或域名。scp命令的格式如下：

```
$ scp SOURCE DESTINATION
```

SOURCE或DESTINATION可以采用形如username@host:/path的格式：

```
$ scp user@remotehost:/home/path/filename filename
```

上面的命令将远程主机中的文件复制到当前目录并使用给定的文件名。

如果SSH没有运行在端口22，使用和sftp相同的语法，利用选项-oPort指定其他端口。

5. 用scp进行递归复制

scp的选项-r可以在两台网络主机间以递归形式复制目录：

```
$ scp -r /home/usernameuser@remotehost:/home/backups
# 将目录/home/username递归复制到远程主机中
```

scp的选项-p能够在复制文件的同时保留文件的权限和模式。

8.8.4 参考

1.6节讲解了如何用EOF实现标准输入。

8.9 连接无线网络

配置以太网很简单，因为它使用物理线缆，无需认证之类的特殊要求。但是无线LAN需要使用ESSID（Extended Service Set Identification，扩展服务集标识），可能还得输入口令。

8.9.1 预备知识

要连接有线网络，我们只需要用ifconfig分配IP地址和子网掩码就行了。对于无线网络，则需要iwconfig和iwlist工具来配置更多的参数。

8.9.2 实战演练

下面的脚本会连接到启用了WEP（Wried Equivalent Privacy，有线等效加密）的无线LAN：

```
#!/bin/bash
#文件名：wlan_connect.sh
#用途：连接无线LAN

#根据你的设置修改下面的参数
######### PARAMETERS ###########
IFACE=wlan0
IP_ADDR=192.168.1.5
SUBNET_MASK=255.255.255.0
GW=192.168.1.1
HW_ADDR='00:1c:bf:87:25:d2'
#如果不想使用物理地址欺骗，把上面这一行注释掉

ESSID="homenet"
WEP_KEY=8b140b20e7
FREQ=2.462G
##############################

KEY_PART=""

if [[ -n $WEP_KEY ]];
then
  KEY_PART="key $WEP_KEY"
fi

if [ $UID -ne 0 ];
then
  echo "Run as root"
  exit 1;
```

```
fi

#设置新的配置之前先关闭接口
/sbin/ifconfig $IFACE down


if [[ -n $HW_ADDR  ]];
then
  /sbin/ifconfig $IFACE hw ether $HW_ADDR
  echo Spoofed MAC ADDRESS to $HW_ADDR
fi

/sbin/iwconfig $IFACE essid $ESSID $KEY_PART freq $FREQ

/sbin/ifconfig $IFACE $IP_ADDR netmask $SUBNET_MASK

route add default gw $GW $IFACE

echo Successfully configured $IFACE
```

8.9.3　工作原理

ifconfig、iwconfig和route命令必须以root用户身份运行，因此在脚本一开始要检查是否为root用户。

无线LAN需要essid、key（密钥）以及frequency（频率）等参数。essid是我们想要连接的无线网络的名称。一些网络需要用WEP密钥进行认证，WEP密钥通常是一个5位或10位十六进制数口令。频率则是分配给特定网络的，iwconfig命令用它关联无线网卡与对应的无线网络。

iwlist工具能够扫描并列出可用的无线网络：

```
# iwlist scan
wlan0     Scan completed :
          Cell 01 - Address: 00:12:17:7B:1C:65
                    Channel:11
                    Frequency:2.462 GHz (Channel 11)
                    Quality=33/70   Signal level=-77 dBm
                    Encryption key:on
                    ESSID:"model-2"
```

参数Frequency可以从扫描结果中的Frequency:2.462 GHz (Channel 11)一行中提取。

> 为简单起见，这个例子中使用了WEP，但要注意的是，WEP并不安全。如果你负责管理无线网络，最好使用Wi-Fi Protected Access2（Wi-Fi保护访问2，WPA2）。

8.9.4　参考

1.17节讲解了字符串比较。

8.10　实现 SSH 的无密码自动登录

SSH广泛用于脚本自动化，它使得我们可以在远程主机上执行命令并读取输出。SSH通常使用用户名和密码进行认证，在其执行SSH命令时会提示输入认证信息。但是在自动化脚本中要求用户手动输入密码就显然不实际了，因此需要实现登录过程自动化。SSH有一个特性允许自动登录会话。这则攻略描述了如何创建SSH密钥实现自动登录。

8.10.1　预备知识

SSH采用了非对称加密技术，认证密钥包含两部分：一个公钥和一个私钥。ssh-keygen命令可以创建这一对认证密钥。要想实现自动化认证，公钥必须放置在服务器中（将其加入文件~/.ssh/authorized_keys），与公钥对应的私钥应该放入用户所在客户机的~/.ssh目录中。另一些与SSH相关的配置（例如，authorized_keys文件的路径与名称）可以通过修改文件 /etc/ssh/sshd_config 来完成。

8.10.2　实战演练

设置SSH认证自动化需要两步：

(1) 在本地主机上创建SSH密钥；
(2) 将生成的公钥传给远程主机并将其加入到文件 ~/.ssh/authorized_keys中（这一步需要访问远程主机）。

输入命令ssh-keygen创建SSH密钥，指定加密算法类型为RSA：

```
$ ssh-keygen -t rsa
Generating public/private rsa key pair.
Enter file in which to save the key (/home/username/.ssh/id_rsa):
Created directory '/home/username/.ssh'.
Enter passphrase (empty for no passphrase):
Enter same passphrase again:
Your identification has been saved in /home/username/.ssh/id_rsa.
Your public key has been saved in /home/username/.ssh/id_rsa.pub.
The key fingerprint is:
f7:17:c6:4d:c9:ee:17:00:af:0f:b3:27:a6:9c:0a:05 username@slynux-laptop
The key's randomart image is:
```

```
+--[ RSA 2048]----+
|       .         |
|          o  . . |
|     E        o o.|
|     . ...oo |
|      .S .+  +o. |
|      . . .=....|
|      .+.o...|
|      . . + o.  .|
|        ..+       |
+-----------------+
```

你需要输入口令来生成一对公钥和私钥。如果不输入的话，也可以生成密钥，但是这样做可不安全。

如果你打算编写脚本，利用自动登录来登入多台主机，那就不需要使用口令了，这样可以避免脚本在运行时索要口令。

ssh-keygen程序会生成两个文件：~/.ssh/id_rsa.pub和~/.ssh/id_rsa。其中前者是公钥，后者是私钥。公钥必须添加到想要自动登入的远程服务器的~/.ssh/authorized_keys文件中。

可以使用下列命令添加密钥文件：

```
$ ssh USER@REMOTE_HOST \
    "cat >> ~/.ssh/authorized_keys" < ~/.ssh/id_rsa.pub
Password:
```

在上面的命令中要提供登录密码。

自动登录这样就算设置好了。从现在开始，SSH在运行过程中就不会再提示输入密码。你可以用下面的命令来测试：

```
$ ssh USER@REMOTE_HOST uname
Linux
```

这样就不会提示你输入密码了。多数Linux发行版中都有一个叫作ssh-copy-id的工具，它可以自动将私钥添加到远程服务器的authorized_keys文件中。这比之前的做法要简洁：

```
ssh-copy-id USER@REMOTE_HOST
```

8.11 使用 SSH 实现端口转发

端口转发可以将来自某台主机的IP连接重定向到另一台主机。如果你使用Linux/Unix系统作为防火墙，你可以将端口1234上的连接重定向到其他内部地址（如192.168.1.10:22），从而为外部提供一个可以抵达内部主机的ssh隧道。

8.11.1 实战演练

你可以将本地主机端口上的流量转发到另一台主机上，也可以将远程主机端口上的流量转发到其他主机。按照下面的方法，一旦端口转发设置完毕，你会得到一个shell提示符。在进行端口转发的过程中，这个shell必须保持打开状态，什么时候想停止转发，只需要退出该shell就可以了。

(1) 下列命令会将本地主机端口8000上的流量转发到www.kernel.org的端口80上：

```
ssh -L 8000:www.kernel.org:80 user@localhost
```

将上述命令中的user替换成你自己的本地主机上的用户名。

(2) 下列命令会将远程主机端口8000上的流量转发到www.kernel.org的端口80上：

```
ssh -L 8000:www.kernel.org:80 user@REMOTE_MACHINE
```

将上述命令中的REMOTE_MACHINE替换成远程主机的主机名或IP地址，将user替换成使用SSH进行访问的用户名。

8.11.2 补充内容

在使用非交互模式或者反向端口转发时，端口转发能够发挥更大的作用。

1. 非交互式端口转发

如果你只是想设置端口转发，而不希望在端口转发时有一个总是保持打开状态的shell，那么可以像下面这样使用ssh：

```
ssh -fL8000:www.kernel.org:80 user@localhost -N
```

-f指定ssh在执行命令前转入后台运行，-N告诉ssh无需执行命令，只进行端口转发。

2. 反向端口转发

反向端口转发是SSH最强大的特性之一。如果你有一台无法通过Internet访问到的主机，但是又希望其他用户可以访问这台主机上的服务，那就是反向端口转发大显身手的时候了。如果你能够使用SSH访问一台可以通过Internet访问的远程主机，那么就可以在这台主机上设置反向端口转发，将流量转发到运行该服务的本地主机。

```
ssh -R 8000:localhost:80 user@REMOTE_MACHINE
```

上述命令会将远程主机端口8000上的流量转发到本地主机的端口80上。和之前一样，别忘了把REMOTE_MACHINE替换成远程主机的主机名或IP地址。

利用这种方法，如果你在远程主机上浏览http://localhost:8000，那么实际连接的是运行在本地主机端口80上的Web服务器。

8.12 在本地挂载点上挂载远程驱动器

在执行数据读写操作时，如果可以通过本地挂载点访问远程主机文件系统，那就再好不过了。SSH是网络中常用的文件传输协议。sshfs利用SSH实现了在本地挂载点上挂载远程文件系统。

8.12.1 预备知识

GNU/Linux发布版默认并不包含sshfs。请使用软件包管理器自行安装。sshfs是FUSE文件系统软件包的一个扩展，它允许用户像本地文件系统那样挂载各种数据。Linux、Unix、Mac OS/X、Windows等都支持FUSE的各种版本。

有关FUSE的更多信息，请访问http://fuse.sourceforge.net/。

8.12.2 实战演练

将位于远程主机上的文件系统挂载到本地挂载点上：

```
# sshfs -o allow_other user@remotehost:/home/path /mnt/mountpoint
Password:
```

在收到提示时输入密码。现在位于远程主机/home/path中的数据就可以通过本地挂载点/mnt/mountpoint来访问了。

使用下面的命令卸载：

```
# umount /mnt/mountpoint
```

8.12.3 参考

8.6节讲解了ssh命令。

8.13 分析网络流量与端口

每一个应用程序都需要通过端口访问网络。通过获取开放端口列表、使用特定端口的应用以及运行该应用的用户，是跟踪系统中出现预期和非预期行为的一种方法。这些信息既可用于分配资源，也可用于检查rootkits或其他恶意软件。

8.13.1 预备知识

很多命令都可用来列出端口以及运行在端口上的服务。lsof和netstat命令在绝大部分

GNU/Linux发行版中都可以使用。

8.13.2　实战演练

lsof（list open files）命令可以列出已打开的文件。选项-i将范围限制在已打开的网络连接：

```
$ lsof -i
COMMAND     PID    USER   FD   TYPE DEVICE SIZE/OFF  NODE
    NAME

firefox-b 2261  slynux    78u  IPv4  63729         0t0   TCP
    localhost: 47797->localhost:42486 (ESTABLISHED)

firefox-b 2261  slynux    80u  IPv4  68270         0t0   TCP
    slynux-laptop.local:41204->192.168.0.2:3128 (CLOSE_WAIT)

firefox-b 2261  slynux    82u  IPv4  68195         0t0   TCP
    slynux-laptop.local:41197->192.168.0.2:3128 (ESTABLISHED)

ssh       3570  slynux    3u   IPv6  30025         0t0   TCP
    localhost:39263->localhost:ssh (ESTABLISHED)

ssh       3836  slynux    3u   IPv4  43431         0t0   TCP
    slynux-laptop.local:40414->boney.mt.org:422 (ESTABLISHED)

GoogleTal 4022  slynux    12u  IPv4  55370         0t0   TCP
    localhost:42486 (LISTEN)

GoogleTal 4022  slynux    13u  IPv4  55379         0t0   TCP
    localhost:42486->localhost:32955 (ESTABLISHED)
```

lsof的每一项输出都对应着一个开放端口上的服务。输出的最后一列类似于：

```
laptop.local:41197->192.168.0.2:3128
```

输出中的laptop.local:41197对应本地主机，192.168.0.2:3128对应远程主机。41197是本地主机当前的开放端口，3128是远程主机上的服务端口。

要列出本地主机当前的开放端口，可以使用下列命令：

```
$ lsof -i | grep ":[0-9a-z] +->" -o | grep "[0-9a-z] +" -o  | sort | uniq
```

8.13.3　工作原理

第一个grep中使用的正则表达式：[0-9a-z]+->用来从lsof输出中提取主机端口部分（:34395->或:ssh->）。第二个grep用来删除起始的冒号以及末尾的箭头，提取端口号（数字）。多个连接可能会使用同一个端口，因此相同的端口也许会出现多次。为了保证每个端口只显示一次，将端口号排序并使用uniq命令打印出不重复的部分。

8.13.4　补充内容

还有其他一些工具也可以用来查看开放端口以及网络流量相关信息。

用netstat查看开放端口与服务

netstat也可以显示网络服务统计信息。该命令的功能非常多，已经超出了这则攻略的范围。

用netstat -tnp列出开放端口与服务：

```
$ netstat -tnp
Proto Recv-Q Send-Q Local Address           Foreign Address
      State          PID/Program name

tcp        0        0 192.168.0.82:38163    192.168.0.2:3128
    ESTABLISHED 2261/firefox-bin

tcp        0        0 192.168.0.82:38164    192.168.0.2:3128
    TIME_WAIT     -

tcp        0        0 192.168.0.82:40414    193.107.206.24:422
    ESTABLISHED 3836/ssh

tcp        0        0 127.0.0.1:42486       127.0.0.1:32955
    ESTABLISHED 4022/GoogleTalkPlug

tcp        0        0 192.168.0.82:38152    192.168.0.2:3128
    ESTABLISHED 2261/firefox-bin

tcp6       0        0 ::1:22                ::1:39263
    ESTABLISHED -

tcp6       0        0 ::1:39263             ::1:22
    ESTABLISHED 3570/ssh
```

8.14　测量网络带宽

之前介绍的ping和traceroute能够测量网络的延迟以及节点间的跳数。

iperf能够提供更多的网络性能指标。系统中默认并没有安装该命令，可以通过发行版的包管理器自行安装。

实战演练

iperf必须安装在链路的两端（服务器端和客户端）。安装好之后，启动服务器端：

```
$ iperf -s
```

然后运行客户端,生成吞吐量统计:

```
$ iperf -c 192.168.1.36
------------------------------------------------------------
Client connecting to 192.168.1.36, TCP port 5001
TCP window size: 19.3 KByte (default)
------------------------------------------------------------
[  3] local 192.168.1.44 port 46526 connected with 192.168.1.36 port 5001
[ ID] Interval       Transfer     Bandwidth
[  3]  0.0-10.0 sec   113 MBytes   94.7 Mbits/sec
```

选项-m会使得iperf找出最大传输单元(Maximum Transfer Size,MTU):

```
$ iperf -mc 192.168.1.36
------------------------------------------------------------
Client connecting to 192.168.1.36, TCP port 5001
TCP window size: 19.3 KByte (default)
------------------------------------------------------------
[  3] local 192.168.1.44 port 46558 connected with 192.168.1.36 port 5001
[ ID] Interval       Transfer     Bandwidth
[  3]  0.0-10.0 sec   113 MBytes   94.7 Mbits/sec
[  3] MSS size 1448 bytes (MTU 1500 bytes, ethernet)
```

8.15 创建套接字

对于文件传输和远程shell这类操作,我们有现成的工具(ftp和ssh)可以使用。我们也可以编写自己的脚本实现网络服务。在这则攻略中,我们会演示如何创建简单的套接字并利用其通信。

8.15.1 预备知识

netcat或nc命令都可以创建用于在TCP/IP网络上传输数据的套接字。我们需要两个套接字:一个负责侦听连接,一个负责发起连接。

8.15.2 实战演练

(1) 设置侦听套接字:

```
nc -l 1234
```

这会在本地主机的端口1234上创建一个侦听套接字。

(2) 连接到该套接字:

```
nc HOST 1234
```

如果是在运行着侦听套接字的主机上执行该命令，那么需要将HOST更换成`localhost`，否则将其更换成其他主机的IP地址或主机名。

(3) 在执行第2步操作的主机终端中输入信息并按回车键，消息就会出现在执行第1步操作的主机终端中。

8.15.3　补充内容

网络套接字可不是只能用来发送文本，接着往下看吧。

1. 在网络上快速复制文件

我们可以利用netcat和shell重定向在网络上复制文件。下面的命令能够向侦听主机发送文件。

(1) 在侦听端执行下列命令：

```
nc -l 1234 > destination_filename
```

(2) 在发送端执行下列命令：

```
nc HOST 1234 < source_filename
```

2. 创建广播服务器

你可以利用netcat创建定制服务器。下面的脚本创建了一个能够定时（每隔10秒）发送时间的服务器。可以使用客户端连接到侦听端口获取时间：

```
# 该脚本会将时间发送到端口
while [ 1 ]
do
  sleep 10
  date | nc -l 12345
done
echo exited
```

8.15.4　工作原理

之所以能够使用nc复制文件的原因在于其会将套接字的输入作为输出发送到另一端。

广播服务器略有点复杂。循环while [1]会一直运行下去。在该循环中，脚本会休眠10秒钟，然后调用date命令并通过管道将命令输出传给nc命令。

你可以使用nc创建一个客户端：

```
$ nc 127.0.0.1 12345
```

8.16　搭建网桥

如果你有两个独立的网络，可能需要某种方法将数据从一个网络传到另一个网络。这通常可以通过使用路由器、集线器或交换机连接两个网络来实现。

Linux系统可以作为网桥使用。

网桥是一种低层连接，它并不是基于IP地址，而是使用MAC地址传递分组。其自身需要的资源更少，效率也更高。

你可以使用网桥连接不可路由的私有网络（private, non-routed network）中的主机，或是连接公司中独立的子网，亦或是将生产子网与运送子网互联，实现产品信息共享。

8.16.1　预备知识

Linux内核从2.2版开始支持网络桥接。目前用于定义网桥的工具是iproute2（ip）命令。大多数发行版中都包含该工具。

8.16.2　实战演练

ip命令采用"命令/子命令"的形式执行多种操作。我们使用ip link命令搭建网桥。

> 如果以太网适配器加入了网桥，该适配器就不能再配置IP地址。需要配置IP地址的是网桥。

在下面的例子中，有两个网卡：eth0被配置连接到子网192.168.1.0，eth1没有配置，但会通过网桥连接到子网10.0.0.0。

```
# 创建名为br0的新网桥
ip link add br0 type bridge

# 将以太网适配器添加到网桥
ip link set dev eth1 master br0

# 配置网桥的IP地址
ifconfig br0 10.0.0.2

# 启用分组转发
echo 1 >/proc/sys/net/ipv4/ip_forward
```

所创建出的网桥使得分组可以在eth0和eth1之间传递。在网桥生效之前，我们需要将其加入路由表。

对于网络10.0.0.0/24中的主机，添加到网络192.168.1.0/16路由表项：

```
route add -net 192.168.1.0/16 gw 10.0.0.2
```

网络192.168.1.0/16中的主机需要知道如何找到网络10.0.0.0/24。如果eth0配置了IP地址192.168.1.2，则使用route命令：

```
route add -net 10.0.0.0/24 gw 192.168.1.2
```

8.17　Internet 连接共享

大多数防火墙/路由器都能够让你的家庭或办公室设备共享Internet连接。这种技术叫作网络地址转换（Network Address Translation，NAT）。安装了两块网络接口卡（Network Interface Card，NIC）的Linux计算机可以用作路由器，提供防火墙保护以及连接共享。

防火墙和NAT功能都是由建立在内核中的iptables所提供的。这则攻略介绍了如何通过iptables实现以太网与无线设备之间的Internet连接共享。

8.17.1　预备知识

我们使用iptables设置了网络地址转换，使得多个联网设备能够共享Internet连接。你需要使用iwconfig命令来获得无线接口的名称。

8.17.2　实战演练

(1) 连接到Internet。在这里我们假设使用的是有线网络连接，通过eth0连接到Internet。请按照你个人的实际情况进行修改。

(2) 使用发行版自带的网络管理工具，创建一个新的ad hoc无线连接，配置如下：

❑ IP地址：10.99.66.55。

❑ 子网掩码：255.255.0.0（16）。

(3) 使用下面的shell脚本来实现Internet连接共享：

```
#!/bin/bash
#文件名: netsharing.sh

echo 1 > /proc/sys/net/ipv4/ip_forward

iptables -A FORWARD -i $1 -o $2 \
    -s 10.99.0.0/16 -m conntrack --ctstate NEW -j ACCEPT

iptables -A FORWARD -m conntrack --ctstate \
    ESTABLISHED,RELATED -j ACCEPT

iptables -A POSTROUTING -t nat -j MASQUERADE
```

8

(4) 执行脚本：

```
./netsharing.sh eth0 wlan0
```

其中，`eth0`是连接到Internet的接口，`wlan0`是无线接口，支持与其他设备共享Internet连接。

(5) 将设备连接到刚才创建的无线网络：

❑ IP地址：10.99.66.56（以此类推）。
❑ 子网掩码：255.255.0.0。

> 要想更方便，可以在主机上安装DHCP和DNS服务器，这样就不必手动配置IP地址了。你可以使用一个叫作dnsmasq的工具来方便地执行DHCP和DNS操作。

8.17.3   工作原理

有3组不能被路由的IP地址[①]。这意味着能接入Internet的网卡都不能使用这些地址。只有内部网络可以使用。这3组地址分别是10.x.x.x、192.168.x.x以及172.16.x. x-> 172.32.x.x。在这则攻略中，我们从10.x.x.x地址空间中选用了一部分作为内部网络地址。

默认情况下，Linux系统只接收或生成分组，并不会重传（echo）分组。这种行为是由in/proc/sys/net/ipv4/ip_forward的值所控制的。

将该值设置为1会使Linux转发所有无法识别的分组。在子网10.99.66.x上的无线设备可以使用10.99.66.55作为网关。这些无线设备会将发往Internet的分组交给10.99.66.55，由后者将分组再转发给eth0上的Internet网关，然后送至目的地。

`iptables`命令负责与Linux内核中的iptables子系统交互。该命令可以添加各种规则，从而在内部网络和外部网络之间转发分组。

下一则攻略中，我们将讨论`iptables`的更多用法。

8.18   使用 `iptables` 架设简易防火墙

防火墙是一种网络服务，它可以过滤、阻止不需要的网络流量，允许正常的网络流量通过。Linux中的标准防火墙工具是`iptables`，它目前已经被集成到了内核中。

---

① 更常见的说法是"保留地址"。

8.18.1　实战演练

如今所有的Linux发行版中默认都包含了`iptables`。对于一些典型的场景，`iptables`用起来很简单。

(1) 如果你不希望访问特定站点（例如恶意站点），可以阻止发送到该IP地址的流量：

```
#iptables -A OUTPUT -d 8.8.8.8 -j DROP
```

如果在另一个终端中执行`PING 8.8.8.8`，然后再执行`iptables`命令，你会看到：

```
PING 8.8.8.8 (8.8.8.8) 56(84) bytes of data.
64 bytes from 8.8.8.8: icmp_req=1 ttl=56 time=221 ms
64 bytes from 8.8.8.8: icmp_req=2 ttl=56 time=221 ms
ping: sendmsg: Operation not permitted
ping: sendmsg: Operation not permitted
```

`ping`命令在执行到第三次的时候失败了，这是因为我们使用`iptables`将所有发送到`8.8.8.8`的流量给丢弃了。

(2) 阻止发送到特定端口的流量：

```
#iptables -A OUTPUT -p tcp -dport 21 -j DROP
$ ftp ftp.kde.org
ftp: connect: Connection timed out
```

如果你在`/var/log/secure`或`/var/log/messages`中发现类似于下面的信息，就说明碰上了一点小麻烦：

```
Failed password for abel from 1.2.3.4 port 12345 ssh2
Failed password for baker from 1.2.3.4 port 12345 ssh2
```

这些信息说明有机器人正在探测你的系统是否存在弱密码。你可以使用INPUT规则阻止机器人访问站点，这条规则会丢弃所有机器人所在地址的流量：

```
#iptables -I INPUT -s 1.2.3.4 -j DROP
```

8.18.2　工作原理

`iptables`是Linux系统中用来配置防火墙的命令。`iptables`中的第一个选项可以是`-A`，表明向链（chain）中添加一条新的规则，也可以是`-I`，表明将新的规则插入到规则集的开头。接下来的参数指定了链。所谓链就是若干条规则的集合，在早先的例子中我们使用的是OUTPUT链，它可以控制所有的出站流量（outgoing traffic），而在上一个例子中，用到的是INPUT链，它能够控制所有的入站流量（incoming traffic）。

`-d`指定了所要匹配的分组目的地址，`-s`指定了分组的源地址。最后，`-j`指示`iptables`执行到特定的处理（action）。在这些例子中，我们对分组采用的处理方式是DROP（丢弃）。其他处理方式还包括ACCEPT和REJECT。

在第二个例子中，-p指定规则仅适用于TCP，-dport指定了对应的端口。这样我们就可以只阻止所有出站的FTP流量了。

8.18.3　补充内容

可以使用选项-flush清除对iptables链所作出的所有改动：

```
#iptables -flush
```

8.19　创建虚拟私有网络

虚拟私有网络（Virtual Private Network，VPN）是建立在公网之上的加密通道。加密能够保证个人信息的私密性。VPN可用于连接远程办公点、散布多处的生产制造站点以及远程工作人员。

我们已经讨论过使用nc、scp或ssh复制文件。有了VPN，你可以通过NFS挂载远程驱动器并像访问本地资源那样访问远程网络上的资源。

Linux拥有不同的VPN系统的客户端，另外还包括OpenVPN的客户端与服务器。

接下来将会讲解如何设置OpenVPN的服务器和客户端。在这则攻略中，我们会配置单个服务器来为轮辐式模型（hub and spoke model）中的多个客户端服务。OpenVPN还支持其他更多的拓扑结构，不过这些内容已经超出了本章的范围。

8.19.1　预备知识

多数Linux发行版中并不包含OpenVPN。你需要使用包管理器自行安装：

```
apt-get install openvpn
```

或者

```
yum install openvpn
```

注意，在客户端和服务器端都需要像这样进行安装。

确定隧道设备（/dev/net/tun）存在。在服务器和客户端上都要测试。在如今的Linux系统中，隧道应该是不会少的：

```
ls /dev/net/tun
```

8.19.2 实战演练

设置OpenVPN的第一步就是为服务器和至少一个客户端生成证书。最简单的方法就是使用`easy-rsa`制作自签名证书，该工具包含在OpenVPN预发行版2.3中。如果你用的是更高的OpenVPN版本，可以通过包管理器安装`easy-rsa`。

其默认安装位置位于`/usr/share/easy-rsa`。

1. 生成证书

首先确保没有之前安装版本的遗留文件：

```
# cd /usr/share/easy-rsa
# . ./vars
# ./clean-all
```

> **注意**：如果你运行`./clean-all`，它会在`/usr/share/easy-rsa/keys`上执行`rm -rf`。

接下来，使用`build-ca`命令生成**认证授权**（Certificate Authority）。该命令会提示你关于站点的一些信息。这些信息你得输入多次。使用你的名字、电子邮件、站点名等信息替换下列输出中相应的内容。下面几个命令中要求的信息略有不同。在这里我们只显示不同的部分：

```
# ./build-ca
Generating a 2048 bit RSA private key
......+++
...............................................+++
writing new private key to 'ca.key'
-----
You are about to be asked to enter information that will be incorporated
into your certificate request.
What you are about to enter is what is called a Distinguished Name or a DN.
There are quite a few fields but you can leave some blank
For somefieldsthere will be a default value,
If you enter '.', the field will be left blank.
-----
Country Name (2 letter code) [US]:
State or Province Name (full name) [CA]:MI
Locality Name (eg, city) [SanFrancisco]:WhitmoreLake
Organization Name (eg, company) [Fort-Funston]:Example
Organizational Unit Name (eg, section) [MyOrganizationalUnit]:Packt
Common Name (eg, your name or your server's hostname) [Fort-Funston
CA]:vpnserver
Name [EasyRSA]:
Email Address [me@myhost.mydomain]:admin@example.com
```

然后，使用`build-key`命令生成服务器证书：

```
# ./build-key server
Generating a 2048 bit RSA private key
```

```
..............................+++
.............................+++
writing new private key to 'server.key'
-----
You are about to be asked to enter information that will be incorporated
into your certificate request....
```

```
Please enter the following 'extra' attributes
to be sent with your certificate request
A challenge password []:
```

为至少一个客户端生成证书。对于每个想连接到该OpenVPN服务器的主机，都需要单独的客户端证书：

```
# ./build-key client1
Generating a 2048 bit RSA private key
.....................+++
................................................+++
writing new private key to 'client1.key'
-----
You are about to be asked to enter information that will be incorporated
into your certificate request.
...

Please enter the following 'extra' attributes
to be sent with your certificate request
A challenge password []:
An optional company name []:
Using configuration from /usr/share/easy-rsa/openssl-1.0.0.cnf
Check that the request matches the signature
Signature ok
The Subject's Distinguished Name is as follows
countryName  :PRINTABLE:'US'
stateOrProvinceName  :PRINTABLE:'MI'
localityName  :PRINTABLE:'WhitmoreLake'
organizationName  :PRINTABLE:'Example'
organizationalUnitName:PRINTABLE:'Packt'
commonName  :PRINTABLE:'client1'
name                  :PRINTABLE:'EasyRSA'
emailAddress:IA5STRING:'admin@example.com'
Certificate is to be certified until Jan 8 15:24:13 2027 GMT (3650 days)
Sign the certificate? [y/n]:y


1 out of 1 certificate requests certified, commit? [y/n]y
Write out database with 1 new entries
Data Base Updated
```

最后，使用build-dh命令生成Diffie-Hellman。这个过程得花上好几秒时间，同时产生几屏满是点号和加号的内容：

```
# ./build-dh
Generating DH parameters, 2048 bit long safe prime, generator 2
This is going to take a long time
......................+............+........
```

这些步骤会在keys目录中创建多个文件。下一步是将这些文件复制到需要的目录中。

将服务器密钥复制到/etc/openvpn：

```
# cp keys/server* /etc/openvpn
# cp keys/ca.crt /etc/openvpn
# cp keys/dh2048.pem /etc/openvpn
```

将客户端密钥复制到客户端系统：

```
# scp keys/client1* client.example.com:/etc/openvpn
# scp keys/ca.crt client.example.com:/etc/openvpn
```

2. 在服务器上配置OpenVPN

OpenVPN包含一些基本上可以直接使用的配置文件样本。你只需要根据所在环境修改其中的几行就可以了。这些文件通常可以位于/usr/share/doc/openvpn/examples/sample-config-files：

```
# cd /usr/share/doc/openvpn/examples/sample-config-files
# cp server.conf.gz /etc/openvpn
# cd /etc/openvpn
# gunzip server.conf.gz
# vim server.conf
```

设置用于侦听的本地IP地址。这是连接到网络上的网卡IP地址，你打算通过其接受VPN连接：

```
local 192.168.1.125
```

修改证书路径：

```
ca /etc/openvpn/ca.crt
cert /etc/openvpn/server.crt
key /etc/openvpn/server.key      # 该文件注意保密
```

最后，检查diffie-hellman参数文件是否正确。OpenVPN的config文件样本中可以指定长度为1024位（1024-bit）的密钥，而easy-rsa能够生成2048位的密钥（更安全）。

```
#dh dh1024.pem
dh dh2048.pem
```

3. 在客户端上配置OpenVPN

每个客户端上的配置步骤都差不多。

将客户端配置文件复制到/etc/openvpn：

```
# cd /usr/share/doc/openvpn/examples/sample-config-files
# cpclient.conf /etc/openvpn
```

编辑 `client.conf` 文件：

```
# cd /etc/openvpn
# vim client.conf
```

修改证书路径，使其指向正确的目录：

```
ca /etc/openvpn/ca.crt
cert /etc/openvpn/server.crt
key /etc/openvpn/server.key      # 该文件注意保密
```

设置服务器：

```
#remote my-server-1 1194
remote server.example.com 1194
```

4. 启动服务器

服务器现在就可以启动了。如果配置方面没有问题，你会看到几行输出。需要注意的一行是 `Initialization Sequence Completed`。如果找不到这一行，就需要在输出中往前查找错误信息了：

```
# openvpnserver.conf
Wed Jan 11 12:31:08 2017 OpenVPN 2.3.4 x86_64-pc-linux-gnu [SSL (OpenSSL)]
[LZO] [EPOLL] [PKCS11] [MH] [IPv6] built on Nov 12 2015
Wed Jan 11 12:31:08 2017 library versions: OpenSSL 1.0.1t  3 May 2016, LZO
2.08...


Wed Jan 11 12:31:08 2017 client1,10.8.0.4
Wed Jan 11 12:31:08 2017 Initialization Sequence Completed
```

使用 `ifconfig` 命令验证服务器是否运行。你应该能看到列出的隧道设备（tun）：

```
$ ifconfig
tun0      Link encap:UNSPECHWaddr
00-00-00-00-00-00-00-00-00-00-00-00-00-00-00-00
inet addr:10.8.0.1 P-t-P:10.8.0.2 Mask:255.255.255.255
          UP POINTOPOINT RUNNING NOARP MULTICAST MTU:1500 Metric:1
          RX packets:0 errors:0 dropped:0 overruns:0 frame:0
          TX packets:0 errors:0 dropped:0 overruns:0 carrier:0
          collisions:0 txqueuelen:100
          RX bytes:0 (0.0 B)  TX bytes:0 (0.0 B)
```

5. 启动并测试客户端

一旦服务器启动，你就可以运行客户端了。和服务器一样，OpenVPN的客户端也是通过 `openvpn` 命令创建的。还是一样，注意 `Initialization Sequence Completed` 这一行：

```
# openvpn client.conf
Wed Jan 11 12:34:14 2017 OpenVPN 2.3.4 i586-pc-linux-gnu [SSL (OpenSSL)]
[LZO] [EPOLL] [PKCS11] [MH] [IPv6] built on Nov 19 2015
Wed Jan 11 12:34:14 2017 library versions: OpenSSL 1.0.1t  3 May 2016, LZO
2.08...



Wed Jan 11 12:34:17 2017 /sbin/ipaddr add dev tun0 local 10.8.0.6 peer
10.8.0.5
Wed Jan 11 12:34:17 2017 /sbin/ip route add 10.8.0.1/32 via 10.8.0.5
Wed Jan 11 12:34:17 2017 Initialization Sequence Completed
```

使用 `ifconfig` 命令验证隧道是否已经初始化：

```
$ /sbin/ifconfig

tun0    Link encap:UNSPECHWaddr 00-00-00-00-00-00-00-00...00-00-00-00
inet addr:10.8.0.6  P-t-P:10.8.0.5  Mask:255.255.255.255
        UP POINTOPOINT RUNNING NOARP MULTICAST  MTU:1500  Metric:1
        RX packets:2 errors:0 dropped:0 overruns:0 frame:0
        TX packets:4 errors:0 dropped:0 overruns:0 carrier:0
        collisions:0 txqueuelen:100
        RX bytes:168 (168.0 B)  TX bytes:336 (336.0 B)
```

使用 `netstat` 命令验证新网络对应的路由是否正确：

```
$ netstat -rn
Kernel IP routing table
Destination     Gateway         Genmask         Flags   MSS Window  irttIface
0.0.0.0         192.168.1.7     0.0.0.0         UG      0 0         0 eth0
10.8.0.1        10.8.0.5        255.255.255.255 UGH     0 0         0 tun0
10.8.0.5        0.0.0.0         255.255.255.255 UH      0 0         0 tun0
192.168.1.0     0.0.0.0         255.255.255.0   U       0 0         0 eth0
```

命令输出中显示隧道设备连接到网络10.8.0.x，对应的网关是10.8.0.1。

最后，可以使用 `ping` 命令测试连通性：

```
$ ping 10.8.0.1
PING 10.8.0.1 (10.8.0.1) 56(84) bytes of data.
64 bytes from 10.8.0.1: icmp_seq=1 ttl=64 time=1.44 ms
```

## 第 9 章

明察秋毫

本章内容

- ❑ 监视磁盘使用情况
- ❑ 计算命令执行时间
- ❑ 收集登录用户、启动日志及启动故障的相关信息
- ❑ 列出1小时内占用CPU最多的10个进程
- ❑ 使用watch监视命令输出
- ❑ 记录文件及目录访问情况
- ❑ 使用syslog记录日志
- ❑ 使用logrotate管理日志文件

- ❑ 通过监视用户登录找出入侵者
- ❑ 监视远程磁盘的健康情况
- ❑ 确定系统中用户的活跃时段
- ❑ 电源使用情况的测量与优化
- ❑ 监视磁盘活动
- ❑ 检查磁盘及文件系统错误
- ❑ 检查磁盘健康情况
- ❑ 获取磁盘统计数据

9.1 简介

计算机系统是由一组硬件以及控制这些硬件的软件组成的。软件包括负责分配职员的操作系统内核以及执行各种任务的众多模块，这些任务从读取磁盘数据到提供Web页面服务。

系统管理员需要监视这些模块和应用程序，确保其工作正常，同时搞清楚是否需要重新分配资源（将用户分区迁移到更大的磁盘、提供速度更快的网络等）。

Linux既提供了能够检查系统当前性能的交互式程序，也提供了用于记录一段时期内系统性能表现的模块。

在本章中，我们将要和一些监视系统活动的命令打交道，同时还要学习日志技术。

9.2 监视磁盘使用情况

磁盘空间总是一种有限资源。我们监视磁盘使用情况，了解何时空间捉襟见肘，然后找到大体积的文件或目录，将其删除、移动或压缩。这则攻略将会讲解磁盘监视相关的命令。

9.2.1 预备知识

du（disk usage）和df（disk free）命令可以报告磁盘使用情况。这两个工具能够统计出文件和目录的磁盘占用情况以及可用的磁盘空间。

9.2.2 实战演练

找出某个文件（或多个文件）占用的磁盘空间：

```
$ du  FILENAME1 FILENAME2 ..
```

例如：

```
$ du file.txt
```

要获得某个目录中所有文件的磁盘使用情况，并在每一行中显示各个文件的具体详情，可以使用：

```
$ du -a DIRECTORY
```

选项-a递归地输出指定目录或多个目录中所有文件的统计结果。

> **TIP** 执行du DIRECTORY也可以输出类似的结果，但是它只会显示子目录使用的磁盘空间，而不显示每个文件的占用情况。要想显示各个文件的情况，必须使用-a。

例如：

```
$ du -a test
4   test/output.txt
4   test/process_log.sh
4   test/pcpu.sh
16  test
```

9

du命令也可以用于目录：

```
$ du test
16  test
```

9.2.3 补充内容

du命令还包括了一些可以定义命令输出形式的选项。

1. 以KB、MB或块（block）为单位显示磁盘使用情况

du命令默认显示文件占用的总字节数，但是以KB、MB或GB为单位显示磁盘使用情况更方便人们阅读。要采用这种更友好的格式进行打印，可以使用选项-h：

```
du -h FILENAME
```

例如：

```
$ du -h test/pcpu.sh
4.0K    test/pcpu.sh
# 可以接受多个文件参数
```

或者

```
# du -h DIRECTORY
$ du -h hack/
16K   hack/
```

2. 显示磁盘使用总计

选项-c可以计算出文件或目录所占用的总的磁盘空间，另外还会输出单个文件的大小：

```
$ du -c FILENAME1 FILENAME2..
du -c process_log.sh pcpu.sh
4    process_log.sh
4    pcpu.sh
8    total
```

或者

```
$ du  -c DIRECTORY
$ du -c test/
16   test/
16   total
```

或者

```
$ du -c *.txt
# 通配符
```

-c可以同-a、-h等选项配合使用生成常见的输出，另外还会多出一行磁盘使用情况总计。

另一个选项-s（summarize，总计）则只输出总计数据。它可以配合-h打印出人们易读的格式：

```
$ du -sh /usr/bin
256M   /usr/bin
```

3. 使用特定的单位打印文件

选项-b、-k和-m可以强制du使用特定的单位打印磁盘使用情况。注意，这些选项不能与-h一同使用：

❑ 打印以字节（默认输出）为单位的文件大小：

```
$ du -b FILE(s)
```

❑ 打印以KB为单位的文件大小：

```
$ du -k FILE(s)
```

❑ 打印以MB为单位的文件大小：

```
$ du -m FILE(s)
```

❑ 打印以指定块为单位的文件大小：

```
$ du -B BLOCK_SIZE FILE(s)
```

其中，BLOCK_SIZE以字节为单位。

注意，上述选项返回的文件大小并不直观。如果使用选项-b，du会以字节为单位，返回文件的准确大小。如果使用的是其他选项，du返回的是文件所占的磁盘空间大小。因为磁盘空间是根据固定大小的块（通常是4K）来分配的，因此一个400字节的文件所占用的磁盘空间就是一个块（4K）：

```
$ du pcpu.sh
4  pcpu.sh
$ du -b pcpu.sh
439   pcpu.sh
$ du -k pcpu.sh
4  pcpu.sh
$ du -m pcpu.sh
1  pcpu.sh
$ du -B 4  pcpu.sh
1024  pcpu.sh
```

4. 从磁盘使用统计中排除部分文件

选项--exclude和--exclude-from可以让du在磁盘使用统计中排除部分文件。

(1) 选项--exclude可以与通配符或单个文件名配合使用：

```
$ du --exclude "WILDCARD" DIRECTORY
```

例如：

```
# 排除所有的.txt文件
$ du --exclude "*.txt" *
# 排除文件temp.txt
$ du --exclude "temp.txt" *
```

(2) 选项--exclude会排除匹配模式的一个或多个文件。选项--exclude-from能够排除多个文件或模式。每个文件名或模式必须独占一行。

```
$ ls *.txt >EXCLUDE.txt
$ ls *.odt >>EXCLUDE.txt
# EXCLUDE.txt中包含了需要排除的文件列表
```

```
$ du --exclude-from EXCLUDE.txt DIRECTORY
```

选项--max-depth可以限制du应该遍历多少层子目录。将该选项指定为1，可以统计当前目录的磁盘使用情况。指定为2，可以统计当前目录以及下一级子目录的磁盘使用情况：

```
$ du --max-depth 2 DIRECTORY
```

> **ⓘ** 选项-x可以限制du只对单个文件系统进行统计。du默认会跟随符号链接和挂载点。

当使用du命令时，要确保其对所有的文件有读权限，对所有的目录有读权限和执行权限。如果权限不合适，du会返回出错信息。

5. 找出指定目录中最大的10个文件

du和sort命令能够找出需要被删除或移走的大文件：

```
$ du -ak SOURCE_DIR | sort -nrk 1 | head
```

选项-a可以显示出SOURCE_DIR中所有文件和目录的大小。输出的第一列就是文件大小。选项-k表示以KB为单位。第二列包含文件或目录的名称。

sort的选项-n指明按数值排序，选项-1和-r指明对第一列按逆序排序。head用来从输出中提取前10行：

```
$ du -ak /home/slynux | sort -nrk 1 | head -n 4
50220 /home/slynux
43296 /home/slynux/.mozilla
43284 /home/slynux/.mozilla/firefox
43276 /home/slynux/.mozilla/firefox/8c22khxc.default
```

这个单行脚本的缺点之一在于它的结果中还包含了目录。我们可以使用find命令改进脚本，使其只输出最大的文件：

```
$ find . -type f -exec du -k {} \; | sort -nrk 1 | head
```

利用find替du将文件过滤出来，这样就无需使用du遍历文件系统了。

注意，du命令会输出文件的字节数。这个数字未必和文件所占的磁盘空间一样。磁盘空间是以块为单位分配的，因此就算是1字节的文件也会耗费一个磁盘块，块大小通常在512到4096字节之间。

下一节将会讲解使用df命令确定可用的磁盘空间。

6. 磁盘可用空间信息

du提供磁盘使用情况信息，而df提供磁盘可用空间信息。df的-h选项会以易读的格式输出磁盘空间信息。例如：

```
$ df -h
Filesystem            Size  Used Avail Use% Mounted on
/dev/sda1             9.2G  2.2G  6.6G  25% /
none                  497M  240K  497M   1% /dev
none                  502M  168K  501M   1% /dev/shm
none                  502M   88K  501M   1% /var/run
none                  502M     0  502M   0% /var/lock
none                  502M     0  502M   0% /lib/init/rw
none                  9.2G  2.2G  6.6G  25%
/var/lib/ureadahead/debugfs
```

df命令也可以使用目录作为参数。在这种情况下，会输出该目录所在分区的可用磁盘空间情况。如果你不知道目录所在分区的话，这种方法就很有用了：

```
$ df -h /home/user
Filesystem       Size Used Avail Use% Mounted on
/dev/md1         917G 739G  133G  85% /raid1
```

9.3 计算命令执行时间

在分析应用程序的效率或比较不同的算法时，其执行时间非常重要。

9.3.1 实战演练

(1) time命令可以测量出应用程序的执行时间：

```
$ time APPLICATION
```

time命令会执行APPLICATION。当APPLICATION执行完毕后，time命令将其real时间、sys时间以及user时间输出到stderr中，将APPLICATION的正常输出发送到stdout。

```
$ time ls
test.txt
next.txt
real    0m0.008s
user    0m0.001s
sys     0m0.003s
```

> time命令的可执行二进制文件位于/usr/bin/time，另外还有一个bash shell的内建命令也叫作time。当执行time时，默认调用的是shell的内建命令。内建的time命令选项有限。如果需要使用额外的功能，应该使用可执行文件time的绝对路径（/usr/bin/time）。

(2) 选项-o可以将相关的时间统计信息写入文件：

```
$ /usr/bin/time -o output.txt COMMAND
```

文件名应该出现在选项-o之后。

选项-a可以配合-o使用,将命令执行时间追加到原文件的末尾:

```
$ /usr/bin/time -a -o output.txt COMMAND
```

(3) 选项-f可以指定输出哪些统计信息及其格式。格式字符串包括一个或多个以%为前缀的参数。格式参数包括以下几种。

- ❑ real时间: %e
- ❑ user时间: %U
- ❑ sys时间: %S
- ❑ 系统分页大小: %Z

通过结合格式参数以及其他文本,我们就可以创建格式化输出:

```
$ /usr/bin/time -f "FORMAT STRING" COMMAND
```

例如:

```
$ /usr/bin/time -f "Time: %U" -a -o timing.log uname
Linux
```

其中,%U指定了user时间。

time命令将被计时的应用程序的输出发送到stdout,将自身的输出发送到stderr。我们可以用重定向操作符(>)重定向应用程序输出,用错误重定向操作符(2>)重定向time命令的输出。

例如:

```
$ /usr/bin/time -f "Time: %U" uname> command_output.txt
2>time.log
$ cat time.log
Time: 0.00
$ cat command_output.txt
Linux
```

(4) 格式参数也可以报告内存使用情况。参数%M会显示所使用的最大内存(以KB为单位),参数%Z会显示系统页面大小:

```
$ /usr/bin/time -f "Max: %M K\nPage size: %Z bytes" \
  ls>
/dev/null
Max: 996 K
Page size: 4096 bytes
```

这里并不需要被计时的命令(ls)的输出,因此将标准输出重定向到了/dev/null。

9.3.2 工作原理

`time`命令默认报告3类时间。

- **Real**：指的是壁钟时间（wall clock time），也就是命令从开始执行到结束的时间。这段时间包括其他进程所占用的时间片（time slice）以及进程被阻塞时所消耗的时间（例如，为等待I/O操作完成所用的时间）。
- **User**：是指进程花费在用户模式（内核模式之外）中的CPU时间。这是执行进程所花费的时间。执行其他进程以及花费在阻塞状态中的时间并没有计算在内。
- **Sys**：是指进程花费在内核中的CPU时间。它代表在内核中执行系统调用所使用的时间，这和库代码（library code）不同，后者仍旧运行在用户空间。与"user时间"类似，这也是真正由进程使用的CPU时间。参考表9-1，其中简要描述了内核模式（也称为监督模式）和系统调用机制。

`time`命令给出了进程的很多细节信息。其中包括退出状态、接收到的信号数量以及进程上下文的切换次数等。这些信息都可以通过给选项 `-f` 提供相应的格式化字符串来显示。

表9-1展示了一些值得注意的参数。

表 9-1

参 数	描 述
`%C`	被计时的命令名称以及命令行参数
`%D`	进程非共享数据区的平均大小，以KB为单位
`%E`	进程使用的real时间（壁钟时间），显示格式为[小时:]分钟:秒
`%x`	命令的退出状态
`%k`	进程接收到的信号数量
`%W`	进程被交换出主存的次数
`%Z`	以字节为单位系统的页面大小。这是一个系统常量，但在不同的系统中，这个常量值也不同
`%P`	进程所获得的CPU时间百分比。这个值等于user + system时间除以总运行时间。结果以百分比形式显示
`%K`	进程的平均总内存使用量（data+stack+text），以KB为单位
`%w`	进程主动进行上下文切换的次数，例如等待I/O操作完成
`%c`	进程被迫进行上下文切换的次数（由于时间片到期）

9.4 收集登录用户、启动日志及启动故障的相关信息

Linux包含了一些能够报告运行系统各方面信息的命令，其中包括当前登录用户、主机加电时间以及启动故障。这些数据可用于分配系统资源和故障诊断。

9.4.1　预备知识

这则攻略将介绍以下命令：who、w、users、uptime、last和lastb。

9.4.2　实战演练

(1) who命令可以获取当前登录用户的相关信息：

```
$ who
slynux    pts/0    2010-09-29 05:24 (slynuxs-macbook-pro.local)
slynux    tty7     2010-09-29 07:08 (:0)
```

该命令会显示出登录名、用户所使用的TTY、登录时间以及登录用户的远程主机名（或者X显示信息）。

> TTY（该术语取自TeleTYperwriter）是与文本终端相关联的设备文件。当用户生成一个新终端时，对应的设备文件就会出现在/dev中（例如 /dev/pts/3）。可以通过执行命令tty来获得当前终端的设备路径。

(2) w命令可以获得有关登录用户更详细的信息：

```
$ w
07:09:05 up 1:45,  2 users,  load average: 0.12, 0.06, 0.02
USER      TTY     FROM     LOGIN@   IDLE   JCPU PCPU WHAT
slynux    pts/0   slynuxs  05:24    0.00s  0.65s 0.11s sshd: slynux
slynux    tty7    :0       07:08    1:45m  3.28s 0.26s bash
```

第一行列出了当前时间、系统运行时间、当前登录的用户数量以及过去的1/5/15分钟内的系统平均负载。接下来在每一行中显示了每个登录会话的详细信息，其中包括登录名、TTY、远程主机、登录时间、空闲时间、该用户登录后所使用的总CPU时间、当前运行进程所使用的CPU时间以及进程所对应的命令行。

> uptime命令输出中的平均负载（load average）是表明系统负载量的一个参数。在第10章我们会对此进行详细地解释。

(3) users命令只列出当前的登录用户列表：

```
$ users
slynux slynux slynux hacker
```

如果某个用户有多个登录会话，不管是远程登录还是打开了多个终端窗口，那么该用户会被多次显示。在上面的输出中，用户slynux打开了3个终端会话。排除重复用户的最简单的方法是使用sort和uniq进行过滤：

```
$ users | tr ' ' '\n' | sort | uniq
slynux
```

```
hacker
```

利用tr将' '替换成'\n'，然后用sort和uniq为每个用户生成唯一的输出。

(4) uptime命令可以查看系统的加电运行时长：

```
$ uptime
21:44:33 up 6 days, 11:53, 8 users, load average: 0.09, 0.14,
0.09
```

单词up之后的时间表明了系统已经加电运行了多久。我们可以编写一个简单的单行脚本来提取运行时间：

```
$ uptime | sed 's/.*up \(.*\),.*users.*/\1/'
```

sed使用单词up与第二个逗号（单词users之前）之间的内容替换掉整行文本。

(5) last命令可以获取自文件/var/log/wtmp创建之后登录过系统的用户列表。这可能会追溯到一年之前（甚至更久）：

```
$ last
aku1 pts/3  10.2.1.3     Tue May 16 08:23 - 16:14 (07:51)
cfly pts/0  cflynt.com   Tue May 16 07:49   still logged in
dgpx pts/0  10.0.0.5     Tue May 16 06:19 - 06:27 (00:07)
stvl pts/0  10.2.1.4     Mon May 15 18:38 - 19:07 (00:29)
```

last命令会输出登录用户、用户所使用的tty、登录位置（IP地址或本地终端）、登录时间、登出时间、会话时长。伪用户名reboot表示系统重启。

(6) last命令也可以获取指定用户信息：

```
$ last USER
```

(7) 上述命令中的USER可以是系统真实用户，也可以是伪用户reboot：

```
$ last reboot
reboot    system boot  2.6.32-21-generi Tue Sep 28 18:10 - 21:48
(03:37)
reboot    system boot  2.6.32-21-generi Tue Sep 28 05:14 - 21:48
(16:33)
```

(8) lastb命令可以获取失败的用户登录会话信息：

```
# lastb
test     tty8        :0              Wed Dec 15 03:56 - 03:56
(00:00)
slynux   tty8        :0              Wed Dec 15 03:55 - 03:55
(00:00)
```

你必须以root用户的身份运行lastb。

last和lastb输出的都是文件/var/log/wtmp的内容。默认输出事件发生的月份、天数和时间。但是该文件中可能包含了长达数年的数据，只使用"月份/天数"这种格式会造成混淆。

选项-F可以输出完整的日期：

```
# lastb -F
hacker    tty0        1.2.3.4              Sat Jan 7 11:50:53 2017 -
Sat Jan 7 11:50:53 2017 (00:00)
```

9.5　列出 1 小时内占用 CPU 最多的 10 个进程

CPU是另一种会被失常进程（misbehaving process）耗尽的资源。Linux支持一些能够识别并对长期占用CPU的进程施加控制的命令。

9.5.1　预备知识

ps命令能够显示出系统中进程的详细信息。这些信息包括CPU使用情况、所执行的命令、内存占用、进程状态等。可以在脚本中使用ps命令识别出在一小时内占用CPU最多的进程。关于ps命令的更多细节，请参考第10章。

9.5.2　实战演练

让我们看看用于监视并计算一小时内CPU使用情况的shell脚本：

```
#!/bin/bash
#文件名：pcpu_usage.sh
#用途：计算1个小时内进程的CPU占用情况

#将SECS更改成需要进行监视的总秒数
#UNIT_TIME是取样的时间间隔，单位是秒

SECS=3600
UNIT_TIME=60

STEPS=$(( $SECS / $UNIT_TIME ))

echo Watching CPU usage... ;

#采集数据，存入临时文件

for((i=0;i<STEPS;i++))
do
  ps -eocomm,pcpu | egrep -v '(0.0)|(%CPU)' >> /tmp/cpu_usage.$$
  sleep $UNIT_TIME
done
```

```
#处理采集到的数据
echo
echo CPU eaters :

cat /tmp/cpu_usage.$$ | \
awk '
{ process[$1]+=$2; }
END{
  for(i in process)
  {
    printf("%-20s %s\n",i, process[i]) ;
  }

  }' | sort -nrk 2 | head

#删除临时日志文件
rm /tmp/cpu_usage.$$
```

输出如下:

```
$ ./pcpu_usage.sh
Watching CPU usage...
CPU eaters :
Xorg           20
firefox-bin    15
bash           3
evince         2
pulseaudio     1.0
pcpu.sh        0.3
wpa_supplicant 0
wnck-applet    0
watchdog/0     0
usb-storage    0
```

9.5.3　工作原理

CPU 的使用情况是由第一个循环负责生成的,该循环的执行时长为 1 小时(3600 秒)。每隔 1 分钟,命令 ps -eocomm,pcpu 就会产生一份系统活动报告。选项 -e 指定采集所有进程的数据,而不仅限于本次会话的进程。选项 -o 指定了输出格式。其中,comm 指定输出命令名,pcpu 指定输出 CPU 占用率。ps 命令为每个进程输出一行,其中包含命令名及进程当时的 CPU 占用率。然后使用 grep 过滤这些行,删除未占用 CPU 的行(%CPU 为 0.0)以及头部信息 COMMAND %CPU。处理后的结果被追加到临时文件中。

临时文件名为 /tmp/cpu_usage.$$。其中,$$ 是一个 shell 变量,值为当前脚本的进程 ID(PID)。如果脚本的 PID 是 1345,那么临时文件名就是 /tmp/cpu_usage.1345。

统计文件在 1 小时后就准备妥当了,文件中包含了 60 项,分别对应每分钟的系统状态。awk 计算出每个进程总的 CPU 使用情况并将其存入一个关联数组。该数组以进程名作为索引。最后根据总的CPU使用情况依数值执行逆序排序并利用head获得前10项。

9.5.4   参考

- ❑ 4.6节讲解了awk命令。
- ❑ 3.13节讲解了tail命令。

9.6   使用 watch 监视命令输出

watch命令会按照指定的间隔时间来执行命令并显示其输出。你可以使用终端会话和第10章中描述的screen命令创建一个自定义的控制面板（dashboard），利用watch监视系统的运行情况。

9.6.1   实战演练

watch命令可以在终端中定时监视命令的输出。其语法如下：

```
$ watch COMMAND
```

例如：

```
$ watch ls
```

或者

```
$ watch 'df /home'
```

考虑下面的例子：

```
# 只列出目录
$ watch 'ls -l | grep "^d"'
```

命令默认每2秒更新一次输出。

我们可以用-n SECONDS指定更新输出的时间间隔。例如：

```
#以5秒为间隔，监视ls -l的输出
$ watch -n 5 'ls -l'
```

9.6.2   补充内容

watch命令可以与其他能够产生输出的命令配合使用。有些命令的输出会频繁发生变化，这些变化要比整个输出内容更为重要。watch命令能够着重标记出连续输出之间的差异。注意，这种标记只会持续到下次更新。

着重标记watch输出中的差异

选项-d能够着重标记出连续的命令输出之间的差异：

```
$ watch -d 'COMMANDS'

# 以30秒为间隔，着重标记出新的网络连接
$ watch -n 30 -d 'ss | grep ESTAB'
```

9.7 记录文件及目录访问情况

出于各种原因，我们需要清楚文件何时被访问。可能是出于备份的需要，也可能是因为想知道/bin中的文件是否被骇客修改过。

9.7.1 预备知识

inotifywait命令会监视文件或目录并报告何时发生了某种事件。Linux发行版默认并没有包含该命令，你得用软件包管理器自行安装inotify-tools。这个命令还需要Linux内核的支持。目前大多数新的GNU/Linux发行版已经将inotify支持编译进了内核。

9.7.2 实战演练

inotifywait命令可以用来监视目录：

```
#/bin/bash
#文件名：watchdir.sh
#用途：监视目录访问
path=$1
#将目录或文件路径作为脚本参数

inotifywait -m -r -e create,move,delete $path  -q
```

输出样例如下：

```
$ ./watchdir.sh .
./ CREATE new
./ MOVED_FROM new
./ MOVED_TO news
./ DELETE news
```

9.7.3 工作原理

上面的脚本能够记录指定路径中的创建、移动以及删除事件。选项-m表示持续监视变化，而不是在事件发生之后退出。选项-r允许采用递归形式监视目录（忽略符号链接）。选项-e指定需

要监视的事件列表。选项-q用于减少冗余信息，只打印出所需要的信息。命令输出可以被重定向到日志文件。

inotifywait能够监视的事件见表9-2。

表　9-2

事　件	描　述
access	读取文件
modify	文件内容被修改
attrib	文件元数据被修改
move	文件移动操作
create	创建新文件
open	文件打开操作
close	文件关闭操作
delete	文件被删除

9.8　使用 syslog 记录日志

与守护进程和系统进程相关的日志文件位于/var/log目录中。在Linux系统中，由守护进程syslogd使用**syslog**标准协议处理日志。每一个标准应用程序都可以利用syslogd记录日志。在这则攻略中，我们将讨论如何在脚本中用syslogd进行日志记录。

9.8.1　预备知识

日志文件有助于我们推断系统出现了什么故障。作为一种良好的实践，应当使用日志文件记录程序的执行过程。logger命令可以通过syslogd记录日志。

表9-3是一些标准的Linux日志文件。有些发行版采用了不同的文件名。

表　9-3

日志文件	描　述
/var/log/boot.log	系统启动信息
/var/log/httpd	Apache Web服务器日志
/var/log/messages	内核启动信息
/var/log/auth.log	用户认证日志
/var/log/secure	
/var/log/dmesg	系统启动信息
/var/log/mail.log	邮件服务器日志
/var/log/maillog	
/var/log/Xorg.0.log	X服务器日志

9.8.2 实战演练

在脚本中可以使用logger命令创建及管理日志。

(1) 向日志文件/var/log/messages中写入信息：

```
$ logger LOG_MESSAGE
```
例如：

```
$ logger This is a test log line
```

```
$ tail -n 1 /var/log/messages
Sep 29 07:47:44 slynux-laptop slynux: This is a test log line
```
/var/log/messages是一个通用日志文件。如果使用logger命令，它默认将日志写入/var/log/messages中。

(2) 选项-t可以定义消息标签：

```
$ logger -t TAG This is a message
```

```
$ tail -n 1 /var/log/messages
Sep 29 07:48:42 slynux-laptop TAG: This is a message
```

选项-p和/etc/rsyslog.d/目录下的配置文件决定了日志消息保存到何处。

如果需要保存到指定的文件中，请按照以下步骤操作：

❑ 在/etc/rsyslog.d/下创建一个新的配置文件；
❑ 在配置文件中添加模式并指定日志文件；
❑ 重启日志守护进程（syslogd）。

考虑下面的例子：

```
# cat /etc/rsyslog.d/myConfig
local7.* /var/log/local7
# cd /etc/init.d
# ./syslogd restart
# logger -p local7.info     #一行日志被写入/var/log/local7
```

(3) 选项-f可以将其他文件的内容记录到系统日志中：

```
$ logger -f /var/log/source.log
```

9.8.3 参考

3.13节讲解了head和tail命令。

9.9   使用 `logrotate` 管理日志文件

日志文件能够跟踪系统内出现的各种事件。这对于排查问题以及监视活动主机是必不可少的。随着时间的推移，日志文件会变得越来越大，记录的事件也会越来越多。旧数据相对而言并没有新数据那么重要，当日志文件达到一定大小的时候，可以将其重命名，然后删除最旧的那一部分。

9.9.1   预备知识

logrotate能够限制日志文件的大小。系统的日志记录程序将信息添加到日志文件的同时并不会删除先前的数据。日志文件因此会变得越来越大。logrotate命令根据配置文件扫描特定的日志文件。它只保留文件中最近添加的100KB内容（假设指定了SIZE = 100k），将多出的数据（旧的日志数据）不断移入新文件logfile_name.1。当该文件（logfile_name.1）中的内容超出了SIZE的限定，logrotate会将其重命名为logfile_name.2并再创建一个新的logfile_name.1[①]。logrotate命令还会将旧的日志文件压缩成logfile_name.1.gz、logfile_name.2.gz，以此类推。

9.9.2   实战演练

logrotate的配置文件位于/etc/logrotate.d/。大多数Linux发行版在该目录下还放置了很多其他文件。

我们可以为自己的日志文件（比如/var/log/program.log）编写一个自定义的配置：

```
$ cat /etc/logrotate.d/program
/var/log/program.log {
missingok
notifempty
size 30k
  compress
weekly
  rotate 5
create 0600 root root
}
```

这就是全部的配置。其中，/var/log/program.log指定了日志文件路径。logrotate会将旧日志文件的归档也放入同一个目录中。

9.9.3   工作原理

logrotate命令支持的配置项见表9-4。

----

① 这种方法叫作轮替（rotation）。

表 9-4

参 数	描 述
missingok	如果日志文件丢失，则忽略并返回（不对日志文件进行轮替）
notifempty	仅当源日志文件非空时才对其进行轮替
size 30k	限制执行轮替的日志文件的大小。可以用1M表示1MB
compress	允许用gzip压缩旧日志文件
weekly	指定执行轮替的时间间隔。可以是weekly、monthly、yearly或daily
rotate 5	需要保留的旧日志文件的归档数量。在这里指定的是5，所以这些文件名将会是program.log.1.gz、program.log.2.gz ... program.log.5.gz
create 0600 root root	指定所要创建的归档文件的权限、用户以及用户组

上表中给出了一些选项示例。更多的可用选项请参考logrotate的手册页（http://linux.die.net/man/ 8/logrotate）。

9.10 通过监视用户登录找出入侵者

日志文件可以收集系统状态以及攻击者的详细信息。

假设我们有一个能够通过SSH连接到Internet的系统。很多攻击者试图登入这个系统。我们需要设计一个入侵检测系统来识别登录失败的那些用户。出现这种行为的用户可能是采用字典攻击的骇客。这样的脚本应该生成包含以下细节信息的报告：

- 登录失败的用户；
- 尝试登录的次数；
- 攻击者的IP地址；
- IP地址所对应的主机名；
- 登录行为发生的时间。

9.10.1 预备知识

我们可以编写一个shell脚本，对日志文件进行扫描并从中采集所需的信息。登录细节都记录在/var/log/auth.log或/var/log/secure中。脚本从日志文件中找出失败的登录记录并进行分析。host命令可以用来将IP地址映射为主机名。

9.10.2 实战演练

入侵检测脚本如下：

```
#!/bin/bash
#文件名:intruder_detect.sh
#用途:入侵报告工具,以auth.log作为输入
AUTHLOG=/var/log/auth.log

if [[ -n $1 ]];
then
  AUTHLOG=$1
  echo Using Log file : $AUTHLOG
fi

# 采集失败的登录记录
LOG=/tmp/failed.$$.log
grep -v "Failed pass" $AUTHLOG > $LOG

# 提取登录失败的用户名
users=$(cat $LOG | awk '{ print $(NF-5) }' | sort | uniq)

# 提取登录失败用户的IP地址
ip_list="$(egrep -o "[0-9]+\.[0-9]+\.[0-9]+\.[0-9]+" $LOG | sort | uniq)"

printf "%-10s|%-3s|%-16s|%-33s|%s\n" "User" "Attempts" "IP address" \
    "Host" "Time range"

# 遍历登录失败的IP地址和用户

for ip in $ip_list;
do
  for user in $users;
    do
    # 统计来自该IP的用户尝试登录的次数

    attempts=`grep $ip $LOG | grep " $user " | wc -l`

    if [ $attempts -ne 0 ]
    then
      first_time=`grep $ip $LOG | grep " $user " | head -1 | cut -c-16`
      time="$first_time"
      if [ $attempts -gt 1 ]
      then
        last_time=`grep $ip $LOG | grep " $user " | tail -1 | cut -c-16`
        time="$first_time -> $last_time"
      fi
        HOST=$(host $ip 8.8.8.8 | tail -1 | awk '{ print $NF }' )
        printf "%-10s|%-3s|%-16s|%-33s|%-s\n" "$user" "$attempts" "$ip"\
            "$HOST" "$time";
    fi
  done
done

rm $LOG
```

输出结果如下:

```
Using Log file : secure
```

```
User  |Attempts|IP address|Host        |Time range
pi    |1      |10.251.90.93 |3(NXDOMAIN) |Jan  2 03:50:24
root  |1      |10.56.180.82 |2(SERVFAIL) |Dec 26 04:31:29
root  |6      |10.80.142.25 |example.com |Dec 19 07:46:49  -> Dec 19 07:47:38
```

9.10.3 工作原理

脚本intruder_detect.sh默认使用/var/log/auth.log作为输入。另外也可以用命令行参数来提供指定的日志文件。失败的登录记录被收集并存入临时文件中，以减少处理量。

如果登录失败，SSH会记录类似于下面的日志信息：

`sshd[21197]: Failed password for bob1 from 10.83.248.32 port 50035`

脚本会利用grep命令找出含有字符串Failed passw的行，然后将其放入/tmp/failed.$$.log中。

下一步是提取出登录失败的用户。awk命令提取出倒数第5个字段（用户名），通过管道将其传给sort和uniq，生成一个用户列表。

接下来，利用正则表达式和egrep命令提取出不重复的IP地址。

嵌套的for循环对所有的IP地址及用户名进行迭代，提取出每个IP地址与用户名的组合。如果某个IP/User（IP/用户名）组合尝试登录的次数大于0，使用grep、head和cut命令提取出第一次登录的时间。如果尝试登录的次数大于1，则使用tail提取出最后一次登录的时间。

尝试登录的详细信息通过printf命令进行格式化并输出。

最后，删除用到的临时文件。

9.11 监视远程磁盘的健康情况

磁盘总有一天会被塞满。哪怕是采用了RAID的存储系统，如果你不在其他磁盘出现故障之前替换掉有问题的部分，系统照样会出问题。监视存储系统的健康情况是管理员的工作之一。

如果有一个自动化脚本能够检查网络上的设备并生成一行报告，其中包括日期、主机IP地址、设备、设备容量、占用空间、剩余空间、使用比例以及健康状况，那工作可就轻松多了。如果磁盘使用率不足80%，设备状态就为SAFE。如果磁盘空间即将用尽，需要引起注意，则设备状态为ALERT。

9.11.1 预备知识

脚本使用SSH登录远程系统，采集每台主机的磁盘使用情况，然后写入中央主机的日志文件中。可以将该脚本调度为特定时间执行。

远程主机中必须有一个公用账户，以便脚本disklog能够登入系统采集数据。我们可以为该账户配置SSH自动登录（8.10节讲解了SSH自动登录的方法）。

9.11.2 实战演练

下面是实现代码：

```bash
#!/bin/bash
#文件名：disklog.sh
#用途：监视远程系统的磁盘使用情况

logfile="diskusage.log"

if [[ -n $1 ]]
then
  logfile=$1
fi

    #使用环境变量或是采用硬编码的方式指定用户名
user=$USER

#提供远程主机的IP地址列表
IP_LIST="127.0.0.1 0.0.0.0"
#或者在脚本运行时使用nmap收集
#IP_LIST=`nmap -sn 192.168.1.2-255 | grep scan | grep cut -c22-`

if [ ! -e $logfile ]
then
  printf "%-8s %-14s %-9s %-8s %-6s %-6s %-6s %s\n" \
    "Date" "IP address" "Device" "Capacity" "Used" "Free" \
    "Percent" "Status" > $logfile
fi
 (
for ip in $IP_LIST;
do
 ssh $user@$ip 'df -H' | grep ^/dev/ > /tmp/$$.df

 while read line;
 do
 cur_date=$(date +%D)
 printf "%-8s %-14s " $cur_date $ip
 echo $line | \
      awk '{ printf("%-9s %-8s %-6s %-6s %-8s",$1,$2,$3,$4,$5); }'

 pusg=$(echo $line | egrep -o "[0-9]+%")
 pusg=${pusg/\%/};
 if [ $pusg -lt 80 ]
 then
 echo SAFE
 else
 echo ALERT
```

```
 fi

 done< /tmp/$$.df
done

) >> $logfile
```

cron命令能够定时调度脚本执行。例如，要想在每天上午10点运行该脚本，可以在crontab中写入以下条目：

```
00 10 * * * /home/path/disklog.sh /home/user/diskusg.log
```

执行命令crontab -e，添加上面一行。

你也可以手动执行脚本：

$ ./disklog.sh

脚本的输出如下：

```
01/18/17 192.168.1.6    /dev/sda1    106G    53G    49G    52%    SAFE
01/18/17 192.168.1.6    /dev/md1     958G   776G   159G    84%    ALERT
```

9.11.3　工作原理

脚本disklog.sh可以接受以命令行参数形式指定的日志文件，否则就使用默认的日志文件。-e $logfile用来检查文件是否存在。如果不存在，则使用头部信息初始化日志文件。远程主机的IP地址列表可以硬编码进IP_LIST变量中，彼此之间以空格分隔；也可以使用nmap命令扫描网络，获取可用的节点。如果选择使用后者，需要根据你所在的网络调整IP地址范围。

for循环用来迭代每个IP地址。通过ssh在每个远程主机上执行命令df -H来获取磁盘使用情况。df的输出被保存在临时文件中。while循环逐行读取该文件并调用awk提取、打印相关数据。egrep命令提取磁盘使用率并删除其中的%。如果这个值不足80，将这一行标记为SAFE；否则，标记为ALERT。整个输出必须被重定向到文件$logfile中。因此将for循环放入子shell()中，并将标准输出重定向到日志文件。

9.11.4　参考

10.8节讲解了crontab命令。

9.12　确定系统中用户的活跃时段

这则攻略利用系统日志找出每个用户在服务器上停留了多久，并根据时间长短对其划分等

级，最后生成一份报告，其中包括等级、用户名、首次登录时间、最后登录时间、登录次数以及
总使用时长。

9.12.1   预备知识

有关用户会话的原始数据以二进制格式保存在文件/var/log/wtmp中。last命令可以返回登录
会话的详细信息。通过累计各用户的会话时长，就能得出他们的总使用时间。

9.12.2   实战演练

下面这个脚本可以找出活跃用户并生成报告：

```
#!/bin/bash
#用户名：active_users.sh
#用途:查找活跃用户

log=/var/log/wtmp

if [[ -n $1 ]];
then
  log=$1
fi

printf "%-4s %-10s %-10s %-6s %-8s\n" "Rank" "User" "Start" \
 "Logins" "Usage hours"

last -f $log | head -n -2   > /tmp/ulog.$$

cat /tmp/ulog.$$ |   cut -d' ' -f1 | sort | uniq> /tmp/users.$$

(
while read user;
do
  grep ^$user /tmp/ulog.$$ > /tmp/user.$$
  minutes=0

  while read t
  do
    s=$(echo $t | awk -F: '{ print ($1 * 60) + $2 }')
    let minutes=minutes+s
  done< <(cat /tmp/user.$$ | awk '{ print $NF }' | tr -d ')(')

  firstlog=$(tail -n 1 /tmp/user.$$ | awk '{ print $5,$6 }')
  nlogins=$(cat /tmp/user.$$ | wc -l)
  hours=$(echo "$minutes / 60.0" | bc)

  printf "%-10s %-10s %-6s %-8s\n"  $user "$firstlog" $nlogins $hours
done< /tmp/users.$$
```

```
) | sort -nrk 4 | awk '{ printf("%-4s %s\n", NR, $0) }'
rm /tmp/users.$$ /tmp/user.$$ /tmp/ulog.$$
```

输出如下：

```
$ ./active_users.sh
Rank User        Start     Logins Usage hours
1    easyibaa    Dec 11    531    349
2    demoproj    Dec 10    350    230
3    kjayaram    Dec 9     213    55
4    cinenews    Dec 11    85     139
5    thebenga    Dec 10    54     35
6    gateway2    Dec 11    52     34
7    soft132     Dec 12    49     25
8    sarathla    Nov 1     45     29
9    gtsminis    Dec 11    41     26
10   agentcde    Dec 13    39     32
```

9.12.3 工作原理

脚本active_users.sh接收以命令行参数形式提供的日志文件，否则就读取默认的日志文件/var/log/wtmp。命令last -f用来提取日志文件的内容。日志文件的第一列是用户名。cut命令可以从中提取第一列，然后用sort和uniq命令生成一份不重复的用户列表。

脚本中的外部循环用于迭代用户。对于每个用户，使用grep命令提取针对其的日志行。

日志文件中每行的最后一列是登录会话的时长。内部的while read t循环负责累加时长。

会话时长采用的格式为(HOUR:SEC)。这个值（最后一个字段）由awk输出，通过管道将其传给tr -d，后者负责删除两侧的括号。另一个awk命令将字符串HH:MM转换成分钟，然后let命令得出总的分钟数。循环结束后，通过将$minutes除以60，把总分钟数转换成小时数。

用户的首次登录时间位于临时文件的最后一行。这可以使用tail和awk来提取。登录次数就是文件的行数，用wc就能够计算出来。

要根据总的使用时间来为用户排序，sort命令的-nr选项指定按照数值逆序排列，-k4指定排序列（使用时长）。最后，sort的输出被传给awk，后者为每一行添加上行号，这个行号就是每一位用户的排名。

9.13 电源使用情况的测量与优化

对于像笔记本电脑和平板电脑这类移动设备来说，电池容量可谓是重要资源。Linux系统提供了能够测量电源消耗的工具，powertop就是其中之一。

9.13.1 预备知识

在很多Linux发行版中都没有包含powertop，你得使用包管理器自行安装。

9.13.2 实战演练

powertop能够测量每个电源模块的消耗，支持交互式的电源优化。

如果不加任何选项，powertop将直接在终端上输出：

```
# powertop
```

powertop会开始测量并显示出有关电源使用情况、耗电最多的进程等详细信息：

```
PowerTOP 2.3 Overview Idle stats Frequency stats Device stats Tunable

Summary: 1146.1 wakeups/sec, 0.0 GPU ops/secs, 0.0 VFS ops/sec and 73.0% C

Usage Events/s Category Description
407.4 ms/s 258.7 Process /usr/lib/vmware/bin/vmware
64.8 ms/s 313.8 Process /usr/lib64/firefox/firefox
```

选项-html会使得powertop测量一段时间，然后生成一份默认名称为PowerTOP.html的HTML报表，你可以使用Web浏览器来查看：

```
# powertop --html
```

你可以在交互模式中优化电源使用。在powertop运行时，可以使用箭头或tab键切换到Tunables标签。该标签下包含了一系列可由powertop调节的属性，以此降低电源消耗。选中希望调节的属性，按回车键将属性值从Bad切换到Good。

> 如果想监视可移动设备的电池消耗情况，需要拔掉设备的充电器，让powertop对电池进行测量。

9.14 监视磁盘活动

监视类工具流行的命名方式以单词top（一个进程监视命令）作为结尾，依照这种命名习惯，磁盘I/O监视工具就叫作iotop。

9.14.1 预备知识

在大多数Linux发行版中都不包含iotop，你得使用包管理器自行安装。该命令要求root权限，因此需要使用sudo或切换到root用户。

9.14.2 实战演练

`iotop`可以持续进行监视，也可以生成固定时间段的监视报告。

(1) 持续监视：

```
# iotop -o
```

`iotop`的`-o`选项只显示出那些正在进行I/O活动的进程。该选项有助于减少输出干扰。

(2) 选项`-n`指示`iotop`执行*N*次后退出：

```
# iotop -b -n 2
```

(3) 选项`-p`可以监视特定进程：

```
# iotop -p PID
```

PID是你想要监视的进程。

> 在如今大多数的Linux发行版中，不需要先查找PID，然后再提供给`iotop`。你可以使用`pidof`命令将上面的命令写作：
>
> ```
> # iotop -p 'pidof cp'
> ```

9.15 检查磁盘及文件系统错误

Linux文件系统极其健壮。但这并不代表文件系统不会损坏，数据不会丢失。越早发现问题，损失就越小。

9.15.1 预备知识

检查文件系统的标准工具是`fsck`。所有的Linux发行版中都已经安装了该命令。注意，`fsck`需要以root身份或是通过`sudo`执行。

9.15.2 实战演练

如果文件系统长时间没有检查或是出于某种原因（电源故障导致的不安全重启）怀疑文件系统有损坏，Linux会在启动的时候自动执行`fsck`。你也可以手动执行该命令。

(1) 要检查分区或文件系统的错误，只需要将路径作为`fsck`的参数：

```
# fsck /dev/sdb3
fsck from util-linux 2.20.1
e2fsck 1.42.5 (29-Jul-2012)
HDD2 has been mounted 26 times without being checked, check forced.
```

```
Pass 1: Checking inodes, blocks, and sizes
Pass 2: Checking directory structure
Pass 3: Checking directory connectivity
Pass 4: Checking reference counts
Pass 5: Checking group summary information
HDD2: 75540/16138240 files (0.7% non-contiguous),
48756390/64529088 blocks
```

(2) 选项-A可以检查/etc/fstab中配置的所有文件系统：

```
# fsck -A
```

该命令会依次检查/etc/fstab中列出的文件系统。fstab文件定义了磁盘分区与挂载点之间的映射关系。它用于在系统启动的过程中挂载文件系统。

(3) 选项-a指示fsck尝试自动修复错误，无需询问用户是否进行修复。使用这个选项的时候要小心：

```
# fsck -a /dev/sda2
```

(4) 选项-N可以模拟fsck要执行的操作：

```
# fsck -AN
fsck from util-linux 2.20.1
[/sbin/fsck.ext4 (1) -- /] fsck.ext4 /dev/sda8
[/sbin/fsck.ext4 (1) -- /home] fsck.ext4 /dev/sda7
[/sbin/fsck.ext3 (1) -- /media/Data] fsck.ext3 /dev/sda6
```

9.15.3   工作原理

fsck不过是各种文件系统特定的fsck程序的一个前端应用而已。当执行fsck时，它会自动检测文件系统类型并执行对应的fsck.fstype命令，其中fstype是文件系统的类型。如果我们在ext4文件系统上执行fsck，它最终会调用fsck.ext4命令。

正因为如此，你会发现fsck只支持所有这些特定文件系统工具所共有的选项。要查找更详细的选项，请参考特定工具（如fsck.ext4）的手册页。

尽管很少见，但是fsck也有可能会弄丢数据或是使已经受损的文件系统雪上加霜。如果怀疑文件系统有严重问题，先别急着直接执行fsck，而是应该使用选项-N模拟fsck将要执行的修复操作。如果fsck的报告中出现无法修复的问题或是其中包含被破坏的目录结构，你可能需要以只读模式挂载设备，尝试从中提取出重要的数据。

9.16   检查磁盘健康情况

现代磁盘驱动器能够常年不出故障，但如果出现问题，那就是场灾难。现代磁盘驱动器中都包含了SMART（Self-Monitoring, Analysis, and Reporting Technology，自我监测、分析及报告技术），这种技术能够监视磁盘健康情况，可以让你在出现重大故障之前替换掉不正常的驱动器。

9.16.1　预备知识

Linux可以通过smartmontools软件包与驱动器中的SMART打交道。大多数发行版中默认已经安装了该工具。如果没有，所以可以使用包管理器自行安装：

```
apt-get install smartmontools
```

或者也可以

```
yum install smartmontools
```

9.16.2　实战演练

smartmontools的用户接口是smartctl应用程序。该应用会检测磁盘并报告设备状况。

因为smartctl需要访问原始磁盘设备，所以你必须以root身份执行。

选项-a会报告设备的全部状态信息：

```
$ smartctl -a /dev/sda
```

命令输出中有基本信息的标题、原始数据值以及检测结果。标题涵盖了被检测设备的各种细节信息以及该报告的时间戳：

```
smartctl 5.43 2012-06-30 r3573 [x86_64-linux-2.6.32-
642.11.1.el6.x86_64] (local build)
Copyright (C) 2002-12 by Bruce Allen,
http://smartmontools.sourceforge.net

=== START OF INFORMATION SECTION ===
Device Model:     WDC WD10EZEX-00BN5A0
Serial Number:    WD-WCC3F1HHJ4T8
LU WWN Device Id: 5 0014ee 20c75fb3b
Firmware Version: 01.01A01
User Capacity:    1,000,204,886,016 bytes [1.00 TB]
Sector Sizes:     512 bytes logical, 4096 bytes physical
Device is:        Not in smartctl database [for details use: -P
showall]
ATA Version is:   8
ATA Standard is:  ACS-2 (unknown minor revision code: 0x001f)
Local Time is:    Mon Jan 23 11:26:57 2017 EST
SMART support is: Available - device has SMART capability.
SMART support is: Enabled
...
```

原始数据值包括错误计数、准备时间（spin-up time）[1]、加电时间等。最后两列（WHEN_FAILED 和RAW_VALUE）尤为值得注意。下面例子中的设备加电时长为9823小时。它重启了11次（服务器设备不会频繁地重启），当前温度为30摄氏度。如果加电时长接近于制造商给定的平均故障间隔时间（Mean Time Between Failure，MTBF），就该考虑更换设备或是将其移入重要性较低的系统中。如果Power Cycle Count（加电次数总和）在重启之后增加了，这表明电源或线缆有问题。如果温度升高，应该考虑检查一下设备的安放环境。有可能是散热风扇坏了或是过滤器堵住了：

```
ID#   ATTRIBUTE_NAME        FLAG      VALUE WORST THRESH TYPE      UPDATED
      WHEN_FAILED   RAW_VALUE

  9   Power_On_Hours        0x0032    087   087   000    Old_age   Always
      -             9823

 12   Power_Cycle_Count     0x0032    100   100   000    Old_age   Always
      -             11

194   Temperature_Celsius   0x0022    113   109   000    Old_age   Always
      -             30
```

命令输出的最后一部分是检测结果：

```
SMART Error Log Version: 1
No Errors Logged

SMART Self-test log structure revision number 1

Num  Test_Description    Status                   Remaining  LifeTime(hours)
        LBA_of_first_error
# 1  Extended offline    Completed without error     00%        9825
        -
```

选项-t可以强迫SMART设备进行自检。这不会伤害到磁盘，并可以在提供服务的同时执行。SMART设备的检测可长可短。短期检测只需要几分钟时间，长期检测在大容量设备上可能得花个把小时甚至更久：

```
$ smartctl -t [long][short] DEVICE

$ smartctl -t long /dev/sda

smartctl 5.43 2012-06-30 r3573 [x86_64-linux-2.6.32-642.11.1.el6.x86_64]
(local build)
Copyright (C) 2002-12 by Bruce Allen, http://smartmontools.sourceforge.net

=== START OF OFFLINE IMMEDIATE AND SELF-TEST SECTION ===
Sending command: "Execute SMART Extended self-test routine immediately in
off-line mode".
Drive command "Execute SMART Extended self-test routine immediately in off-
line mode" successful.
```

---

[1] spin-up time指的是硬盘主轴马达的转速从0加速到正常转速时所用的时间。这段时间内不能进行读写，必须一直等待，直到转速正常。

```
Testing has begun.
Please wait 124 minutes for test to complete.
Test will complete after Mon Jan 23 13:31:23 2017

Use smartctl -X to abort test.
```

这次检测将耗时两个小时多一些，检测结果可以通过命令smartctl -a查看。

9.16.3　工作原理

现代的磁盘存储设备可绝不单是一个旋转的金属盘片。其中还包括CPU、ROM、内存以及定制的信号处理芯片。smartctl命令与运行在磁盘设备CPU上的小型操作系统交互，请求检测并报告检测结果。

9.17　获取磁盘统计数据

smartctl命令可以检测磁盘并给出很多磁盘统计数据。hdparm命令能够给出更多的此类数据并检查磁盘在系统中的执行状况，这可能会受到控制器芯片、线缆等因素的影响。

9.17.1　预备知识

大多数Linux发行版中都包含hdparm命令。你必须以root身份执行该命令。

9.17.2　实战演练

选项-I可以给出设备的基本信息：

```
$ hdparm -I DEVICE
$ hdparm -I /dev/sda
```

下面的输出展示了部分报告数据。其中设备型号以及固件和smartctl的报告结果一样。configuration部分包括在分区和格式化之前可以调校的参数：

```
/dev/sda:

ATA device, with non-removable media
 Model Number:       WDC WD10EZEX-00BN5A0
 Serial Number:      WD-WCC3F1HHJ4T8
 Firmware Revision:  01.01A01
 Transport:          Serial, SATA 1.0a, SATA II Extensions, SATA Rev 2.5,
SATA Rev 2.6, SATA Rev 3.0
 Standards:
 Used: unknown (minor revision code 0x001f)
 Supported: 9 8 7 6 5
```

```
Likely used: 9
Configuration:
 Logical max current
 cylinders 16383 16383
 heads  16 16
 sectors/track 63 63
 --
 CHS current addressable sectors:    16514064
 LBA user addressable sectors:       268435455
 LBA48 user addressable sectors:     1953525168
 Logical Sector size:                     512 bytes
 Physical Sector size:                   4096 bytes
 device size with M = 1024*1024:      953869 MBytes
 device size with M = 1000*1000:     1000204 MBytes (1000 GB)
 cache/buffer size = unknown
 Nominal Media Rotation Rate: 7200

 ...
Security:
 Master password revision code = 65534
   supported
not enabled
not locked
not frozen
not expired: security count
   supported: enhanced erase
 128min for SECURITY ERASE UNIT. 128min for ENHANCED SECURITY ERASE UNIT.
Logical Unit WWN Device Identifier: 50014ee20c75fb3b
 NAA : 5
 IEEE OUI : 0014ee
 Unique ID : 20c75fb3b
Checksum: correct
```

9.17.3　工作原理

　　hdparm命令是一个内核库和模块的用户接口。它支持修改参数以及输出报告。在修改设备参数时一定要格外小心。

9.17.4　补充内容

　　hdparm命令可以测试磁盘性能。选项-t和-T能够分别测试缓冲与缓存读操作（buffered and cached read）：

```
# hdparm -t /dev/sda
Timing buffered disk reads: 486 MB in 3.00 seconds = 161.86 MB/sec

# hdparm -T /dev/sda
Timing cached reads:  26492 MB in  1.99 seconds = 13309.38 MB/sec
```

## 第 10 章

管理重任

10

本章内容

- ❑ 收集进程信息
- ❑ which、whereis、whatis与file
- ❑ 杀死进程以及发送和响应信号
- ❑ 向用户终端发送消息
- ❑ /proc文件系统
- ❑ 收集系统信息
- ❑ 使用cron进行调度

- ❑ 数据库的形式及用法
- ❑ 读写SQLite数据库
- ❑ 读写MySQL数据库
- ❑ 用户管理脚本
- ❑ 图像文件的批量缩放及格式转换
- ❑ 终端截图
- ❑ 集中管理多个终端

10.1 简介

　　GNU/Linux的生态系统是由网络、硬件、负责分配资源的操作系统内核、接口模块、系统实用工具以及用户程序所组成的。系统管理员需要监视整个系统，保证所有一切都井然有序。Linux的管理工具从大包大揽的GUI应用到设计用于脚本编程的命令行工具，不一而足。

10.2 收集进程信息

10

　　进程是程序的运行实例（running instance）。运行在计算机中的多个进程都被分配了一个称为**进程ID（PID）**的唯一标识数字。同一个程序的多个实例可以同时运行，但是它们各自拥有不同PID和属性。进程属性包括拥有该进程的用户、进程使用的内存数量、进程占用的CPU时间等。这则攻略展示了如何收集进程的相关信息。

10.2.1 预备知识

　　和进程管理相关的重要命令是top、ps和pgrep。这些命令在所有的Linux发行版中都可以找到。

10.2.2　实战演练

ps可以报告活跃进程的相关信息。这些信息包括：拥有进程的用户、进程的起始时间、进程对应的命令路径、PID、进程所属的终端（TTY）、进程使用的内存、进程占用的CPU等。例如：

```
$ ps
  PID TTY          TIME CMD
 1220 pts/0    00:00:00 bash
 1242 pts/0    00:00:00 ps
```

ps命令默认只显示从当前终端所启动的进程。第一列是PID，第二列是TTY，第三列是进程的运行时长，最后一列是CMD（进程所对应的命令）。

可以使用命令行参数来修改ps命令的输出。

选项-f（full）可以显示多列信息：

```
$ ps -f
UID        PID  PPID  C STIME TTY          TIME CMD
slynux    1220  1219  0 18:18 pts/0    00:00:00 -bash
slynux    1587  1220  0 18:59 pts/0    00:00:00 ps -f
```

选项-e（every）和-ax（all）能够输出系统中运行的所有进程信息。

> 选项-x（配合-a）可以解除ps默认设置的TTY限制。通常如果使用不带参数的ps命令，只能打印出属于当前终端的进程。

命令ps -e、ps -ef、ps -ax以及ps -axf都能够生成包含所有进程的报告，提供比ps更多的信息：

```
$ ps -e | head -5
PID TTY       TIME CMD
1 ?        00:00:00  init
2 ?        00:00:00  kthreadd
3 ?        00:00:00  migration/0
4 ?        00:00:00  ksoftirqd/0
```

选项-e产生的输出内容很多。我们使用head进行了过滤，只列出了其中的前5项。

选项-o PARAMETER1,PARAMETER2可以指定显示哪些数据。

> -o的参数以逗号（,）作为分隔符。逗号与接下来的参数之间是没有空格的。
>
> 选项-o可以和选项-e配合使用（-oe）来列出系统中运行的所有进程。但如果在-o中需要使用过滤器，例如列出特定用户拥有的进程，那就不能再搭配-e了。因为-e和过滤器结合使用没有任何实际效果，依旧会显示所有的进程。

在下面的例子中，comm代表COMMAND，pcpu代表CPU占用率：

```
$ ps -eo comm,pcpu | head -5
COMMAND          %CPU
init             0.0
kthreadd         0.0
migration/0      0.0
ksoftirqd/0      0.0
```

10.2.3 工作原理

选项-o可以使用不同的参数，这些参数及其描述如表10-1所示。

表 10-1

参 数	描 述
pcpu	CPU占用率
pid	进程ID
ppid	父进程ID
pmem	内存使用率
comm	可执行文件名
cmd	简单命令[1]
user	启动进程的用户
nice	优先级
time	累计的CPU时间
etime	进程启动后运行的时长
tty	所关联的TTY设备
euid	有效用户ID
stat	进程状态

10.2.4 补充内容

ps可以配合grep以及其他工具生成定制的报告。

1. 显示进程的环境变量

有些进程依赖于所定义的环境变量。了解这些环境变量及其取值有助于调试或定制进程。

ps命令通常并不会显示进程的环境信息。输出修饰符e可以将其添加到命令尾部：

```
$ ps e
```

[10]

---

[1] 简单命令是我们平时使用最频繁的一类命令。它是由空白字符分隔的一系列单词，以shell控制操作符作为结尾。第一个单词指定要执行的命令，余下的单词作为命令参数。shell控制操作符可以是换行符，或者是||、&&、&、;、;;、|、|&、（、）。详情可参阅Bash Reference Manual，3.2.1节。

请看下面的例子：

```
$ ps -eo pid,cmd e | tail -n 1
1238 -bash USER=slynux LOGNAME=slynux HOME=/home/slynux
PATH=/usr/local/sbin:/usr/local/bin:/usr/sbin:/usr/bin:/sbin:/bin
MAIL=/var/mail/slynux SHELL=/bin/bash SSH_CLIENT=10.211.55.2 49277 22
SSH_CONNECTION=10.211.55.2 49277 10.211.55.4 22 SSH_TTY=/dev/pts/0
```

环境信息可以帮助跟踪apt-get包管理器在使用过程中出现的问题。如果你是通过HTTP代理连接到Internet，你也许需要使用http_proxy=host:port来设置环境变量。如果没有设置的话，apt-get会无法找到代理服务器，进而返回错误信息。只要知道了是没有设置http_proxy，问题就好解决了。

当使用如cron（本章随后会介绍）这类调度工具运行应用程序时，有可能忘了设置所需的环境变量。下面的crontab条目就无法打开基于GUI窗口的应用：

```
00 10 * * * /usr/bin/windowapp
```

因为GUI应用需要使用环境变量DISPLAY。要想确定都需要哪些环境变量，可以先手动运行windowapp，然后使用命令ps -C windowapp -eo cmd e。

确定了所需的环境变量之后，将其定义在crontab中的命令之前：

```
00 10 * * * DISPLAY=:0 /usr/bin/windowapp
```

或者

```
DISPLAY=:0
00 10 * * * /usr/bin/windowapp
```

环境变量定义DISPLAY=:0是从ps命令的输出中得到的。

2. 创建进程树状视图

ps命令能够输出进程的PID，但是从子进程一直跟踪到最终的父进程是一件非常枯燥的事。在ps命令的尾部加上f就可以创建进程的树状视图，显示出任务之间的父子关系。下面的例子展示了bash shell所调用的ssh会话，前者运行在xterm中：

```
$ ps -u clif f | grep -A2 xterm | head -3
15281   ?       S       0:00 xterm
15284 pts/20   Ss+     0:00 \_ bash
15286 pts/20   S+      0:18 \_ ssh 192.168.1.2
```

3. 对ps输出进行排序

ps命令的输出默认是没有经过排序的。选项--sort可以强制ps对输出排序。参数前的+表示升序，-表示降序：

```
$ ps [OPTIONS] --sort -paramter1,+parameter2,parameter3..
```

例如，要列出占用CPU最多的前5个进程：

```
$ ps -eo comm,pcpu --sort -pcpu | head -5
COMMAND          %CPU
Xorg             0.1
hald-addon-stor  0.0
ata/0            0.0
scsi_eh_0        0.0
```

输出中显示了依据CPU占用率进行降序排列的前5个进程。

`grep`可以过滤`ps`的输出。要想找出当前运行的所有Bash进程，可以使用：

```
$ ps -eo comm,pid,pcpu,pmem | grep bash
bash         1255   0.0  0.3
bash         1680   5.5  0.3
```

4. 根据真实用户/ID以及有效用户/ID过滤ps输出

`ps`命令可以根据指定的真实/有效用户名或ID（real and effective username or ID）对进程进行分组。通过检查每一条输出是否属于参数列表中指定的有效用户或真实用户，`ps`就能够过滤输出。

❑ 使用`-u EUSER1,EUSER2 ...`指定有效用户列表；
❑ 使用`-U RUSER1,RUSER2 ...`指定真实用户列表。

例如：

```
# 显示以root作为有效用户ID和真实用户ID的用户以及CPU占用率
$ ps -u root -U root -o user,pcpu
```

`-o`可以和`-e`结合成`-eo`的形式，但如果使用了过滤器，就不能再使用`-e`了，它会使过滤器选项失效。

5. 用TTY过滤ps输出

可以通过指定进程所属的TTY来选择`ps`的输出。选项`-t`可以指定TTY列表：

```
$ ps -t TTY1, TTY2 ..
```

例如：

```
$ ps -t pts/0,pts/1
  PID TTY          TIME CMD
 1238 pts/0    00:00:00 bash
 1835 pts/1    00:00:00 bash
 1864 pts/0    00:00:00 ps
```

6. 进程线程的相关信息

选项`-L`可以显示出线程的相关信息。该选项会在输出中添加一列LWP。如果再加上选项`-f`

（-LF），就会多显示出两列：NLWP（线程数量）和LWP（线程ID）。

```
$ ps -Lf
UID  PID  PPID LWP  C  NLWP STIME  TTY  TIME
    CMD
user 1611 1    1612 0  2    Jan16  ?    00:00:00
    /usr/lib/gvfs/gvfsd
```

下面的命令可以列出线程数最多的5个进程：

```
$ ps -eLf --sort -nlwp | head -5
UID        PID PPID   LWP  C  NLWP STIME TTY        TIME
    CMD
root       647    1   647  0    64 14:39 ?       00:00:00
    /usr/sbin/console-kit-daemon --no-daemon
root       647    1   654  0    64 14:39 ?       00:00:00
    /usr/sbin/console-kit-daemon --no-daemon
root       647    1   656  0    64 14:39 ?       00:00:00
    /usr/sbin/console-kit-daemon --no-daemon
root       647    1   657  0    64 14:39 ?       00:00:00
    /usr/sbin/console-kit-daemon --no-daemon
```

7. 指定输出宽度以及所要显示的列

ps命令包含多种可用于选择输出字段的选项。下面表10-2是一些常用的选项。

表   10-2

-f	显示完整格式，包括父进程的起始时间
-u userList	选择userList中的用户所拥有的进程。默认情况下，ps只针对当前用户
-l	长格式列表。显示用户ID、父进程PID、占用内存大小等内容

8. 找出特定命令对应的进程ID

假设某个命令有多个实例正在运行。在这种情况下，我们需要识别出这些进程的PID。ps和pgrep命令可以完成这项任务：

```
$ ps -C COMMAND_NAME
```

或者

```
$ ps -C COMMAND_NAME -o pid=
```

如果在pid后面加上=，这会去掉ps输出中PID一列的列名。要想移除某一列的列名，只需要把=放在对应参数的后面就行了。

下面的命令可以列出bash进程的PID：

```
$ ps -C bash -o pid=
 1255
 1680
```

pgrep命令也可以列出命令的进程ID列表：

```
$ pgrep bash
1255
1680
```

> pgrep只需要使用命令名的一部分作为参数，例如pgrep ash或pgrep bas都没问题。但是ps需要你输入准确的命令名。pgrep也支持输出过滤选项。

如果不使用换行符作为分隔符，那么可以使用选项-d来指定其他的输出分隔符：

```
$ pgrep COMMAND -d DELIMITER_STRING
$ pgrep bash -d ":"
1255:1680
```

选项-u可以过滤用户：

```
$ pgrep -u root,slynux COMMAND
```

其中，root和slynux都是用户名。

选项-c可以返回匹配的进程数量：

```
$ pgrep -c COMMAND
```

9. 确定系统繁忙程度

系统要么是处于空闲状态，要么是处于过载状态。load average的值描述了系统的负载情况。它指明了系统中可运行进程的平均数量。

uptime和top命令都可以显示平均负载。平均负载由3个值来指定，第1个值指明了1分钟内的平均值，第2个值指明了5分钟内的平均值，第3个值指明了15分钟内的平均值。

uptime命令的输出为：

```
$ uptime
12:40:53 up  6:16,  2 users,  load average: 0.00, 0.00, 0.00
```

10. top命令

默认情况下，top命令会列出CPU占用最高的进程列表以及基本的系统统计信息，其中包括总的任务数、CPU核心数以及内存占用情况。命令输出每隔几秒钟就会更新一次。

下面的命令显示出了一些系统统计信息以及CPU占用率最高的进程：

```
$ top
top - 18:37:50 up 16 days, 4:41,7 users,load average 0.08 0.05 .11
Tasks: 395 total, 2 running, 393 sleeping, 0 stopped 0 zombie
```

10.2.5　参考

10.8节讲解了如何调度任务。

10.3　which、whereis、whatis 与 file

有些文件可能会出现重名。因此，应该弄清楚被调用的是哪个可执行文件以及一个文件是编译过的二进制代码还是脚本。

实战演练

which、whereis、file与whatis命令可以给出文件和目录的相关信息。

❑ which

which命令用来找出某个命令的位置。

```
$ which ls
/bin/ls
```

我们通常在使用命令时，无需知道可执行文件所在的位置。根据对PATH变量的定义，你可以直接使用/bin、/usr/local/bin或/opt/PACKAGENAME/bin目录下的命令。

当输入命令时，终端会在一组目录中搜索并执行所找到的第一个可执行文件。这些目录由环境变量PATH指定：

```
$ echo $PATH
/usr/local/bin:/usr/bin:/bin:/usr/sbin:/sbin
```

我们可以添加搜索目录并导出新的PATH。如果要将/opt/bin添加到PATH中，可以使用以下命令：

```
$ export PATH=$PATH:/opt/bin
# 将/opt/bin添加到PATH中
```

❑ whereis

whereis与which命令类似，它不仅会返回命令的路径，还能够打印出其对应的命令手册以及源代码的路径（如果有的话）：

```
$ whereis ls
ls: /bin/ls /usr/share/man/man1/ls.1.gz
```

❑ whatis

whatis会输出指定命令的一行简短描述。这些信息是从命令手册中解析得来的：

```
$ whatis ls
ls (1)         - list directory contents
```

❑ file

file命令可以用来确定文件的类型，其语法如下：

$ file FILENAME

该命令返回的文件类型可能是几个单词也可能是一大段描述：

```
$file /etc/passwd
/etc/passwd: ASCII text
$ file /bin/ls
/bin/ls: ELF 32-bit LSB executable, Intel 80386, version 1
(SYSV), dynamically linked (uses shared libs), for GNU/Linux
2.6.15, stripped
```

> **apropos**
>
> 有时候我们需要搜索与某个主题相关的命令。apropos可以搜索包含指定关键字的手册页：
>
> apropos topic

10.4　杀死进程以及发送和响应信号

如果需要降低系统负载或是重启系统（如果进程行为失常，开始耗费过多资源），就得杀死进程。作为一种进程间通信机制，信号可以中断进程运行并强迫进程执行某些操作。这些操作就包括以受控的方式终止进程或立刻终止进程。

10.4.1　预备知识

信号能够中断正在运行的程序。当进程接收到一个信号时，它会执行对应的信号处理程序（signal handler）作为响应。编译型的应用程序使用系统调用kill生成信号。在命令行（或是shell脚本）中是通过kill命令来实现的。trap命令可以在脚本中用来处理所接收的信号。

每个信号都有对应的名字以及整数值。SIGKILL (9)信号会立即终止进程。Ctrl+C会发送信号中断任务[①]，Ctrl+Z会发送信号将任务置入后台。

10.4.2　实战演练

(1) kill -l命令可以列出所有可用的信号：

———————————

① Ctrl+C发送的是SIGINT信号。它和SIGKILL信号的区别在于后者不能被捕获，也不能被忽略。

```
$ kill -l
SIGHUP 2) SIGINT 3) SIGQUIT 4) SIGILL 5) SIGTRAP
...
```

(2) 终止进程：

```
$ kill PROCESS_ID_LIST
```

kill命令默认发送SIGTERM信号。进程ID列表中使用空格来分隔各个进程ID。

(3) 选项-s可以指定发送给进程的信号：

```
$ kill -s SIGNAL PID
```

参数SIGNAL可以是信号名或编号。尽管信号的用途各种各样，但常用的其实也就是那么几个。

❏ SIGHUP 1：对控制进程或终端的结束进行挂起检测（hangup detection）。
❏ SIGINT 2：当按下Ctrl+C时发送该信号。
❏ SIGKILL 9：用于强行杀死进程。
❏ SIGTERM 15：默认用于终止进程。
❏ SIGTSTP 20：当按下Ctrl+Z时发送该信号。

(4) 我们经常需要强行杀死进程，这样做的时候要小心。这种做法立刻生效，根本没有机会保存数据或执行通常的清理工作。应该先尝试使用SIGTERM，将SIGKILL留作最后一招：

```
$ kill -s SIGKILL PROCESS_ID
```

也可以使用下面的命令执行清理操作：

```
$ kill -9 PROCESS_ID
```

10.4.3 补充内容

Linux中还有其他一些可以发送信号或终止进程的命令。

1. kill命令系列

kill命令以进程ID作为参数。killall命令可以通过名字来终止进程：

```
$ killall process_name
```

选项-s可以指定要发送的信号。killall默认发送SIGTERM信号：

```
$ killall -s SIGNAL process_name
```

选项-9可以依照名字强行杀死进程：

```
$ killall -9 process_name
```

例如：

```
$ killall -9 gedit
```

选项-u可以指定进程所属用户：

```
$ killall -u USERNAME process_name
```

如果需要在杀死进程前进行确认，可以使用killall的-I选项。

pkill命令和kill命令类似，不过默认情况下pkill接受的是进程名，而非进程ID：

```
$ pkill process_name
$ pkill -s SIGNAL process_name
```

SIGNAL是信号编号。pkill不支持信号名，该命令的很多选项和kill一样。要了解更多详细信息，请参阅pkill的命令手册。

2. 捕获并响应信号

设计良好的程序在接收到SIGTERM信号时会保存好数据，然后放心地结束（shut down cleanly）。trap命令在脚本中用来为信号分配信号处理程序。一旦使用trap将某个函数分配给一个信号，那么当脚本运行收到该信号时，就会执行相应的函数。

命令语法如下：

```
trap 'signal_handler_function_name' SIGNAL_LIST
```

SIGNAL_LIST以空格分隔，它可以是信号编号或信号名。

下面是一个能够响应信号SIGINT的shell脚本：

```
#/bin/bash
#文件名: sighandle.sh
#用途: 信号处理程序

function handler()
{
  echo Hey, received signal : SIGINT
}

#$$是一个特殊变量，它可以返回当前进程/脚本的进程ID

echo My process ID is $$

#handler是信号SIGINT的信号处理程序的名称
trap 'handler' SIGINT

while true;
do
  sleep 1
done
```

10

在终端中运行该脚本。当脚本运行时，如果按Ctrl+C，就会显示一条消息，这是通过执行与信号关联的信号处理程序实现的。Ctrl+C会发出一个SIGINT信号。

通过使用一个无限循环while来保持进程运行。这样就可以使它能够响应另一个进程以异步方式发送的信号。用来保持进程一直处于活动状态的循环通常称为**事件循环（event loop）**。

如果给出了脚本的进程ID，我们可以用kill命令向其发送信号：

```
$ kill -s SIGINT PROCESS_ID
```

脚本sighandle.sh会在运行时输出自己的进程ID，或者也可以用ps命令找出它的进程ID。

如果没有为信号指定信号处理程序，那么将会调用由操作系统默认分配的信号处理程序。一般来说，按下Ctrl+C会终止程序，因为这是操作系统提供的处理程序的默认行为。不过这里我们自定义的信号处理程序覆盖了默认的信号处理程序。

我们能够通过trap命令为任何可用的信号（kill -l）定义处理程序。一个信号处理程序也可以处理多个信号。

10.5　向用户终端发送消息

Linux支持3种可以向其他用户显示消息的应用。write命令可以向一个用户发送消息，talk命令可以让两个用户展开会话，wall命令可以向所有用户发送消息。

在执行某些可能会造成影响的操作之前（比如重启服务器），系统管理员应该向所有的系统或网络用户的终端上发送一条信息。

10.5.1　预备知识

大多数Linux发行版中都包含write和wall命令。如果用户多次登录，你可能需要指定要将消息发往哪个终端。

who命令可以确定用户的终端：

```
$> who
user1  pts/0   2017-01-16 13:56 (:0.0)
user1  pts/1   2017-01-17 08:35 (:0.0)
```

第二列（pts/#）就是用户终端的名称。

write和wall命令只能作用在单个系统。talk命令可以连接网络上的用户。

talk命令通常并没有预装。talk命令以及talk服务器必须安装并运行在使用该应用的主机上。在基于Debian的系统中需要安装talk和talkd，在基于Red Hat的系统中需要安装talk和talk-server。你可能还得编辑/etc/xinet.d/talk和/etc/xinet.d/ntalk，将其中的disable字段设置为no。完成之后再重启xinet：

```
# cd /etc/xinet.d
# vi ntalk
# cd /etc/init.d
#./xinetd restart
```

10.5.2　实战演练

1. 向单个用户发送消息

write命令可以向单个用户发送消息：

```
$ write USERNAME [device]
```

发送的消息可以来自文件、echo命令或是采用交互方式输入。Ctrl+D可以结束交互式输入。

在命令后面加上伪终端名就可以将消息传入特定的会话：

```
$ echo "Log off now. I'm rebooting the system" | write user1 pts/3
```

2. 同其他用户展开会话

talk命令可以在两个用户之间打开一个交互式会话。其语法为：

```
$ talk user@host
```

下面的命令会向user2发起会话：

```
$ talk user2@workstation2.example.com
```

输入talk命令之后，你的终端会话内容会被清空，然后分割成两个窗口。在其中一个窗口中会显示以下文本：

```
[Waiting for your party to respond]
```

对方会看到如下消息：

```
Message from Talk_Daemon@workstation1.example.com
talk: connection requested by user1@workstation.example.com
talk: respond with talk user1@workstation1.example.com
```

对方调用talk时，其终端会话同样也会被清空并分割。你们两人输入的内容都会出现在对方的窗口中：

```
I need to reboot the database server.
How much longer will your processing take?
```

10

```
------------------------------------------------
90% complete. Should be just a couple more minutes.
```

3. 向所有用户发送消息

wall（WriteALL）命令会向所有的用户及终端广播信息：

```
$ cat message | wall
```

或者

```
$ wall< message
Broadcast Message from slynux@slynux-laptop
        (/dev/pts/1) at 12:54 ...

This is a message
```

消息头部显示了是谁发送的消息：用户及其所在主机。

write、talk和wall命令只有在write message选项启用的情况下才能够在用户之间发送消息，而root用户总是能够发送消息。

write message选项通常都是启用的。命令mesg可以启用或禁止消息接收：

```
# 允许接收消息
$ mesg y
# 禁止接收消息
$ mesg n
```

10.6　/proc 文件系统

/proc是一种存在于内存中的伪文件系统（pseudo filesystem），它的引入是为了可以从用户空间中读取Linux内核的内部数据结构。其中大多数伪文件都是只读的，不过有一些，比如/proc/sys/net/ipv4/forward（在第8章中讲过），可用于微调系统行为。

实战演练

/proc目录中包含了多个文件和目录。其中大多数文件可以使用cat、less或more命令来查看，其内容都是纯文本格式。

系统中每一个运行的进程在/proc中都有一个对应的目录，目录名和进程ID相同。

以Bash为例，它的PID是4295（pgrep bash），那么就会存在一个对应的目录/proc/4295。该目录中包含了大量有关进程的信息。/proc/PID中的文件包括以下几个。

❑ `environ`：包含与进程相关的环境变量。使用`cat /proc/4295/environ`可以显示所有传递给进程4295的环境变量。

❑ `cwd`：这是一个到进程工作目录的符号链接。

❑ `exe`：这是一个到进程所对应的可执行文件的符号链接。

```
$ readlink /proc/4295/exe
/bin/bash
```

❑ `fd`：这是一个目录，包含了进程所用到的文件描述符。0、1、2分别对应于stdin、stdout、stderr。

❑ `io`：该文件显示了进程所读/写的字符数。

10.7 收集系统信息

和计算机系统相关的数据非常多，其中包括网络信息、主机名、内核版本、Linux发布版名称、CPU型号描述、内存占用情况、磁盘分区等。这些数据都可以从命令行中获取。

实战演练

(1) `hostname`和`uname`可以输出当前系统的主机名：

```
$ hostname
```

或者

```
$ uname -n
server.example.com
```

(2) `uname`的选项`-a`可以输出Linux内核版本、硬件架构等详细信息：

```
$ uname -a
server.example.com 2.6.32-642.11.1.e16.x86_64 #1 SMP Fri Nov 18
19:25:05 UTC 2016 x86_64 x86_64 GNU/Linux
```

(3) 选项`-r`可以输出内核发行版本：

```
$ uname -r
2.6.32-642.11.1.e16.x86_64
```

(4) 选项`-m`可以输出主机类型：

```
$ uname -m
x86_64
```

(5) `/proc`目录中存有系统、模块以及运行进程的相关信息。`/proc/cpuinfo`中包含了CPU的详细信息：

```
$ cat /proc/cpuinfo
processor     : 0
vendor_id     : GenuineIntel
cpu family    : 6
model         : 63
model name    : Intel(R)Core(TM)i7-5820K CPU @ 3.30GHz
...
```

如果处理器配备了多个处理核心，上面的内容会出现多次。要想从中提取某一项信息，可以使用sed。第5行包含了处理器名称：

```
$ cat /proc/cpuinfo | sed -n 5p
Intel(R)CORE(TM)i7-5820K CPU @ 3.3 GHz
```

(6) /proc/meminfo中包含了内存相关的信息：

```
$ cat /proc/meminfo
MemTotal:      32777552 kB
MemFree:       11895296 kB
Buffers:         634628 kB
...
```

meminfo的第一行显示出了系统可用内存总量：

```
$ cat /proc/meminfo  | head -1
MemTotal:        1026096 kB
```

(7) /proc/partitions中描述了磁盘分区信息：

```
$ cat /proc/partitions
major minor  #blocks name
  8        0 976762584 sda
  8        1    512000 sda1
  8        2 976248832 sda2
...
```

fdisk命令可以编辑磁盘分区表，也可以输出分区表的当前内容。以root身份执行下列命令：

```
$ sudo fdisk -l
```

(8) lshw和dmidecode可以生成有关系统的一份详尽的报告。报告中的内容涉及到主板、BIOS、CPU、内存插槽、接口槽、磁盘等。这两个命令必须以root身份执行。dmidecode通常直接就可以使用，lshw可能需要你自己手动安装：

```
$ sudo lshw
description: Computer
product: 440BX
vendor: Intel
...

$ sudo dmidecode
```

```
SMBIOS 2.8 present
115 structures occupying 4160 bytes.
Table at 0xDCEE1000.

BIOS Information
    Vendor: American Megatrends Inc
...
```

10.8　使用 **cron** 进行调度

GNU/Linux系统包含了多种任务调度的工具，其中cron的应用最为广泛。它允许任务能够按照固定的时间间隔在系统后台自动运行。cron使用了一个表（crontab），表中保存了需要执行的一系列脚本或命令以及执行时间。

cron多用于调度系统维护任务，比如备份、使用ntpdate同步系统时钟以及删除临时文件。

普通用户可以使用cron安排在深夜进行下载，这时候的资费要更便宜，网络带宽也更高。

10.8.1　预备知识

所有的GNU/Linux发布版默认都包含了cron调度工具。它会扫描cron表，确定其中是否有需要执行的命令。每个用户都有自己的cron表，这其实就是一个纯文本文件。crontab命令用于处理cron表。

10.8.2　实战演练

cron表项指定了执行时间以及要执行的命令。cron表中的每一行都定义了单条命令。命令可以是脚本或二进制可执行文件。当cron执行命令的时候是以该表项创建者的身份执行的，但它不会去执行该用户的.bashrc文件。如果命令需要使用环境变量，必须在crontab中定义。

cron表中的每一行（表项）均由6个字段组成，字段之间以空格分隔并按照以下顺序排列：

- ❑ 分钟（0~59）;
- ❑ 小时（0~23）;
- ❑ 天（1~31）;
- ❑ 月份（1~12）;
- ❑ 星期中的某天（0~6）;
- ❑ 命令（在指定时间执行的脚本或命令）。

前5个字段指定了命令开始执行的时间。多个值之间用逗号分隔（不要用空格）。星号表示任何时间段。除号表示调度的时间间隔（在分钟字段上出现的*/5表示每隔5分钟）。

10

(1) 在每天中每小时的第2分钟执行脚本test.sh：

```
02 * * * * /home/slynux/test.sh
```

(2) 在每天的第5、6、7小时执行脚本test.sh：

```
00 5,6,7 * * * /home/slynux/test.sh
```

(3) 在周日的时候，每隔2个小时执行脚本script.sh：

```
00 */2 * * 0 /home/slynux/script.sh
```

(4) 在每天凌晨2点关闭计算机：

```
00 02 * * * /sbin/shutdown -h
```

(5) crontab命令可以采用交互式或是使用预先写好的文件。

选项-e可用于编辑cron表：

```
$ crontab -e
02 02 * * * /home/slynux/script.sh
```

输入crontab -e后，会打开默认的文本编辑器（通常是vi）供用户输入cron作业（cron job）并保存。该cron作业将会在指定的时间被调度执行。

(6) 可以在脚本中调用crontab，使用新的cron表替换原有的。具体做法如下。

□ 创建一个文本文件（例如task.cron），写入cron作业后将文件名作为crontab命令的参数：

```
$ crontab task.cron
```

□ 或者直接在行内（inline）指定cron作业，不再单独创建文件。例如：

```
$ crontab<<EOF
02 * * * * /home/slynux/script.sh
EOF
```

cron作业需要写在crontab<<EOF和EOF之间。

10.8.3　工作原理

星号（*）指定命令应该在每个时间单位上执行。也就是说，如果*出现在cron作业中的小时字段，那么命令就会每小时执行一次。如果你希望在多个时段执行命令，那么就在对应的时间字段中指定时间间隔，彼此之间用逗号分隔（例如要在第5分钟和10分钟时运行命令，那就在分钟字段中输入5,10）。斜线（除号）可以让我们以特定的时间间隔运行命令。例如，分钟字段中出现的0-30/5会在每前半小时内，隔5分钟执行一次命令。小时字段中出现的*/12会每隔12小时执行一次命令。

执行cron作业所使用的权限同创建crontab的用户的权限相同。如果你需要执行要求更高权限的命令，例如关闭计算机，那么就要以root用户身份执行crontab命令。

在cron作业中指定的命令需要使用完整路径。这是因为cron并不会执行用户的.bachrc，所以执行cron作业时的环境与终端所使用的环境不同，环境变量PATH可能都没有设置。如果命令运行时需要设置某些环境变量，必须明确地进行设定。

10.8.4 补充内容

crontab命令还包括其他一些选项。

1. 指定环境变量

很多命令需要正确地设置环境变量才能够运行。cron命令会将SHELL变量设置为/bin/sh，还会根据/etc/passwd设置LOGNAME和HOME。如果还需要其他的环境变量，可以在crontab中定义。环境变量可以针对所有作业设置，也可以针对个别作业设置。

如果定义了环境变量MAILTO，cron就可以通过电子邮件将命令输出发送给用户。

crontab通过在用户的cron表中插入一行变量赋值语言来定义环境变量。

下面的crontab定义了环境变量http_proxy，以便于使用代理服务器访问Internet：

```
http_proxy=http://192.168.0.3:3128
MAILTO=user@example.com
00 * * * * /home/slynux/download.sh
```

Debian、Ubunto和CentOS发行版中的vixie-cron支持这种格式。对于其他发行版，可以针对每个命令设置环境变量：

```
00 * * * * http_proxy=http:192.168.0.2:3128;
/home/sylinux/download.sh
```

2. 在系统启动时运行命令

有时候需要在系统启动时运行特定的命令。有些cron实现支持@reboot字段，可以在重启过程中执行作业。注意，并不是所有的cron实现都支持这种特性，在一些系统中，只有root用户可以这样做。现在检查下面的代码：

```
@reboot command
```

这样就会以你的用户身份在重启时运行指定的命令。

3. 查看cron表

选项-l可以列出当前用户的cron表：

```
$ crontab -l
02 05 * * * /home/user/disklog.sh
```

选项-u可以查看指定用户的cron表。必须以root用户的身份使用该选项：

```
$ crontab -l -u slynux
09 10 * * * /home/slynux/test.sh
```

4. 删除cron表

选项-r可以删除当前用户的cron表：

```
$ crontab -r
```

选项-u可以删除指定用户的cron表。必须以root用户的身份执行该操作：

```
# crontab -u slynux -r
```

10.9　数据库的形式及用法

Linux支持很多不同形式的数据库，从简单的文本文件（/etc/passwd）、低层的B树数据库（Berkey DB和bdb）、轻量级的SQL（sqlite）到全功能的关系型数据库（如Postgres、Oracle和MySQL）。

选择数据库形式的一个经验法则就是选择能够满足你工作需要的最简单的那种数据库。对于字段已知且固定的小型数据库而言，文本文件加上grep就足够了。

有些应用要用到引用。例如，包含图书和作者的数据库应该创建两个数据表，一个表保存图书信息，另一个表保存作者信息，这样可以避免作者信息的重复出现。

如果数据表的读取操作远多于写操作，那么SQLite是一个不错的选择。这种数据库引擎不需要服务器，因此便于移植，易于嵌入到其他应用中（例如Firefox）。

如果数据表会被多个任务频繁修改（例如网店的库存系统），那么应该选择一种关系型数据库，例如Postgres、Oracle或MySQL。

10.9.1　预备知识

可以使用标准的shell工具创建基于文本的数据库。SQLite通常都已经默认安装好了，可执行文件是sqlite3。你还需要安装MySQL、Oracle和Postgres。下一节会讲解如何安装MySQL。Oracle

要从www.oracle.com下载。Postgres可以通过包管理器安装。

10.9.2 实战演练

文本文件数据库使用常见的shell工具就可以创建。

要想生成地址列表，可以创建一个文件，其中每一行是一个地址，字段之间用特定的字符分隔。在这个例子中，我们选用波浪号（~）：

```
first last~Street~City, State~Country~Phone~
```

例如：

```
Joe User~123 Example Street~AnyTown, District~1-123-123-1234~
```

然后编写一个函数来查找出匹配模式的地址行，并将其转换成可读性好的格式：

```
function addr {
    grep $1 $HOME/etc/addr.txt | sed 's/~/\n/g'
}
```

输出结果如下：

```
$ addr Joe
Joe User
123 Example Street
AnyTown District
1-123-123-1234
```

10.9.3 补充内容

SQLite、Postgres、Oracle和MySQL提供了称之为关系的数据库范式。关系型数据库保存了表与表之间的关系，比如图书与其作者之间的关系。

处理关系型数据库的常见方式是使用SQL。SQLite、Postgres、Oracle、MySQL以及其他数据库引擎都支持这种语言。

SQL的内容非常丰富。你可以阅读一些相关的专著。好在我们只需要掌握几个命令就可以有效地使用SQL了。

1. 创建表

CREATE TABLE命令可以定义数据表：

```
CREATE TABLE tablename (field1 type1, field2 type2,...);
```

下面的命令创建了一个包含书名和作者的数据表：

```
CREATE TABLE book (title STRING, author STRING);
```

2. 插入记录

insert命令可以向表中插入一条记录：

```
INSERT INTO table (columns) VALUES (val1, val2,...);
```

下面的命令会将你现在正在读的这本书插入到book表中：

```
INSERT INTO book (title, author) VALUES ('Linux Shell Scripting
Cookbook', 'Clif Flynt');
```

3. 查询记录

select命令可以选择符合条件的所有记录：

```
SELECT fields FROM table WHERE test;
```

下面的命令会从book表中选择包含单词Shell的书名：

```
SELECT title FROM book WHERE title like '%Shell%';
```

10.10　读写 SQLite 数据库

SQLite是一种轻量级数据库引擎，广泛用于各种应用，从安卓APP、Firefox到美国海军装备系统。因此，采用SQLite的应用程序相对于其他数据库要更多。

SQLite数据库就是单个文件，不同的数据库引擎都可以访问该文件。SQLite数据库引擎是一个可以链接到应用程序的C代码库，它能够以库的形式载入到脚本语言中（例如TCL、Python或Perl），也可以作为独立的程序运行。

在shell脚本中，最简单的用法是使用独立的程序——sqlite3。

10.10.1　预备知识

你的Linux系统中可能并没有安装sqlite3可执行文件。可以使用包管理器安装sqlite3软件包。

对于Debian和Ubuntu，使用下列命令：

```
apt-get install sqlite3 libsqlite3-dev
```

对于Red Hat、SuSE、Fedora和Centos，使用下列命令：

```
yum install sqlite sqlite-devel
```

10.10.2　实战演练

sqlite3是一个交互式数据库引擎，它能够连接到SQLite数据库，支持创建表、插入数据、查询表等功能。

sqlite3的语法如下：

sqlite3 databasename

如果数据库文件databaseName已经存在，sqlite3会打开该文件。如果文件不存在，sqlite3则会创建一个空数据库。在这里，我们将生成一个数据表，向其中插入一条记录，然后再检索出一条记录：

```
#创建数据库books
$ sqlite3 books.db
sqlite> CREATE TABLE books (title string, author string);
sqlite> INSERT INTO books (title, author) VALUES ('Linux Shell
Scripting Cookbook', 'Clif Flynt');
sqlite> SELECT * FROM books WHERE author LIKE '%Flynt%';
Linux Shell Scripting Cookbook|Clif Flynt
```

10.10.3　工作原理

sqlite3创建了一个名为books.db的空数据库，然后显示出提示符sqlite>，等待接受SQL命令。

CREATE TABLE命令创建的数据表包含两个字段：title和author。

INSERT命令向books表中插入了一条记录。在SQL中，字符串是使用单引号分隔的。

SELECT命令可以检索到符合条件的记录。百分号（%）在SQL中用作通配符，作用类似于shell中的星号（*）。

10.10.4　补充内容

shell脚本可以使用sqlite3访问数据库并提供一个简单的用户接口。接下来的脚本使用sqlite实现了之前那个采用文本文件形式的地址数据库。该脚本提供了3个命令。

- ❑ init：创建数据库。
- ❑ insert：添加一条新记录。
- ❑ query：选择匹配的记录。

10

具体用法如下：

```
$> dbaddr.sh init
$> dbaddr.sh insert 'Joe User' '123-1234' 'user@example.com'
$> dbaddr.sh query name Joe
Joe User
123-1234
user@example.com
```

以下是脚本的实现代码：

```
#!/bin/bash
# 根据第一个参数创建命令

case $1 in
  init )
    cmd="CREATE TABLE address \
      (name string, phone string, email string);" ;;
  query )
    cmd="SELECT name, phone, email FROM address \
      WHERE $2 LIKE '$3';";;
  insert )
    cmd="INSERT INTO address (name, phone, email) \
      VALUES ( '$2', '$3', '$4' );";;
esac

# 将SQL命令发送给sqlite3并重新格式化输出

echo $cmd | sqlite3 $HOME/addr.db | sed 's/|/\n/g'
```

上面脚本利用case语句生成SQL命令，然后将该命令传给sqlite3执行。$1、$2、$3和$4分别对应脚本的前4个参数。

10.11 读写 MySQL 数据库

MySQL是一款应用广泛的数据库管理系统。2009年，Oracle收购了SUN，连带的还有MySQL数据库。MariaDB是MySQL的一个衍生版本，它独立于Oracle。MariaDB可以访问MySQL数据库，不过MySQL引擎未必总是能够访问MariaDB数据库。

MySQL和MariaDB都为包括PHP、Python、C++、Tcl在内的很多语言提供了接口。这些语言在访问数据库时都可以使用mysql命令提供交互式会话。对于shell脚本而言，这是同MySQL打交道的最简单的方式了。这则攻略中的例子可以适用于MySQL或MariaDB。

bash脚本可以将文本文件或CSV（Comma Separated Value，逗号分隔值）文件的内容转换成MySQL数据表和记录。例如，我们可以从shell脚本中执行查询语句来读取存储在留言板数据库中的所有电子邮件地址。

在接下来的脚本中会演示如何将文件内容插入到数据表中并生成系部学生的排名报告。

10.11.1 预备知识

在以基础模式安装的Linux发行版中，可能并不包含MySQL和MariaDB。可以自行安装 `mysql-server`和`mysql-client`，或是`mariadb-server`软件包。MariaDB使用`mysql`作为命令，有时在安装MySQL的时候也会一并将其安装。

MySQL需要使用用户名和密码进行认证，在安装过程中需要设置密码。

安装完成之后，可以开始通过`mysql`命令创建新的数据库。使用`CREATE DATABASE`命令建立好数据库之后，`use`命令可以选用该数据库。选中之后就可以使用标准的SQL命令创建数据表并插入数据了：

```
$> mysql -user=root -password=PASSWORD

Welcome to the MariaDB monitor. Commands end with ; or \g.
Your MariaDB connection id is 44
Server version: 10.0.29-MariaDB-0+deb8u1 (Debian)

Copyright (c) 2000, 2016, Oracle, MariaDB Corporation Ab and others.

Type 'help;' or '\h' for help. Type '\c' to clear the current input
statement.

MariaDB [(none)]> CREATE DATABASE test1;
Query OK, 1 row affected (0.00 sec)
MariaDB [(none)]> use test1;
```

`quit`命令或Ctrl-D可以终止`mysql`交互会话。

10.11.2 实战演练

我们接下来要编写3个脚本，分别用于创建数据库及数据表、向数据表中插入学生数据、从数据表中读取并显示数据。

创建数据库及数据表的脚本如下：

```
#!/bin/bash
#文件名: create_db.sh
#用途: 创建MySQL数据库和数据表

USER="user"
PASS="user"

mysql -u $USER -p$PASS <<EOF 2> /dev/null
CREATE DATABASE students;
EOF

[ $? -eq 0 ] && echo Created DB || echo DB already exist
```

10

```
mysql -u $USER -p$PASS students <<EOF 2> /dev/null
CREATE TABLE students(
id int,
name varchar(100),
mark int,
dept varchar(4)
);
EOF

[ $? -eq 0 ] && echo Created table students || \
    echo Table students already exist

mysql -u $USER -p$PASS students <<EOF
DELETE FROM students;
EOF
```

将数据插入数据表的脚本如下:

```
#!/bin/bash
#文件名: write_to_db.sh
#用途: 从CSV中读取数据并写入MySQL数据库

USER="user"
PASS="user"

if [ $# -ne 1 ];
then
  echo $0 DATAFILE
  echo
  exit 2
fi

data=$1

while read line;
do

  oldIFS=$IFS
  IFS=,
  values=($line)
  values[1]="\"`echo ${values[1]} | tr ' ' '#' `\""
  values[3]="\"`echo ${values[3]}`\""


  query=`echo ${values[@]} | tr ' #' ', '`
  IFS=$oldIFS

  mysql -u $USER -p$PASS students <<EOF
INSERT INTO students VALUES($query);
EOF

done< $data
echo Wrote data into DB
```

数据库查询脚本如下：

```
#!/bin/bash
#文件名: read_db.sh
#用途: 读取数据库

USER="user"
PASS="user"

depts=`mysql -u $USER -p$PASS students <<EOF | tail -n +2
SELECT DISTINCT dept FROM students;
EOF`

for d in $depts;
do

echo Department : $d

result="`mysql -u $USER -p$PASS students <<EOF
SET @i:=0;
SELECT @i:=@i+1 as rank,name,mark FROM students WHERE dept="$d" ORDER BY
mark DESC;
EOF`"

echo "$result"
echo

done
```

作为输入的 CSV 文件（studentdata.csv）内容如下：

```
1,Navin M,98,CS
2,Kavya N,70,CS
3,Nawaz O,80,CS
4,Hari S,80,EC
5,Alex M,50,EC
6,Neenu J,70,EC
7,Bob A,30,EC
8,Anu M,90,AE
9,Sruthi,89,AE
10,Andrew,89,AE
```

按照以下顺序执行脚本：

```
$ ./create_db.sh
Created DB
Created table students

$ ./write_to_db.sh studentdat.csv
Wrote data into DB

$ ./read_db.sh
Department : CS
```

```
rank   name   mark
1      Navin M  98
2      Nawaz O  80
3      Kavya N  70

Department : EC
rank   name   mark
1      Hari S  80
2      Neenu J  70
3      Alex M  50
4      Bob A   30

Department : AE
rank   name   mark
1      Anu M   90
2      Sruthi  89
3      Andrew  89
```

10.11.3　工作原理

第一个脚本 create_db.sh 用来创建数据库 students 以及其中的数据表 students。mysql 命令用于对 MySQL 数据库进行操作。该命令使用 -u 指定用户名，用 -pPASSWORD 指定密码。变量 USER 和 PASS 用于保存用户名和密码。

mysql 命令的其他参数就是数据库名。如果在参数中给出了数据库名，就使用该数据库；否则，需要使用 use database_name 明确地指定要使用的数据库。

mysql 命令通过标准输入（stdin）接受查询。通过 stdin 提供多行输入的简便方法是使用 <<EOF。出现在 <<EOF 和 EOF 之间的文本都会被作为标准输入传给 mysql。

在 CREATE DATABASE 和 CREATE TABLE 语句中，为了避免显示错误信息，我们将 stderr 重定向到 /dev/null。脚本通过检查 mysql 命令保存在变量 $? 中的退出状态来确定是否出现错误。它假定错误原因是因为同名的数据库或数据表已经存在。如果存在，则会显示出一条提示信息；否则，就进行创建。

脚本 write_to_db.sh 接受包含学生数据的 CSV 文件名。我们用 while 循环读取 CSV 文件的每一行。在每次迭代中，读取 CSV 文件中的一行并将其重新格式化成 SQL 命令。脚本将行中以逗号分隔的数据保存到数组中。数组赋值的形式为 array=(val1 val2 val3)，其中的空格是作为**内部字段分隔符**（Internal Field Separator，IFS）出现的。因为 CSV 中的文本行使用逗号分隔数据，所以只需要将 IFS 修改成逗号（IFS=,），就可以轻松地将这些值放进数组中了。

文本行中以逗号分隔的数据项分别是 id、name、mark 和 department。id 和 mark 是整数，而 name 和 department 是字符串，必须进行引用。

name中可能会包含空格，这样一来就和IFS产生了冲突。因此需要将name中的空格替换成其他字符（#），在构建查询语句时再替换回来。

为了引用字符串，数组中的值要加上\" 作为前缀和后缀。tr用来将name中的空格替换成#。

最后，通过将空格替换成逗号，将#替换成空格来构造出查询语句并执行SQL的INSERT语句。

第三个脚本read_db.sh用来生成各系部学生的排名列表。第一个查询用来找出各系的名称。我们用while循环迭代每个系部，然后执行查询并按照成绩从高到低显示学生的详细信息。SET @i:=0是一个SQL构件（SQL construct），用来设置变量i=0。在每一行中，变量i都会增加并作为学生排名来显示。

10.12　用户管理脚本

GNU/Linux是一个多用户操作系统，多个用户可以同时登录并执行各种操作。管理任务会涉及用户管理，这包括为用户设置默认shell、为组添加用户、禁用用户、添加新用户、删除用户、设置密码、设置账户有效期等。这则攻略旨在编写一个可以处理此类任务的用户管理工具。

10.12.1　实战演练

该脚本能够执行常见的用户管理任务：

```
#!/bin/bash
#文件名: user_adm.sh
#用途: 用户管理工具

function usage()
{
  echo Usage:
  echo Add a new user
  echo $0 -adduser username password
  echo
  echo Remove an existing user
  echo $0 -deluser username
  echo
  echo Set the default shell for the user
  echo $0 -shell username SHELL_PATH
  echo
  echo Suspend a user account
  echo $0 -disable username
  echo
  echo Enable a suspended user account
  echo $0 -enable username
  echo
  echo Set expiry date for user account
  echo $0 -expiry DATE
```

```
    echo
    echo Change password for user account
    echo $0 -passwd username
    echo
    echo Create a new user group
    echo $0 -newgroup groupname
    echo
    echo Remove an existing user group
    echo $0 -delgroup groupname
    echo
    echo Add a user to a group
    echo $0 -addgroup username groupname
    echo
    echo Show details about a user
    echo $0 -details username
    echo
    echo Show usage
    echo $0 -usage
    echo

    exit
}

if [ $UID -ne 0 ];
then
    echo Run $0 as root.
    exit 2
fi

case $1 in

    -adduser) [ $# -ne 3 ] && usage ; useradd $2 -p $3 -m ;;
    -deluser) [ $# -ne 2 ] && usage ; deluser $2 --remove-all-files;;
    -shell)   [ $# -ne 3 ] && usage ; chsh $2 -s $3 ;;
    -disable) [ $# -ne 2 ] && usage ; usermod -L $2 ;;
    -enable) [ $# -ne 2 ] && usage ; usermod -U $2  ;;
    -expiry) [ $# -ne 3 ] && usage ; chage $2 -E $3 ;;
    -passwd) [ $# -ne 2 ] && usage ; passwd $2 ;;
    -newgroup) [ $# -ne 2 ] && usage ; addgroup $2 ;;
    -delgroup) [ $# -ne 2 ] && usage ; delgroup $2 ;;
    -addgroup) [ $# -ne 3 ] && usage ; addgroup $2 $3 ;;
    -details) [ $# -ne 2 ] && usage ; finger $2 ; chage -l $2 ;;
    -usage) usage ;;
    *) usage ;;
esac
```

输出如下：

```
# ./user_adm.sh -details test
Login: test                 Name:
Directory: /home/test              Shell: /bin/sh
Last login Tue Dec 21 00:07 (IST) on pts/1 from localhost
No mail.
No Plan.
```

```
Last password change                  : Dec 20, 2010
Password expires          : never
Password inactive         : never
Account expires           : Oct 10, 2010
Minimum number of days between password change    : 0
Maximum number of days between password change    : 99999
Number of days of warning before password expires : 7
```

10.12.2 工作原理

脚本user_adm.sh可以用来执行多种常见的用户管理任务。如果用户给出的参数不正确或是使用了选项-usage，函数usage()会显示出脚本的用法。case语句负责解析命令行参数并根据参数执行相应的命令。

脚本user_adm.sh有效的命令选项是：-adduser、-deluser、-shell、-disable、-enable、-expriy、-passwd、-newgroup、-delgroup、-addgroup、-details和-usage。如果匹配的是*)分支，那就意味着用户输入了错误的选项，因此要调用usage()。

该脚本需要以root身份运行。在检查参数之前，脚本会验证用户ID（root的用户ID是0）。

如果匹配了某个参数，[$# -ne 3] && usage会检查参数的个数。如果命令参数个数不符合要求，则调用函数usage()并退出脚本。

脚本支持的选项如下。

❑ -useradd：使用useradd命令来创建新用户。

   useradd USER -p PASSWORD -m

❑ -m选项用来创建home目录。

❑ -deluser：使用deluser命令来删除用户。

   deluser USER --remove-all-files

❑ --remove-all-files选项可以删除与用户相关的所有文件，包括home目录。

❑ -shell：使用chsh命令来修改用户的默认shell。

   chsh USER -s SHELL

❑ -disable和-enable：使用usermod命令处理和用户账户相关的属性。usermod -L USER和usermod -U USER分别用来锁定和解锁用户账户。

❑ -expiry：使用chage命令来处理用户账户的过期信息。

   chage -E DATE

10

其他选项包括：

-m MIN_DAYS（将更改密码的最小天数修改成MIN_DAYS）；

-M MAX_DAYS（设置密码有效的最大天数）；

-W -WARN_DAYS（设置在前几天提醒需要更改密码）。

❑ -passwd：使用passwd命令更改用户密码。

passwd USER

命令会提示输入新的密码。

❑ -newgroup和-addgroup：使用addgroup命令为系统添加一个新的用户组。

addgroup GROUP

如果加上一个用户名，会将该用户添加到组中：

addgroup USER GROUP

❑ -delgroup：使用delgroup命令删除一个用户组。

delgroup GROUP

❑ -details:使用figer USER命令显示用户信息，其中包括用户的home目录、上一次登录的时间、默认shell等。chage -l命令会显示用户账户的过期信息。

10.13 图像文件的批量缩放及格式转换

我们大家都会从手机和数码相机中下载照片。在通过电子邮件发送图片或是将其发布在网上之前，可能需要调整图片大小或转换格式。我们可以使用脚本来批量修改这些图片。这则攻略将讨论如何用脚本处理图片。

10.13.1 预备知识

我们要用到convert命令，它来自ImageMagick软件包，该软件包中包含了很多图像处理工具。该命令支持多种图像格式以及转换选项。大多数GNU/Linux发行版中并没有预装ImageMagick。你得自己手动安装。更多的信息请访问www.imagemagick.org。

10.13.2 实战演练

转换图像格式：

```
$ convert INPUT_FILE OUTPUT_FILE
```

例如:

```
$ convert file1.jpg file2.png
```

我们可以通过指定缩放比或输出图像的宽度（WIDTH）和高度（HEIGHT）来调整图像:

```
$ convert imageOrig.png -resize WIDTHxHEIGHT imageResized.png
```

例如:

```
$ convert photo.png -resize 1024x768 wallpaper.png
```

如果没有提供WIDTH或HEIGHT，那么会在保留图像比例前提下自动计算缺失的数值:

```
$ convert image.png -resize WIDTHx image.png
```

例如:

```
$ convert image.png -resize 1024x image.png
```

指定百分比缩放图像:

```
$ convert image.png -resize "50%" image.png
```

下面的脚本会对指定目录下的所有图片执行一系列操作:

```bash
#!/bin/bash
#文件名: image_help.sh
#用途:图像管理脚本

if [ $# -ne 4 -a $# -ne 6 -a $# -ne 8 ];
then
  echo Incorrect number of arguments
  exit 2
fi

while [ $# -ne 0 ];
do

  case $1 in
  -source) shift; source_dir=$1 ; shift ;;
  -scale) shift; scale=$1 ; shift ;;
  -percent) shift; percent=$1 ; shift ;;
  -dest) shift ; dest_dir=$1 ; shift ;;
  -ext) shift ; ext=$1 ; shift ;;
  *) echo Wrong parameters; exit 2 ;;
  esac;

done

for img in `echo $source_dir/*` ;
do
  source_file=$img
```

10

```
    if [[ -n $ext ]];
    then
      dest_file=${img%.*}.$ext
    else
      dest_file=$img
    fi

    if [[ -n $dest_dir ]];
    then
      dest_file=${dest_file##*/}
      dest_file="$dest_dir/$dest_file"
    fi

    if [[ -n $scale ]];
    then
      PARAM="-resize $scale"
    elif [[ -n $percent ]];    then
      PARAM="-resize $percent%"
    fi

    echo Processing file : $source_file
    convert $source_file $PARAM $dest_file

done
```

将目录sample_dir中的图片调整到原来的20%：

```
$ ./image_help.sh -source sample_dir -percent 20%
Processing file :sample/IMG_4455.JPG
Processing file :sample/IMG_4456.JPG
Processing file :sample/IMG_4457.JPG
Processing file :sample/IMG_4458.JPG
```

将图像宽度调整到1024像素：

```
$ ./image_help.sh -source sample_dir -scale 1024x
```

将文件缩放或转换到指定的目录：

```
# newdir作为目的目录
$ ./image_help.sh -source sample -scale 50% -ext png -dest newdir
```

10.13.3   工作原理

脚本image_help.sh可以接受以下参数。

❑ -source：指定图像源目录。
❑ -dest：指定转换后的文件的目的目录。如果没有指定该选项，则目的目录和源目录相同。
❑ -ext：指定目标文件格式。
❑ -percent：指定缩放比例。

❑ -scale：指定缩放宽度与高度。

选项-percent与-scale不能同时出现，只能使用其中之一。

脚本首先会检查命令行参数的数量，可以出现的参数数量分别是4、6或8。

while循环和case语句负责解析命令行参数并分配给相应的变量。$#是一个特殊变量，它保存了命令行参数的数量。shift命令每执行一次，就将命令行参数向左移动一个位置，这样我们就不需要再使用$1、$2、$3…，一个$1就足够访问到所有的命令行参数了。

case语句和C语言中的switch语句一样。如果匹配了某个case分支，就执行对应的语句。每一个case分支都以;;作为结尾。一旦将所有的参数都解析到变量percent、scale、source_dir、ext和dest_dir中，就用for循环迭代源目录中的每一个文件并执行转换操作。

在for循环中还要完成一些测试，以便对转换过程做一些微调。

如果变量ext已定义（也就是说在命令行中提供了选项-ext），就将目标文件的扩展名从source_file.extension更改为source_file.$ext。

如果提供了选项-dest，则使用目的目录替换源路径中的目录。

如果指定了-scale或-percent，将缩放参数（-resize widthx 或-resize perc%）添加到命令中。

参数构造完毕之后，使用这些参数执行convert命令。

10.13.4 参考

2.12节讲解了如何提取部分文件名。

10.14 终端截图

随着GUI应用的普及，无论是对于操作的文档化，还是对于故障结果的报告，截图都成为了一项重要的内容。Linux支持多种抓图工具。

10.14.1 预备知识

本节要讲解xwd应用以及一个取自ImageMagick的工具，在上一个攻略中曾经用到过ImageMagick。xwd应用已经随基础GUI（base GUI）安装好了。ImageMagick可以使用软件包管理器自行安装。

10.14.2   实战演练

xwd会提取窗口的可视化信息并将其转换为X Window Dump格式，然后把数据输出到stdout。我们可以将这些输出重定向到另一个文件中，使用之前讲过的方法将该文件转换成GIF、PNG或JPEG格式。

调用xwd时，鼠标光标会变成十字形。移动十字光标到某个X窗口上并点击鼠标，就可以对这个窗口截图了：

```
$ xwd >step1.xwd
```

ImageMagick中的import命令支持更多的截图选项。

(1) 截取整个屏幕：

```
$ import -window root screenshot.png
```

(2) 手动截取部分区域：

```
$ import screenshot.png
```

(3) 截取特定窗口：

```
$ import -window window_id screenshot.png
```

命令xwininfo会返回窗口ID（window_id）。执行该命令，点击你想要截取的窗口，然后将得到的window_id传递给import命令的-window选项。

10.15   集中管理多个终端

对于那些需要长期运行的应用，SSH会话、Konsole以及xterms都属于重量级的解决方案，但是它们并不经常进行检查（例如监视日志文件或磁盘使用情况）。

GNU screen工具可以在单个终端会话中创建多个虚拟屏幕（virtual screen）。在一个虚拟屏幕中启动的任务可以在该屏幕隐藏的情况下继续运行。

10.15.1   预备知识

在这里，我们要用到一款叫作GNU screen的工具。如果你使用的发行版中默认没有安装该工具，请使用软件包管理器自行安装：

```
apt-get install screen
```

10.15.2 实战演练

(1) 只要screen创建了一个新窗口，除了Ctrl-A（表示要开始一个screen命令），所有的击键操作都会进入到运行在该窗口中的任务。

(2) **创建新的screen窗口**：从shell中运行screen命令就可以创建一个新的屏幕。你会看到一条包含该屏幕信息的欢迎消息。按空格或回车键就会获得一个shell提示符。要再创建另一个新的虚拟终端，按下Ctrl+A，然后再按下C（区分大小写）或是重新输入screen。

(3) **查看已打开的窗口列表**：在运行screen时，按下Ctrl+A，然后再按下"，就可以列出终端会话。

(4) **在窗口之间切换**：按下Ctrl+A和Ctrl+N可以切换到下一个窗口，按下Ctrl+A和Ctrl+P可以切换到前一个窗口。

(5) **screen会话的附着与脱离**：screen命令支持保存并载入screen会话，用screen的术语来说，这叫作脱离（detaching）与附着（attaching）。使用Ctrl+A和Ctrl+D可以脱离当前screen会话。要附着到一个已有的screen会话，可以使用：

```
screen -r -d
```

(6) `screen -r -d`命令可以附着到上一个screen会话。如果已脱离的会话不止一个，`screen`会输出会话列表，然后可以使用下面的命令：

```
screen -r -d PID
```

其中，`PID`是你想附着到的screen会话的PID。

10

第 11 章

觅迹寻踪

11

本章内容

❑ 使用tcpdump跟踪分组　　　　　　　❑ 使用strace跟踪系统调用
❑ 使用ngrep查找分组　　　　　　　　❑ 使用ltrace跟踪动态库函数
❑ 使用ip跟踪网络路由

11.1　简介

凡事皆有痕迹。在Linux系统中，我们可以通过第9章中介绍的日志文件跟踪事件，top命令可以显示出CPU占用率最高的进程，watch、df和du可以监视磁盘使用情况。

本章将要讲述如何获取有关网络分组、CPU占用率、磁盘使用情况以及动态库调用的更多信息。

11.2　使用 **tcpdump** 跟踪分组

只是知道哪个应用程序在使用特定的端口并不足以跟踪到问题所在。有时候还需要检查传输的数据。

11.2.1　预备知识

tcpdump需要以root身份运行。你所在的系统可能默认并没有安装tcpdump。可以使用包管理器自行安装：

```
$ sudo apt-get install tcpdump
$ sudo yum install libpcaptcpdump
```

11.2.2 实战演练

tcpdump是Wireshark以及其他网络嗅探程序的前端，其GUI界面支持大量的选项，我们很快就会讲到。①

该程序的默认行为是显示出以太网连接上的所有分组。分组显示格式如下：

```
TIMESTAMP SRC_IP:PORT> DEST_IP:PORT: NAME1 VALUE1, NAME2 VALUE2,...
```

其中的"名称–值（name-value）"包括以下几个。

❑ Flags：分组所具有的标志如下。

S代表SYN（发起连接）。
F代表FIN（终止连接）。
P代表PUSH（推送数据）。
R代表RST（重置连接）。
点号.表示没有对应的标志。

❑ seq：指的是分组的序列号。这个序列号会回显（echoed）在ACK中来确认接收到的分组。
❑ ack：作用是确认已接收到某个分组。这个值是上一个分组的序列号。②
❑ win：指明了目的端的缓冲区大小。
❑ options：指明了分组中定义的TCP选项。其显示形式是一系列以逗号作为分隔符的"关键字–值"对。

下面的输出展示了从Windows主机发往SAMBA服务器的请求，其中还掺杂DNS请求。来自不同源以及应用的各种分组混合在一起，使得很难跟踪特定的应用或主机的流量。不过tcpdump命令的一些选项能够减轻我们的负担。

```
$ tcpdump
22:00:25.269277 IP 192.168.1.40.49182 > 192.168.1.2.microsoft-ds: Flags
[P.], seq 3265172834:3265172954, ack 850195805, win 257, length 120SMB
PACKET: SMBtrans2 (REQUEST)

22:00:25.269417 IP 192.168.1.44.33150 > 192.168.1.7.domain: 13394+ PTR?
2.1.168.192.in-addr.arpa. (42)

22:00:25.269917 IP 192.168.1.2.microsoft-ds > 192.168.1.40.49182: Flags
```

① 此处叙述并不准确。tcpdump是由Van Jacobson、Sally Floyd、Vern Paxson和Steven McCanne于1988年编写的。Wireshark的前身是Ethereal，是由Gerald Combs编写并于1998年发布的。尽管两者都使用了libcap来抓取网络分组，而且Wireshark可以浏览tcpdump的抓取结果，但它们属于不同的网络嗅探工具，并不是前后端的关系。详见：https://en.wikipedia.org/wiki/Tcpdump、https://en.wikipedia.org/wiki/Wireshark以及https://wiki.wireshark.org/ libpcap。
② 此处关于ACK的叙述并不准确。ACK的值是期望收到对方下一个分组的第一个数据字节的序号。也就是说，如果ACK = N，则表明：到序号N-1为止的所有数据都已经正确接收到。

```
[.], ack 120, win 1298, length 0

22:00:25.269927 IP 192.168.1.2.microsoft-ds > 192.168.1.40.49182: Flags
[P.], seq 1:105, ack 120, win 1298, length 104SMB PACKET: SMBtrans2 (REPLY)
```

如果不想在终端上显示tcpdump的输出，选项-w可以将输出发送到文件中。输出格式是二进制格式，可以使用选项-r读取。嗅探分组需要拥有root权限，但是显示保存在文件中的嗅探结果只用普通用户权限就可以了。

默认情况下，tcpdump会一直执行并嗅探网络分组，直到按下Ctrl-C或发送SIGTERM信号。选项-c可以限制嗅探的分组数：

```
# tcpdump -w /tmp/tcpdump.raw -c 50
tcpdump: listening on eth0, link-type EN10MB (Ethernet), capture size 65535
bytes
50 packets captured
50 packets received by filter
0 packets dropped by kernel
```

作为限制，我们在这里只检查单个主机或是单个应用程序的活动。

tcpdump命令行中尾部的值可以作为表达式，用于过滤分组。表达式由多个“关键字–值”以及修饰符和布尔操作符组成。接下来我们将演示一些过滤器的用法。

1. 只显示HTTP分组

关键字port可以只显示出发往或来自特定端口的分组：

```
$ tcpdump -r /tmp/tcpdump.raw port http
reading from file /tmp/tcpdump.raw, link-type EN10MB (Ethernet)
10:36:50.586005 IP 192.168.1.44.59154 > ord38s04-in-f3.1e100.net.http:
Flags [.], ack 3779320903, win 431, options [nop,nop,TSval 2061350532 ecr
3014589802], length 0

10:36:50.586007 IP ord38s04-in-f3.1e100.net.http > 192.168.1.44.59152:
Flags [.], ack 1, win 350, options [nop,nop,TSval 3010640112 ecr
2061270277], length 0
```

2. 只显示本机生成的HTTP分组

如果你打算跟踪所使用的Web流量，只需要查看本机生成的HTTP分组就可以了。scr修饰符配合特定的“关键字–值”就可以指定源文件中的这类分组。dst修饰符可以指定目的地址：

```
$ tcpdump -r /tmp/tcpdump.rawsrc port http
reading from file /tmp/tcpdump.raw, link-type EN10MB (Ethernet)

10:36:50.586007 IP ord38s04-in-f3.1e100.net.http > 192.168.1.44.59152:
Flags [.], ack 1, win 350, options [nop,nop,TSval 3010640112 ecr
2061270277], length 0
10:36:50.586035 IP ord38s04-in-f3.1e100.net.http > 192.168.1.44.59150:
```

```
Flags [.], ack 1, win 350, options [nop,nop,TSval 3010385005 ecr
2061270277], length 0
```

3. 查看分组载荷（payload）以及头部

如果你想追查在网络中滥发分组的主机，只需要查看分组头部就行了。如果你打算调试Web页面或是数据库应用，你可能还得查看分组的内容。

选项-X会将分组的内容也一并输出。

关键字hose结合端口可以对发往或来自特定主机的特定端口数据进行输出限制。

and能够对两个测试条件执行逻辑与操作，使得tcpdump只输出发往或来自noucorp.com的HTTP数据。下面的例子展示了一个GET请求以及服务器的回复：

```
$ tcpdump -X -r /tmp/tcpdump.raw host noucorp.com and port http
reading from file /tmp/tcpdump.raw, link-type EN10MB (Ethernet)
11:12:04.708905 IP 192.168.1.44.35652 >noucorp.com.http: Flags [P.], seq
2939551893:2939552200, ack 1031497919, win 501, options [nop,nop,TSval
2063464654 ecr 28236429], length 307
    0x0000:  4500 0167 1e54 4000 4006 70a5 c0a8 012c  E..g.T@.@.p....,
    0x0010:  98a0 5023 8b44 0050 af36 0095 3d7b 68bf  ..P#.D.P.6..={h.
    0x0020:  8018 01f5 abf1 0000 0101 080a 7afd f8ce  ............z...
    0x0030:  01ae da8d 4745 5420 2f20 4854 5450 2f31  ....GET./.HTTP/1
    0x0040:  2e31 0d0a 486f 7374 3a20 6e6f 7563 6f72  .1..Host:.noucor
    0x0050:  702e 636f 6d0d 0a55 7365 722d 4167 656e  p.com..User-Agen
    0x0060:  743a 204d 6f7a 696c 6c61 2f35 2e30 2028  t:.Mozilla/5.0.(
    0x0070:  5831 313b 204c 696e 7578 2078 3836 5f36  X11;.Linux.x86_6
    0x0080:  343b 2072 763a 3435 2e30 2920 4765 636b  4;.rv:45.0).Geck
    0x0090:  6f2f 3230 3130 3031 3031 2046 6972 6566  o/20100101.Firef
    0x00a0:  6f78 2f34 352e 300d 0a41 6363 6570 743a  ox/45.0..Accept:
...
11:12:04.731343 IP noucorp.com.http> 192.168.1.44.35652: Flags [.], seq
1:1449, ack 307, win 79, options [nop,nop,TSval 28241838 ecr 2063464654],
length 1448
    0x0000:  4500 05dc 0491 4000 4006 85f3 98a0 5023  E.....@.@.....P#
    0x0010:  c0a8 012c 0050 8b44 3d7b 68bf af36 01c8  ...,.P.D={h..6..
    0x0020:  8010 004f a7b4 0000 0101 080a 01ae efae  ...O............
    0x0030:  7afd f8ce 4854 5450 2f31 2e31 2032 3030  z...HTTP/1.1.200
    0x0040:  2044 6174 6120 666f 6c6c 6f77 730d 0a44  .Data.follows..D
    0x0050:  6174 653a 2054 6875 2c20 3039 2046 6562  ate:.Thu,.09.Feb
    0x0060:  2032 3031 3720 3136 3a31 323a 3034 2047  .2017.16:12:04.G
    0x0070:  4d54 0d0a 5365 7276 6572 3a20 5463 6c2d  MT..Server:.Tcl-
    0x0080:  5765 6273 6572 7665 722f 332e 352e 3220  Webserver/3.5.2.
```

11.2.3 工作原理

tcpdump能够将网卡设为混杂模式，使得网卡能够接收到网络上所有的分组。这样就可以抓取到发往所在网络上其他主机的分组了。

tcpdump可用于跟踪过载网段的问题源、产生异常流量的主机、网络环路、网卡故障、恶意分组等。

利用选项-w和-r，tcpdump可以将分组数据以原始格式保存，允许随后以普通用户身份查看。举例来说，如果在凌晨3点出现了大量网络分组冲突，你可以设置一项cron作业，安排在凌晨3点的时候运行tcpdump，然后对比检查正常时段的网络分组。

11.3   使用 ngrep 查找分组

ngrep是grep和tcpdump的综合体。它能够监视网络端口并显示匹配特定模式的分组。你必须以root身份运行ngrep。

11.3.1   预备知识

你的系统中可能并没有安装ngrep。可以使用包管理器自行安装：

```
# apt-get install ngrep
# yum install ngrep
```

11.3.2   实战演练

ngrep可以接受一个要匹配的模式（例如grep）、一个分组过滤器（例如tcpdump）以及多个用于调整命令行为的选项。

下面的例子会监视端口80上的流量并输出内容包含字符串Linux的分组：

```
$>ngrep -q -c 64 Linux port 80
interface: eth0 (192.168.1.0/255.255.255.0)
filter: ( port 80 ) and (ip or ip6)
match: Linux

T 192.168.1.44:36602 -> 152.160.80.35:80 [AP]
  GET /Training/linux_detail/ HTTP/1.1..Host: noucorp.com..Us
  er-Agent: Mozilla/5.0 (X11; Linux x86_64; rv:45.0) Gecko/20
  100101 Firefox/45.0..Accept: text/html,application/xhtml+xm
  l,application/xml;q=0.9,*/*;q=0.8..Accept-Language: en-US,e
  n;q=0.5..Accept-Encoding: gzip, deflate..Referer: http://no
  ucorp.com/Training/..Connection: keep-alive..Cache-Control:
  max-age=0....
```

选项-q指示ngrep只打印分组头部和载荷。选项-c定义了以几列的形式显示分组的载荷。默认会显示4列，不过如果载荷内容是文本的话，这个选项并没有什么用。跟随在选项之后的是要匹配的字符串（Linux），然后是分组过滤表达式，其过滤器语法和tcpdump一样。

11.3.3　工作原理

ngrep同样会设置网卡的混杂模式，允许嗅探网络上出现的所有分组，不管是否为发往本机的。

上一个例子中显示了所有的HTTP流量。如果主机处于无线网络或是通过集线器（非交换机）接入有线网络，ngrep能够显示出网络中所有用户的Web流量。

11.3.4　补充内容

选项-x能够以十六进制和可打印形式显示分组内容。该选项可以配合-x在分组中搜索二进制字符串（可能是病毒签名或是某些已知模式）。

下面的例子在HTTPS连接中监视指定的二进制流：

```
# ngrep -xX '1703030034' port 443
interface: eth0 (192.168.1.0/255.255.255.0)
filter: ( port 443 ) and (ip or ip6)
match: 0x1703030034
##################################################
T 172.217.6.1:443 -> 192.168.1.44:40698 [AP]
  17 03 03 00 34 00 00 00    00 00 00 00 07 dd b0 02    ....4...........
  f5 38 07 e8 24 08 eb 92    3c c6 66 2f 07 94 8b 25    .8..$...<.f/...%
  37 b3 1c 8d f4 f0 64 c3    99 9e b3 45 44 14 64 23    7.....d....ED.d#
  80 85 1b a1 81 a3 d2 7a    cd                         .......z.
```

井字符号表示被扫描的分组，这些分组中不匹配指定的模式。ngrep还有很多其他的选项，详细信息可以参阅其手册页。

11.4　使用 ip 跟踪网络路由

实用工具ip可以报告网络状态信息，其中包括发送和接收了多少分组、发送的分组类型、如何对分组进行路由等。

11.4.1　预备知识

第8章中讲过的netstat是所有Linux发行版中都包含的标准工具，但如今已经被像ip这样更为高效的工具所取代。这些新工具都来自于iproute2软件包，如今大多数发行版中都已经安装了该软件包。

11

11.4.2　实战演练

ip的功能众多。在这则攻略中将会讨论几个有助于跟踪网络行为的功能。

1. 使用ip route输出路由

如果分组无法到达目的地（ping或traceroute命令失败），有经验的用户做的第一件事就是检查线缆。接着要做的就是检查路由表。如果表中缺少默认网关（0.0.0.0），那么分组只能被发送到本地网络上的其他主机。如果有多个网络，你需要在路由表中添加路由表项，以便能够通过网关在不同的网络之间转发分组。

ip route命令能够输出已知的路由：

```
$ ip route
10.8.0.2 dev tun0 proto kernel scope link src 10.8.0.1
192.168.87.0/24 dev vmnet1 proto kernel scope link src 192.168.87.1
192.168.1.0/24 dev eth0 proto kernel scope link src 192.168.1.44
default via 192.168.1.1 dev eth0 proto static
```

ip route的输出以空格分隔。每行的第一个输出项之后是一系列关键字和对应的值。

上面输出的第一行表明地址10.8.0.2是一个使用内核协议（kernel protocol）的隧道设备，该地址仅对此设备有效。第二行表示网络192.168.87.x用于同虚拟机进行通信。第三行描述了系统所在的主网络（primary network），对应的网络设备是/dev/eth0。最后一行定义了通过eth0指向192.168.1.1的默认路由。

ip route命令输出中包含的关键字如下。

- □ via：指明下一跳的地址。
- □ proto：该路由所使用的协议。使用内核协议的路由是内核所设置的，管理员负责设置静态路由。
- □ scope：地址的有效范围。如果scope取值为link，则表明地址仅对该设备有效。
- □ dev：与该地址关联的设备。

2. 跟踪最近的IP连接和ARP表

ipneighbor命令可以输出IP地址、设备与硬件MAC地址之间的已知关系。通过该命令可以了解到这种关系是最近重新建立的还是已经变得陈旧（stale）了：

```
$>ip neighbor
192.168.1.1 dev eth0 lladdr 2c:30:33:c9:af:3e STALE
192.168.1.4 dev eth0 lladdr 00:0a:e6:11:c7:dd STALE
172.16.183.138 dev vmnet8 lladdr 00:50:56:20:3d:6c STALE

192.168.1.2 dev eth0 lladdr 6c:f0:49:cd:45:ff REACHABLE
```

ipneighbor命令的输出显示本系统与默认网关、主机192.168.1.4以及虚拟机172.16.183.138之间在最近一段时间内都没有发生活动，除此之外，主机192.168.1.2刚接入网络不久。

当前状态REACHABLE表明该arp表项是最新的，主机拥有远程系统的MAC地址。这里的STALE状态并不是说系统不可达，只是表明该arp表项已过时（expired）。当系统尝试使用这种表项时，会先发送ARP请求验证IP地址所对应的MAC地址。

MAC地址与IP地址之间的映射关系只有在更换硬件或是重新设置设备参数的情况下才会发生变化。

如果网络设备出现间歇性的连接故障，有可能是两个设备使用了相同的IP地址。也有可能是运行了两个DHCP服务器或是手动分配了已经被占用的地址。

如果两个设备使用了相同的IP地址，该IP地址对应的MAC地址会不时发生变化，ipneihbor命令可以帮助我们找出配置不当的设备。

3. 跟踪路由

第8章中讲过的命令traceroute可以跟踪分组从当前主机到目的地所经历的完整路径。route get可以输出当前主机的下一跳地址：

```
$ ip route get 172.16.183.138
172.16.183.138 dev vmnet8 src 172.16.183.1
cachemtu 1500 hoplimit 64
```

上面的输出显示到达虚拟机的路由需要经过地址为172.16.183.1的接口vmnet8。发往此处的分组如果大于1500字节，需要进行分片，经过64跳之后会被丢弃：

```
$ in route get 148.59.87.90
148.59.87.90 via 192.168.1.1 dev eth0 src 192.168.1.3
cachemtu 1500 hoplimit 64
```

如果要将分组送达到Internet上的某个地址，分组需要先通过默认网关离开本地网络，主机上的eth0接口（IP地址为192.168.1.3）与该网关相连接。

11.4.3 工作原理

ip命令作为各种内核表的接口，运行在用户空间中。借助于该命令，普通用户可以检查网络配置，高级用户可以配置网络。

11.5 使用 strace 跟踪系统调用

GNU/Linux系统可能同时运行数百个任务，但是系统中只有一张网卡、一块硬盘、一个键盘等。Linux内核负责分配这些有限的资源，控制任务对资源的访问。这就避免了两个任务不小心搞乱磁盘文件中的数据。

当你运行应用程序时，它会用到用户空间库（例如printf和fopen这样的函数）和系统空间库（例如write和open这样的函数）。如果程序调用printf（或是脚本调用echo命令）格式化输出字符串，它调用的就是用户空间库函数printf。该函数接着会再调用系统空间库函数write。系统调用会确保一次只有一个任务能够访问特定的资源。

在理想情况下，所有的计算机程序各行其道，不出任何问题。在相对理想的情况下，你拥有源代码，程序在编译时加入了调试支持，即便出了故障，也能表现出一致性。

在现实情况下，你有时候不得不同没有源代码的程序打交道，这些程序还会出现间歇性故障。开发人员也爱莫能助，除非你能给他们一些工作数据。

Linux的strace命令能够输出应用程序所用到的系统调用，这可以在没有源代码的情况下帮助我们理解程序的意图。

11.5.1   预备知识

strace是作为开发者软件包（Developer package）的一部分安装的，也可以单独进行安装：

```
$ sudo apt-get install strace
$ sudo yum install strace
```

11.5.2   实战演练

理解strace的一种方法就是编写一个简短的C程序，然后使用strace查看涉及的系统调用。

这个测试程序会分配内存，然后使用分配到的内存打印出一条信息，再释放内存，最后退出。

strace的输出显示了该程序所调用的系统函数：

```
$ cattest.c
#include <stdio.h>
#include <stdlib.h>
#include <string.h>
main () {
  char *tmp;
  tmp=malloc(100);
  strcat(tmp, "testing");
  printf("TMP: %s\n", tmp);
  free(tmp);
  exit(0);
}
```

```
$ gcctest.c
$ strace ./a.out
execve("./a.out", ["./a.out"], [/* 51 vars */]) = 0
brk(0)                                   = 0x9fc000
mmap(NULL, 4096, PROT_READ|PROT_WRITE, MAP_PRIVATE|MAP_ANONYMOUS, -1, 0) =
0x7fc85c7f5000
access("/etc/ld.so.preload", R_OK)       = -1 ENOENT (No such file or
directory)
open("/etc/ld.so.cache", O_RDONLY)       = 3
fstat(3, {st_mode=S_IFREG|0644, st_size=95195, ...}) = 0
mmap(NULL, 95195, PROT_READ, MAP_PRIVATE, 3, 0) = 0x7fc85c7dd000
close(3)                                 = 0
open("/lib64/libc.so.6", O_RDONLY)       = 3
read(3,
"\177ELF\2\1\1\3\0\0\0\0\0\0\0\0\3\0>\0\1\0\0\0000\356\1\16;\0\0\0"...,
832) = 832
fstat(3, {st_mode=S_IFREG|0755, st_size=1928936, ...}) = 0
mmap(0x3b0e000000, 3750184, PROT_READ|PROT_EXEC, MAP_PRIVATE|MAP_DENYWRITE,
3, 0) = 0x3b0e000000
mprotect(0x3b0e18a000, 2097152, PROT_NONE) = 0
mmap(0x3b0e38a000, 24576, PROT_READ|PROT_WRITE,
MAP_PRIVATE|MAP_FIXED|MAP_DENYWRITE, 3, 0x18a000) = 0x3b0e38a000
mmap(0x3b0e390000, 14632, PROT_READ|PROT_WRITE,
MAP_PRIVATE|MAP_FIXED|MAP_ANONYMOUS, -1, 0) = 0x3b0e390000
close(3)                                 = 0
mmap(NULL, 4096, PROT_READ|PROT_WRITE, MAP_PRIVATE|MAP_ANONYMOUS, -1, 0) =
0x7fc85c7dc000
mmap(NULL, 4096, PROT_READ|PROT_WRITE, MAP_PRIVATE|MAP_ANONYMOUS, -1, 0) =
0x7fc85c7db000
mmap(NULL, 4096, PROT_READ|PROT_WRITE, MAP_PRIVATE|MAP_ANONYMOUS, -1, 0) =
0x7fc85c7da000
arch_prctl(ARCH_SET_FS, 0x7fc85c7db700) = 0
mprotect(0x3b0e38a000, 16384, PROT_READ) = 0
mprotect(0x3b0de1f000, 4096, PROT_READ) = 0
munmap(0x7fc85c7dd000, 95195)            = 0
brk(0)                                   = 0x9fc000
brk(0xa1d000)                            = 0xa1d000
fstat(1, {st_mode=S_IFCHR|0620, st_rdev=makedev(136, 11), ...}) = 0
mmap(NULL, 4096, PROT_READ|PROT_WRITE, MAP_PRIVATE|MAP_ANONYMOUS, -1, 0) =
0x7fc85c7f4000
write(1, "TMP: testing\n", 13)           = 13
exit_group(0)                            = ?
+++ exited with 0 +++
```

11

11.5.3　工作原理

第一行是应用程序的标准启动步骤。系统调用execve用于初始化新的可执行代码。brk调用可以返回当前的内存地址，mmap调用为动态链接库和状态信息分配了4096字节的内存。

访问ld.so.preload失败的原因在于ld.so.preload是一个用于预装载库代码的钩子。在大多数生产系统（production sysytem）中并不需要它。

ld.so.cache是/etc/ld.so,conf.d在内存中的副本，其中包含了动态链接库的装载路径。这些内容会保存在内存中，以降低启动程序时的开销。

接下来出现的系统调用mmap、mprotect、arch_prctl和munmap继续载入库代码并将设备映射到内存中。

程序中的malloc调用引发了两次brk系统调用。结果是从堆中分配了100字节。

strcat是用户空间函数，不会引发系统调用。

printf也不会引发系统调用，它会将格式化过的字符串发送到stdout。

fstat和mmap系统调用载入并初始化stdout设备。这两个调用在程序中只出现了一次，用于生成stdout的输出。

write系统调用将字符串发往stdout。

最后，exit_group系统调用负责退出程序、释放资源以及终止与进程相关的所有线程。

注意，并没有与释放内存操作相对应的brk系统调用。malloc和free函数是用于管理任务内存的用户空间函数。它们仅在程序总的内存占用情况发生变化时才会调用brk。如果程序分配了N字节的内存，这些内存会被添加到其可用内存中。当进行释放时，这部分内存会被标为不可用状态，但仍会被保留在程序的内存池中。下一次调用malloc时，就会从内存池中划分，直到耗尽为止。这时候才会再次调用brk从系统申请更多的内存。

11.6　使用 `ltrace` 跟踪动态库函数

和系统函数一样，了解用户空间函数的调用情况同样有用。ltrace命令和strace功能相似，不过前者跟踪的是用户空间函数。

11.6.1　预备知识

ltrace命令是作为开发者软件包的一部分安装的。

11.6.2　实战演练

要想跟踪用户空间的动态库调用，只需要把待跟踪的程序放在ltrace命令之后就可以了：

```
$ ltrace myApplication
```

下面是一个包含了自定义函数调用的示例程序：

```
$ cat test.c
#include <stdio.h>
#include <stdlib.h>
#include <string.h>

int print (char *str) {
  printf("%s\n", str);
}
main () {
  char *tmp;
  tmp=malloc(100);
  strcat(tmp, "testing");
  print(tmp);
  free(tmp);
  exit(0);
}
$ gcctest.c
$ ltrace ./a.out
(0, 0, 603904, -1, 0x1f25bc2)                          = 0x3b0de21160
__libc_start_main(0x4005fe, 1, 0x7ffd334a95f8, 0x400660, 0x400650
<unfinished ...>
malloc(100)                                            = 0x137b010
strcat("", "testing")                                  = "testing"
puts("testing")                                        = 8
free(0x137b010)                                        = <void>
exit(0 <unfinished ...>
+++ exited (status 0) +++
```

在ltrace的输出中，我们看到调用了动态链接函数strcat，但是并没有调用静态链接的本地函数print。对于printf的调用被编译器简化为调用puts。除此之外，还出现了malloc和free调用，因为这两者也属于用户空间函数。

11.6.3　工作原理

ltrace和strace利用ptrace函数重写了**过程链接表**（Procedure LinkageTable，PLT），该表负责建立动态库函数调用与实际函数地址之间的映射。这意味着ltrace能够拦截所有的动态链接函数，但是无法拦截静态链接函数。

11.6.4　补充内容

ltrace和strace固然有用，但如果能同时跟踪用户空间和系统空间的函数调用那就再好不过了。ltrace的选项-S可以满足这种需求。下面的例子展示了ltrace -S的输出：

```
$>ltrace -S ./a.out
SYS_brk(NULL)                                          = 0xa9f000
SYS_mmap(0, 4096, 3, 34, 0xffffffff)                   = 0x7fcdce4ce000
SYS_access(0x3b0dc1d380, 4, 0x3b0dc00158, 0, 0)        = -2
SYS_open("/etc/ld.so.cache", 0, 01)                    = 4
```

```
SYS_fstat(4, 0x7ffd70342bc0, 0x7ffd70342bc0, 0, 0xfefefefefefefeff) = 0
SYS_mmap(0, 95195, 1, 2, 4)                                 = 0x7fcdce4b6000
SYS_close(4)                                                = 0
SYS_open("/lib64/libc.so.6", 0, 00)                         = 4
SYS_read(4, "\177ELF\002\001\001\003", 832)                = 832
SYS_fstat(4, 0x7ffd70342c20, 0x7ffd70342c20, 4, 0x7fcdce4ce640) = 0
SYS_mmap(0x3b0e000000, 0x393928, 5, 2050, 4)               = 0x3b0e000000
SYS_mprotect(0x3b0e18a000, 0x200000, 0, 1, 4)              = 0
SYS_mmap(0x3b0e38a000, 24576, 3, 2066, 4)                  = 0x3b0e38a000
SYS_mmap(0x3b0e390000, 14632, 3, 50, 0xffffffff)           = 0x3b0e390000
SYS_close(4)                                                = 0
SYS_mmap(0, 4096, 3, 34, 0xffffffff)                       = 0x7fcdce4b5000
SYS_mmap(0, 4096, 3, 34, 0xffffffff)                       = 0x7fcdce4b4000
SYS_mmap(0, 4096, 3, 34, 0xffffffff)                       = 0x7fcdce4b3000
SYS_arch_prctl(4098, 0x7fcdce4b4700, 0x7fcdce4b3000, 34, 0xffffffff) = 0
SYS_mprotect(0x3b0e38a000, 16384, 1, 0x3b0e20fd8, 0x1f25bc2) = 0
SYS_mprotect(0x3b0de1f000, 4096, 1, 0x4003e0, 0x1f25bc2)   = 0
(0, 0, 987392, -1, 0x1f25bc2)                              = 0x3b0de21160
SYS_munmap(0x7fcdce4b6000, 95195)                          = 0
__libc_start_main(0x4005fe, 1, 0x7ffd703435c8, 0x400660, 0x400650
<unfinished ...>
malloc(100 <unfinished ...>
SYS_brk(NULL)                                              = 0xa9f000
SYS_brk(0xac0000)                                          = 0xac0000
<... malloc resumed> )                                     = 0xa9f010
strcat("", "testing")                                      = "testing"
puts("testing" <unfinished ...>
SYS_fstat(1, 0x7ffd70343370, 0x7ffd70343370, 0x7ffd70343230, 0x3b0e38f040)
= 0
SYS_mmap(0, 4096, 3, 34, 0xffffffff)                       = 0x7fcdce4cd000
SYS_write(1, "testing\n", 8)                               = 8
<... puts resumed> )                                       = 8
free(0xa9f010)                                             = <void>
exit(0 <unfinished ...>
SYS_exit_group(0 <no return ...>
+++ exited (status 0) +++
```

输出结果和strace例子中的一样（sbrk、mmap等）。

如果用户空间函数调用了系统空间函数（比如malloc和puts），输出中会显示用户空间函数被中断（malloc(100 <unfinished...>)），然后在完成系统调用之后恢复（<... malloc resumed>）。

注意，malloc需要将控制权转交给sbrk来为应用程序分配更多的内存。但是free并不会减少应用程序的内存占用量，它只是释放内存，以供后续使用。

系统调优

12

12.1 简介

没有哪个系统能够满足我们对于速度的追求，任何计算机系统的性能都有提高的余地。

我们可以通过关闭无用的服务、调整内核参数或是添加新的硬件来改善系统性能。

系统调优的第一步是理解系统需求以及是否能够满足这些需求。不同类型的应用程序有各自不同的关键指标。你需要回答的问题如下。

- 系统的关键资源是不是CPU？从事工程模拟的系统对于CPU频率的需求要强于其他资源。
- 网络带宽对于系统是否重要？文件服务器不用做什么运算操作，但却能榨干网络带宽。
- 磁盘访问速度对于系统是否重要？相较于计算引擎，文件服务器或数据库服务器对于磁盘的要求更高。
- 系统的关键资源是不是内存？没有哪个系统不需要内存，但是数据库服务器通常需要在内存中建立大规模的数据表来执行查询，文件服务器如果配备了大容量的磁盘缓存，效率会更高。
- 你的系统是否被黑过？系统突然变得迟缓的原因可能是运行了恶意软件。这种情况在Linux系统中并不常见，但是拥有大量用户的系统（例如大学或商业网络）容易遭受到暴力密码破解攻击。

接下来的问题是：该如何测算资源的使用情况？知晓了系统的使用模式之后，自然会引发这个问题，但是未必能给出问题的答案。文件服务器会将经常访问的文件缓存在内存中，因此对于内存不足的文件服务器，限制其性能表现的也许是磁盘/内存，而不是网络带宽。

Linux拥有不少系统分析工具。很多都已经在第8章、第9章和第11章中讲过了。本章将会介绍其他一些性能监视工具。

下面是可用于检查各子系统的工具列表。其中很多（并非全部）工具在本书中都已经讨论过了。

- **CPU**：`top`、`dstat`、`perf`、`ps`、`mpstat`、`strace`和`ltrace`。
- **网络**：`netstat`、`ss`、`iotop`、`ip`、`iptraf`、`nicstat`、`ethtool`和`lsof`。
- **磁盘**：`ftrace`、`iostat`、`dstat`和`blktrace`。
- **内存**：`top`、`dstat`、`perf`、`vmstat`和`swapon`。

这些工具中有很多已经包含在了标准Linux发行版中。其他的可以使用包管理器自行安装。

12.2　识别服务

Linux系统可以同时运行数百个任务。其中大多数都属于操作系统环境的组成部分，不过可能也会有那么一两个你不需要的守护进程。

有3种可用于启动守护进程和服务的工具，Linux发行版支持其中任意一种。传统的SysV系统使用/etc/init.d中的脚本。较新的systemd守护进程除了使用/etc/init.d之外，还用到了`systemctl`调用。还有些发行版使用的是upstart，配置脚本保存在/etc/init中。

systemd如今已经取代了SysVinit系统。upstart是由Ubuntu开发并采用的，但是在14.04版中，已经改成了systemd。考虑到大多数发行版使用的都是systemd，因此本章将重点放在了该系统。

12.2.1　预备知识

第一步要做的是确定系统使用的是SysVinit、systemd还是upstart。

Linux/Unix系统必须有一个PID为1的初始化进程。该进程会执行`fork`和`exec`系统调用，生成其他进程。`ps`命令可以告诉你运行的是哪一个初始化进程：

```
$ ps -p 1 -o cmd
/lib/system/systemd
```

在上面的例子中，系统显然使用的是sysytemd。但是在有些发行版中，`SysVinit`程序只是实际的`init`程序的一个符号链接，而且不管你用的是SysVinit、upstart还是systemd，`ps`命令输出的总是/sbin/init：

```
$ ps -p 1 -o cmd
/sbin/init
```

ps和grep命令可以给出更多的线索：

```
$ ps -eaf | grep upstart
```

或者也可以这样

```
ps -eaf | grep systemd
```

如果上面的命令返回upstart-udev-bridge或systemd/systemd，则表明系统运行的是upstart或systemd。如果找不到匹配的内容，说明系统可能运行的是SysVinit。

12.2.2 实战演练

大多数发行版都支持service命令。选项-status-all可以输出/etc/int.d中所定义的全部服务的当前状态。

该命令在不同的发行版中的输出也不尽相同：

```
$> service --status-all
```

Debian：

```
[ + ] acpid
[ - ] alsa-utils
[ - ] anacron
[ + ] atd
[ + ] avahi-daemon
[ - ] bootlogs
[ - ] bootmisc.sh
...
```

CentOS：

```
abrt-ccpp hook is installed
abrtd (pid 4009) is running...
abrt-dump-oops is stopped
acpid (pid 3674) is running...
atd (pid 4056) is running...
auditd (pid 3029) is running...
...
```

可以使用grep命令筛选输出，只显示处于运行状态的服务。

Debian：

```
$ service -status-all | grep +
```

12

CentOS：

```
$ service -status-all | grep running
```

你应该把不必要的服务都禁止掉。这可以降低系统负载，提高安全性。

需要检查的服务如下。

- ❑ smbd、nmbd：这两个是Samba守护进程，用于在Linux和Windows系统间共享资源。
- ❑ telnet：这是一个古老的、不安全的登录程序。除非有无法抗拒的需求，否则应该使用SSH。
- ❑ ftp：另一个同样古老、不安全的文件传输协议。应该用SSH和SCP代替。
- ❑ rlogin：远程登录。使用SSH要更安全。
- ❑ rexec：远程执行命令。使用SSH要更安全。
- ❑ automount：如果你没有用NFS或Samba，就不需要这个。
- ❑ named：该守护进程提供了**域名服务**（DNS）。只有在系统定义了域名及其对应的IP地址的情况下才有必要使用该服务。你不需要用它来解析域名和访问网络。
- ❑ lpd：**行式打印机守护进程**（Line Printer Daemon）可以让其他主机使用本系统的打印机。如果不打算用作打印服务器，没必要使用该服务。
- ❑ nfsd：NFS守护进程。允许远程主机挂载本地主机的磁盘分区。如果不是用作文件服务器，可以不使用该服务。
- ❑ portmap：NFS服务的一部分。如果系统没有启用NFS，可以不使用该服务。
- ❑ mysql：数据库服务器。Web服务器可能需要用到它。
- ❑ httpd：HTTP守护进程。有时候是作为Server System软件组的一部分安装的。

禁止无用服务的方法不止一种，这取决于你使用的系统是基于Redhat还是Debian，运行的是systemd、SysV还是upstart。不管使用哪种方法，必须有root权限。

1. 基于systemd的系统

systemctl命令可以启用或禁止服务。

启用服务：

```
systemctl enable SERVICENAME
```

禁止服务：

```
systemctl disable SERVICENAME
```

可以使用下列命令禁止FTP服务：

```
# systemctl disable ftp
```

2. 基于RedHat的系统

对于采用了SysV方式初始化脚本（/etc/rc#.d）的系统来说，可以将chkconfig作为前端工具使用。选项-del用于禁止服务，-add用于启用服务。注意，启用服务时必须有相应的初始化文件。

命令语法如下：

```
# chkconfig -del SERVICENAME
# chkconfig -add SERVICENAME
```

可以使用下列命令禁止HTTPD服务：

```
# chkconfig -del httpd
```

3. 基于Debian的系统

基于Debian的系统提供了update-rc.d工具来控制SysV方式的初始化脚本。update-rc.d支持enable和disable两个子命令。

可以使用下列命令禁止telnet服务：

```
# update-rc.ddisabletelnetd
```

12.2.3　补充内容

以上这些方法会查找在启动时由SysV或systemd初始化脚本所启用的服务。但有些服务可能是手动启用，或是在启动脚本中，亦或是通过xinetd启用。

xinetd守护进程的功能与init类似：两者都负责启用服务。和init不同的是，xinetd是按需启用服务。像SSH这样的服务，并不需要频繁启用，如果一旦启用，就会运行很长一段时间，按需启用可以降低系统负载。像httpd这种需要频繁执行一些简单操作（返回Web页面）的服务，更有效的方式就是启用后一直保持运行。

xinet的配置文件是/etc/xinetd.conf。单独的服务文件通常保存在/etc/xinetd.d中。

服务文件的格式类似于下面这样：

```
# cat /etc/xinetd.d/talk
# description: The talk server accepts talk requests for chatting \
# with users on other systems.
service talk
{
 flags    = IPv4
 disable   = no
 socket_type  = dgram
 wait    = yes
```

```
user       = nobody
group      = tty
server     = /usr/sbin/in.talkd
}
```

更改disable字段的值就可以启用或禁止服务。如果disable的值为no，表示启用服务；如果disable的值为yes，则禁用服务。

编辑完服务文件后，一定要重启xinetd：

```
# cd /etc/init.d
# ./inetd restart
```

12.3 使用 ss 收集套接字数据

由init和xinetd启动的守护进程未必是系统中所运行的全部服务。init本地文件中（/etc/rc.d/rc.local）的命令、crontab表项、甚至是特权用户都可以启动守护进程。

ss命令会返回套接字统计信息，其中包括使用套接字的服务以及当前套接字状态。

12.3.1 预备知识

实用工具ss作为iproute2软件包的一部分已经安装在了如今大部分的发行版中。

12.3.2 实战演练

ss能够显示出比netstat更多的信息。下面将介绍该工具的一些特性。

1. 显示tcp套接字状态

每一次HTTP访问、每一个SSH会话都会打开一个tcp套接字连接。选项-t可以输出TCP连接的状态：

```
$ ss -t
ESTAB       0    0    192.168.1.44:740      192.168.1.2:nfs
ESTAB       0    0    192.168.1.44:35484    192.168.1.4:ssh

CLOSE-WAIT  0    0    192.168.1.44:47135    23.217.139.9:http
```

从命令输出中可以看到有两个连接，分别指向192.168.1.2上的NFS和192.168.1.4上的SSH。CLOSE-WAIT状态表示报文段FIN已经发送，但是套接字尚未完全关闭。一个套接字可以永远（或者是在重启系统之前）停留在这种状态。终止拥有该套接字的进程也许能够将其释放，但并非总是一定能。

2. 跟踪侦听端口的应用程序

系统服务会打开一个套接字并将其设置为listen（侦听）模式，用于接受来自远程主机的网络连接。SSHD以此侦听SSH连接，httpd以此接受HTTP请求。

如果系统被黑，可能会多出一个新的程序，负责侦听攻击者的指令。

ss的选项-l可以列出处于listen模式的套接字。选项-u指定只输出UDP套接字。选项-t指定只输出TCP套接字。

下面的命令显示出了Linux工作站上负责侦听的UDP套接字：

```
$ ss -ul
State           Recv-Q    Send-Q        Local  Address:Port        Peer
Address:Port
UNCONN          0         0             *:sunrpc                   *:*
UNCONN          0         0             *:ipp                      *:*
UNCONN          0         0             *:ntp                      *:*
UNCONN          0         0             127.0.0.1:766              *:*
UNCONN          0         0             *:898                      *:*
```

输出显示系统能够接受远程过程调用（Remote Procedure Call，RPC）。对应的sunrpc端口由程序portmap所占用。portmap控制着RPC服务的访问，nfs客户端和服务器都要用到该程序。

ipp和ntp端口分别由Internet打印协议（Internet Printing Protocol）和网络时间协议（Network Time Protocol）所占用。这两者各有其用，但不是每个系统都需要。

/etc/services中并没有列出端口号766和898[①]。lsof命令的选项-I能够显示出占用了某端口的任务。该命令在使用时需要有root权限：

```
# lsof -I :898
```

或者

```
# lsof -n -I :898

COMMAND   PID  USER    FD    TYPE DEVICE SIZE/OFF NODE NAME
rpcbind   3267 rpc     7u    IPv4 16584       0t0  UDP *:898
rpcbind   3267 rpc     10u   IPv6 16589       0t0  UDP *:898
```

从命令输出中可以看出，侦听端口898的是RPC系统的一部分，并不是骇客。

12.3.3 工作原理

ss命令利用系统调用从内部的内核用表中提取信息。/etc/services中定义了系统中已知的服务和端口。

12

---

① ss命令因此无法像前3项输出那样将端口号映射为端口名称。

12.4   使用 **dstat** 收集系统 I/O 使用情况

知道系统运行了哪些服务也许并不能告诉你是谁拖慢了系统。top命令（第9章讲过）可以报告CPU占用情况以及I/O等待时间，但这可能也不足以找出导致系统过载的任务。

跟踪I/O以及上下文切换有助于揪出问题的源头。

dstat实用工具可以为你指出系统潜在的瓶颈。

12.4.1   预备知识

dstat通常并没有预装，你需要使用包管理器自行安装。该工具要用到Python 2.2，后者在如今的Linux系统中都已经默认安装过了：

```
# apt-get install dstat
# yum install dstat
```

12.4.2   实战演练

dstat能够以固定的时间间隔显示出磁盘、网络、内存使用以及所运行任务的相关信息。其默认输出可以让你了解到整个系统的活动情况。如果不特别指定，输出内容每隔一秒钟就会更新一行，可以非常方便地与之前的数据进行对比。

dstat支持多种选项，可用于跟踪占用资源位于前列的用户。

查看系统活动

如果不使用任何选项，dstat会每隔一秒显示出CPU占用、磁盘I/O、网络I/O、分页、中断以及上下文切换信息。

下面是dstat的输出：

```
$ dstat
----total-cpu-usage---- -dsk/total- -net/total- ---paging-- ---system--
usr sys idl wai hiq siq| read  writ| recv  send|  in   out | int   csw
  1   2  97   0   0   0|5457B   55k|   0     0 |   0     0 |1702  3177
  1   2  97   0   0   0|   0     0 |  15k 2580B|   0     0 |2166  4830
  1   2  96   0   0   0|   0    36k|1970B 1015B|   0     0 |2122  4794
```

第一行输出可以忽略，这些值都是dstat输出的初始化内容。余下的行显示了一段时间内的系统活动。在这个例子中，CPU大部分时间都处于闲置状态，磁盘活动很少。系统产生了网络流量，不过也只是每秒钟几个分组而已。

该系统并没有发生换页操作。Linux只有在主存不足的时候才会将内存页面换出到磁盘。尽管换页机制可以让系统运行比原先更多的程序，但是磁盘的访问速度要比内存慢了数千倍，由此也会相应地拖慢系统的运行速度。

如果你在系统中发现持续的换页活动，这表示需要增添更多的内存或是减少运行的程序数量。

有些数据库查询操作需要在内存中构建大规模的数据表，这种操作会引发间歇性的系统换页。可以修改查询语句，使用IN操作符来代替JOIN操作符，以此降低内存需求。（这属于高级SQL知识，已经超出了本书的范围。）

在每一次系统调用（参考第11章中讲过的strace和ltrace）或者时间片到期，轮到另一个进程访问CPU的时候都会发生**上下文切换**（context switch, csw）。无论是I/O操作还是调整进程内存占用都需要执行系统调用。

如果系统每秒钟要完成数以万计的上下文切换，那么可以认为这是一种潜在的问题。

12.4.3　工作原理

dstat是一个Python脚本，可以从/proc文件系统（第10章中讲到过）中收集并分析数据。

12.4.4　补充内容

dstat可以按类别找出占用资源最多的进程。

❏ --top-bio：用于描述磁盘使用情况，可以显示出执行块I/O最多的进程。
❏ --top-cpu：用于描述CPU使用情况，可以显示出CPU占用率最高的进程。
❏ --top-io：用于描述I/O使用情况，可以显示出执行I/O操作最多的进程（通常是网络I/O）。
❏ --top-latency：用于描述系统负载情况，可以显示出延迟最高的进程。
❏ --top-mem：用于描述内存使用情况，可以显示出占用内存最多的进程。

下面的例子显示了CPU和网络的使用情况以及占用这两种资源最多的进程：

```
$ dstat -c --top-cpu -n --top-io
----total-cpu-usage---- -most-expensive- -net/total- ----most-expensive----
usr sys idl wai hiq siq|  cpu process   | recv   send|  i/o process
  1   2  97   0   0   0|vmware-vmx  1.0|    0      0 |bash          26k    2B
  2   1  97   0   0   0|vmware-vmx  1.7|  18k 3346B|xterm        235B 1064B
  2   2  97   0   0   0|vmware-vmx  1.9| 700B 1015B|firefox       82B   32k
```

在有虚拟机运行的系统中，虚拟机占用的CPU时间最多，但执行的I/O操作却不是最多的。CPU在大部分时间中都处于闲置状态。

选项-c和-n分别指定显示CPU和网络使用情况。

12

12.5   使用 **pidstat** 找出资源占用大户

dstat的选项--top-io和--top-cpu能够找出占用资源最多的进程，但如果某个资源占用大户存在多个运行实例的话，单凭这两个选项不足以追查出问题所在。

pidstat能够输出每个进程的统计信息，我们可以对这些信息进行排序，作出进一步的判断。

12.5.1   预备知识

pidstat可能默认并没有安装。可以使用下列命令自行安装：

```
# apt-get install sysstat
```

12.5.2   实战演练

pidstat包含多种选项，可以生成各种输出。

❑ -d：输出I/O统计。
❑ -r：输出缺页故障和内存使用情况。
❑ -u：输出CPU使用情况。
❑ -w：输出任务切换（上下文切换）情况。

输出上下文切换活动：

```
$ pidstat -w | head -5
Linux 2.6.32-642.11.1.el6.x86_64 (rtdaserver.cflynt.com)
02/15/2017  _x86_64_ (12 CPU)

11:18:35 AM    PID    cswch/s    nvcswch/s    Command
11:18:35 AM    1      0.00       0.00         init
11:18:35 AM    2      0.00       0.00         kthreadd
```

pidstat的输出是按照PID排序的。我们可以根据需要，使用sort重新排序输出。下面的命令显示了每秒钟发生上下文切换次数（选项-w输出中的第4列）最多的前5个进程：

```
$ pidstat -w | sort -nr -k 4 | head -5
11:13:55 AM    13054    351.49    9.12    vmware-vmx
11:13:55 AM    5763     37.57     1.10    vmware-vmx
11:13:55 AM    3157     27.79     0.00    kondemand/0
11:13:55 AM    3167     21.18     0.00    kondemand/10
11:13:55 AM    3158     21.17     0.00    kondemand/1
```

12.5.3   工作原理

pidstat通过查询内核来获取任务信息。sort和head命令减少了数据量，让我们可以将注意力集中在霸占资源的程序上面。

12.6 使用 `sysctl` 调优 Linux 内核

Linux内核包含了大约1000个可调节的参数。这些参数的默认取值适合于一般的使用场景，这也意味着它们并非对每个人都是十全十美的。

12.6.1 预备知识

sysctl命令适用于所有的Linux系统。你必须以root的身份才能修改内核参数。

该命令可以立刻改变参数值，但除非将参数定义在/etc/sysctl.conf中，否则重启之后，修改过的值又会恢复原样。

最好是在修改sysctl.conf之前先进行测试。如果将错误的值写入/etc/sysctl.conf，会导致系统无法启动。

12.6.2 实战演练

sysctl支持下列选项。

- `-a`：输出所有的参数。
- `-p FILENAME`：从FILENAME中读入值。默认从/etc/sysctl.conf中读取。
- `PARAM`：输出PARAM的当前值。
- `PARAM=NEWVAL`：设置PARAM的值。

1. 任务调度器调优

任务调度器是针对桌面环境优化的，在这种环境下，快速响应用户操作要比整体效率更重要。延长任务的切换间隔能够提高服务器系统的性能。下面的例子查看了kernel.sched_migration_cost_ns的值：

```
$ sysctl kernel.shed_migration_cost_ns
kernel.sched_migration_cost_ns = 500000
```

kernel.sched_migration_cost_ns（在比较旧的内核中是kernel.sched_migration n_cost）控制着任务在被切换之前能够保持活跃状态的时长。在拥有着大量任务或线程的系统中，这会导致大量的开销耗费在上下文切换上。默认值500 000纳秒对于运行Postgres或Apache服务器的系统无疑是过小了。建议将这个值修改为5微秒：

```
# sysctl kernel.sched_migration_cost_ns=5000000
```

12

在有些系统中（尤其是Postgres服务器），取消参数sched_autogroup_enabled的设置能够
提高性能。

2. 网络调优

对于需要执行大量网络操作的系统（NFS客户端、NFS服务器等）而言，网络缓存的默认值
可能过小了。

检查读缓存的最大值：

```
$ sysctl net.core.rmem_max
net.core.rmem_max = 124928
```

增加缓存大小：

```
# sysctl net.core.rmem_max=16777216
# sysctl net.core.wmem_max=16777216
# sysctl net.ipv4.tcp_rmem="4096 87380 16777216"
# sysctl net.ipv4.tcp_wmem="4096 65536 16777216"
# sysctl net.ipv4.tcp_max_syn_backlog=4096
```

12.6.3   工作原理

sysctl命令可以直接访问内核参数。在大多数发行版中，这些参数默认都是针对普通工作
站优化的。

如果系统内存容量大，可以增加缓冲区的值来提高性能；如果内存不足，可以减少缓存区的
值。如果系统作为服务器，可以将任务切换间隔值设置的比单用户工作站长一些。

12.6.4   补充内容

/proc文件系统存在于所有的Linux发行版中。对于系统中运行的任务以及所有主要的内核子
系统，在该文件系统中都有相应的目录。目录中的文件可以使用cat浏览和更新。

sysctl支持的参数通常/proc文件系统也支持。

因此，参数net.core.rmem_max可以以/proc/sys/net/core/rmem_max的形式访问。

12.7   使用配置文件调优 Linux 系统

Linux系统中包含多个文件，可用于定义磁盘挂载方式等。有些参数无需借助/proc或
sysctl，直接在这些文件中设置就行了。

12.7.1　预备知识

/etc目录下有多个文件,控制着系统的配置。这些文件可以使用标准编辑器(例如vi或emacs)进行编辑。所作出的变动可能需要等到系统重启之后才能生效。

12.7.2　实战演练

/etc/fstab文件定义了磁盘如何挂载以及所支持的选项。

Linux系统会记录文件创建、修改以及读取的时间。知道文件何时被读取基本上没什么用,常用工具(例如cat)每次访问文件的时候都要更新文件的访问时间,这种操作也会引入可观的开销。

挂载选项noatime和relatime可以降低磁盘颠簸(disk thrashing):

```
$ cat /dev/fstab
/dev/mapper/vg_example_root    /    ext4 defaults,noatime 1 1
/dev/mapper/gb_example_spool  /var ext4 defaults,relatime 1 1
```

12.7.3　工作原理

在上面的例子中,在挂载/分区(包括/bin和/usr/bin)时使用了常见的默认选项以及noatime选项,该选项禁止在每次访问文件时更新磁盘数据。/var分区(包括邮件目录)设置了relatime选项,该选项每天至少会更新一次文件访问时间,但并不会在每次访问文件的时候都更新。

12.8　使用 nice 命令更改调度器优先级

Linux中的每个任务都有其优先级。这个优先级的范围从–20到19。优先级越低(–20),分配给任务的CPU时间就越多。默认的优先级是0。

并非所有的任务都需要使用相同的优先级。交互式应用要求快速响应,否则用起来很不顺手。通过crontab运行的后台任务只需要在下次被调度运行之前执行完毕就行了。

nice命令可以修改任务的优先级。它能以指定的优先级启动任务。降低任务的优先级会释放出资源给其他任务。

12

12.8.1　实战演练

不加任何参数的nice命令会输出任务的当前优先级:

```
$ cat nicetest.sh
echo "my nice is `nice`"
$ sh nicetest.sh
my nice is 0
```

在nice后面跟上另一个命令名，会以10为优先级运行该命令[①]，也就是在任务默认优先级值上加10：

```
$ nicesh nicetest.sh
my nice is 10
```

如果在nice后面所跟的命令名之前加上一个值，那么就会以指定的优先级执行该命令：

```
$ nice -15 sh nicetest.sh
my nice is 15
```

只有超级用户能够指定负值来提升任务的优先级（更小的数字）：

```
# nice -adjustment=-15 nicetest.sh
my nice is -15
```

12.8.2   工作原理

nice命令会修改内核的调度表，以更高或更低的优先级运行任务。表示优先级的值越小，调度器分配给任务的CPU时间就越多。

12.8.3   补充内容

renice命令可以修改正在运行的任务的优先级。占用大量资源，但对运行时间没有特别要求的任务可以利用该命令降低优先级（madenicer）。top命令能够找出占用CPU最多的那些任务。

调用renice命令时需要指定新的优先级值以及进程ID（PID）：

```
$ renice 10 12345
12345: old priority 0, new priority 10
```

---

① 这里的10也可以认为代表的是任务的**友善度**（niceness）。友善度越高（值越大），占用的资源就越少。这种方式更容易理解nice命令。

第 13 章

在 云 端 *13*

本章内容

❑ 使用Linux容器　　　　　　　　❑ 在Linux中使用虚拟机

❑ 使用Docker　　　　　　　　　　❑ 云端的Linux

13.1　简介

现代Linux应用可以部署在专门的硬件、容器、虚拟机（VM）或是云端。这些解决方案有各自优劣，都可以使用脚本或GUI进行配置和维护。

如果你想部署单个应用的多个副本，每个副本都需要有自己的私有数据，那么容器就是一种理想的选择。例如，容器可以很好地同数据库驱动的Web服务器配合工作，其中每个服务器使用相同的Web基础设施，同时拥有私有数据。

容器的缺点在于它依赖于主机的系统内核。你可以在Linux主机上运行多个Linux发行版，但无法在容器中运行Windows。

如果实例需要各不相同的完整运行环境，虚拟机是最好的方案。借助于虚拟机，你可以在单个主机上运行Windows和Linux。如果不想在产品测试的时候摆上一大堆测试用机，但又需要在不同的发行版和操作系统上测试，应该考虑使用虚拟机。

虚拟机的缺点在于要占用大量的磁盘空间。每个虚拟机都包含了完整的计算机操作系统、设备驱动程序、全部的应用程序和实用工具等。Linux虚拟机需要至少一个处理核心和1GB内存，Windows虚拟机可能需要两个处理核心和4GB内存。如果你想同时运行多个虚拟机，必须有足够的内存来支撑各个虚拟机。否则，主机就不得不开始交换页面，影响到系统性能。

云就像是给了你大量可支配的计算机和带宽。你可能实际上是运行在云中的虚拟机或容器中，也可能拥有自己专属的系统。

云最大的优势在于可伸缩性。如果应用程序的规模会扩展或是使用模式上呈现出周期性的变化，那么能够在不用购买或租借新的硬件或带宽情况下实现资源的快速扩充或缩减就很有必要了。举例来说，如果你的系统需要处理学生注册，那么会出现一年两次，一次两周的超负荷工作状态，而余下的时间里，基本上就没什么事了。你可能需要一堆硬件来应付这两周的工作，但是又不想让这些硬件忙完之后闲置起来。

云的缺点在于你无法直观地感知到它。所有的维护及配置工作都是远程完成的。

13.2　使用 Linux 容器

Linux容器（Linux Container，lxc）包提供了Docker和LXD容器部署系统所用到的基本容器功能。

Linux容器利用了内核对于控制组（Control Group，cgroup）的支持以及第12章中介绍过的systemd工具。cgroups提供了能够控制程序组可用资源的工具。这些工具可以告知内核可供容器中所运行的进程使用的资源。容器能够有限地访问设备、网络、内存等。在资源上的控制能够避免容器之间的干扰或是对主机系统可能造成的破坏。

13.2.1　预备知识

市面上的发行版并不支持容器。你需要单独安装。不同的发行版在这方面的支持力度各不相同。lxc容器系统是由Canonical开发的，因而Ubuntu发行版具备完善的容器支持。Debian 9（Stretch）的表现要比Debian 8（Jessie）要好。

Fedora提供了有限的lxc容器支持。创建特权容器和桥接以太网连接并不难，但是在Fedora 25中，无法使用非特权容器所需要的cgmanager服务。

SuSE也只提供了有限的lxc容器支持。SuSE的`libvirt-lxc`包和lxc功能类似，却不尽相同。本章不会涉及该包。不包含以太网的特权容器在SuSE中很容易创建，但它不支持非特权容器和桥接以太网。

下面演示了如何在各种主流发行版中安装lxc支持。

在Ubuntu中，使用下列命令：

```
# apt-get install lxc1
```

Debian可能只在/egc/apt/sources.list中包含了安全仓库。如果是这样的话，你需要将debhttp://ftp.us.debian.org/debian stretch main contrib添加到/etc/apt/sources.list中，然后执行apt-get update before，载入lxc包：

```
# apt-get install lxc1
```

在OpenSuSE中，使用下列命令：

```
# zypper install lxc
RedHat, Fedora:
```

在基于Red Hat/Fedora的系统中，添加Epel仓库：

```
# yum install epel-release
```

然后再安装下列软件包：

```
# yum install perl libvirt debootstrap
```

libvirt包提供了联网支持，debootstrap用于运行基于Debian的容器：

```
# yum install lxc lxc-templates tunctl bridge-utils
```

13.2.2　实战演练

lxc包向系统中添加了以下几条命令。

- ❑ lxc-create：创建lxc容器。
- ❑ lxc-ls：列出可用的容器。
- ❑ lxc-start：启动容器。
- ❑ lxc-stop：停止容器。
- ❑ lxc-attach：附着到容器的root shell。
- ❑ lxc-console：连接到容器中的登录会话。

在基于Red Hat的系统中，你需要在测试的时候禁用SELinux。在OpenSuSE系统中，你需要禁止AppArmor。通过yast2禁用AppArmor之后别忘了重启。

Linux容器分为两类：特权和非特权。特权容器是由root创建的，其底层系统拥有root权限。非特权容器是由普通用户创建的，只拥有该用户所具有的权限。

特权容器更容易创建，受支持的范围也更大，因为这种类型的容器不要求uid和gid映射、设备权限等。但如果用户或应用程序从容器中逃离（escape），它们将拥有主机系统所有的访问权限。

创建特权容器可以很好地验证所需要的软件包是否都已经安装妥当。在这之后，对应用程序使用非特权容器。

1. 创建特权容器

Linux容器最简单的上手方法就是下载一个包含在特权容器中的预构建发行版。lxc-create

13

命令会创建一个基础容器结构（base container structure），然后可以在其中添加定义好的Linux发行版。

`lxc-create`命令语法如下：

`lxc-create -n NAME -t TYPE`

选项`-n`定义了容器名称。在启动、停止或重新配置容器时需要用到该名称。选项`-t`定义了创建容器时使用的模板。`download`类型会将系统连接到包含预构建容器的仓库并提示下载容器。

这是体验其他发行版或创建依赖非主机Linux发行版的应用程序最简单的方法：

`$ sudo lxc-create -t download -n ContainerName`

`download`模板会从Internet检索可用的预定义容器列表并从中生成容器。该命令会显示出这些可用容器并提示相应的Distribution、Release和Architecture。你能够运行的容器必须和硬件所支持的Architecture相符。如果你的系统用的是Intel的CPU，那就没法运行Arm容器，但是你可以在配备了64位Intel CPU的系统上运行32位的i386容器：

```
$ sudo lxc-create -t download -n ubuntuContainer
...
ubuntu   zesty   armhf    default 20170225_03:49
ubuntu   zesty   i386     default 20170225_03:49
ubuntu   zesty   powerpc  default 20170225_03:49
ubuntu   zesty   ppc64el  default 20170225_03:49
ubuntu   zesty   s390x    default 20170225_03:49
---

Distribution: ubuntu
Release: trusty
Architecture: i386

Downloading the image index
Downloading the rootfs
Downloading the metadata
The image cache is now ready
Unpacking the rootfs


---
You just created an Ubuntu container (release=trusty, arch=i386,
variant=default)
To enable sshd, run: apt-get install openssh-server
For security reason, container images ship without user accounts and
without a root password.
Use lxc-attach or chroot directly into the rootfs to set a root password or
create user accounts.
```

你可以根据当前使用的发行版创建容器，这只需要选择和该发行版匹配的模板就行了。/usr/share/lxc/templates中定义了各种模板：

```
# ls /usr/share/lxc/templates
lxc-busybox    lxc-debian    lxc-download ...
```

选择对应的模板，然后运行lxc-create命令就可以为当前发行版创建容器了。下载及安装过程要花费几分钟时间。下面的例子略去了大部分安装和配置信息：

```
$ cat /etc/issue
Debian GNU/Linux 8
$ sudo lxc-create -t debian -n debianContainer
debootstrap is /usr/sbin/debootstrap
Checking cache download in /var/cache/lxc/debian/rootfs-jessie-i386 ...
Downloading debianminimal ...
I: Retrieving Release
I: Retrieving Release.gpg
I: Checking Release signature
I: Valid Release signature (key id
75DDC3C4A499F1A18CB5F3C8CBF8D6FD518E17E1)
...
I: Retrieving Packages
I: Validating Packages
I: Checking component main on http://http.debian.net/debian...
I: Retrieving acl 2.2.52-2
I: Validating acl 2.2.52-2
I: Retrieving libacl1 2.2.52-2
I: Validating libacl1 2.2.52-2

I: Configuring libc-bin...
I: Configuring systemd...
I: Base system installed successfully.
Current default time zone: 'America/New_York'
Local time is now:      Sun Feb 26 11:38:38 EST 2017.
Universal Time is now:  Sun Feb 26 16:38:38 UTC 2017.

Root password is 'W+IkcKkk', please change !
```

上述命令会从包管理器定义的仓库中生成一个新的容器。在使用容器之前，必须先启动容器。

2. 启动容器

lxc-start命令可以启动容器。和其他lxc命令一样，必须提供要启动的容器名称：

```
# lxc-start -n ubuntuContainer
```

容器在启动过程中有可能会挂起并输出像下面这样的错误信息。这是由于容器在启动时尝试在不具备图形化支持的客户端上执行图形相关的操作（例如显示启动画面）：

```
<4>init: plymouth-upstart-bridge main process (5) terminated with
status 1
...
```

你可以不去管它，等待这些错误信息超时，或是禁用启动画面。具体的禁用方法在不同的发行版中各不相同。相关文件可能存放在/etc/init中，但也可能不在。

13

有两种方法可以进入容器。

❑ lxc-attach：可以直接附着到容器中的root用户。

❑ lxc-console：打开终端，进入容器中的登录会话。

直接附着到容器中的root用户，创建新用户：

```
# lxc-attach -n containerName
root@containerName:/#
root@containerName:/# useradd -d /home/USERNAME -m USERNAME
root@containerName:/# passwd USERNAME
Enter new UNIX password:
Retype new UNIX password:
```

然后使用lxc-console命令，以之前创建的非特权用户或root用户身份登录：

```
$ lxc-console -n containerName
Connected to tty 1
Type <Ctrl+a q> to exit the console,
<Ctrl+aCtrl+a> to enter Ctrl+a itself
Login:
```

3. 停止容器

lxc-stop命令可以停止容器运行：

```
# lxc-stop -n containerName
```

4. 列出现有容器

lxc-ls命令可以列出当前用户可用的容器名称。这些容器只是当前用户所拥有的，并非系统中所有的容器：

```
$ lxc-ls
container1Name container2Name...
```

5. 显示容器信息

lxc-info命令可以显示容器信息：

```
$ lxc-info -n containerName
Name:   testContainer
State:  STOPPED
```

该命令只会显示单个容器的信息。我们可以利用第1章中讲过的shell循环显示出所有的容器信息：

```
$ for c in `lxc-ls`
do
lxc-info -n $c
echo
done
Name: name1
```

```
State: STOPPED

Name: name2
State: RUNNING
PID: 1234
IP 10.0.3.225
CPU use: 4.48 seconds
BlkIO use: 728.00 KiB
Memory use: 15.07 MiB
KMem use: 2.40 MiB
Link: vethMU5I00
 TX bytes:  20.48 KiB
 RX bytes:  30.01 KiB
 Total bytes:  50.49 KiB
```

如果容器处于停止状态，则不会有状态信息输出。正在运行的容器会记录其CPU、内存、磁盘、I/O以及网络使用信息。这个工具可以让你监视最活跃的容器。

6. 创建非特权容器

非特权容器推荐用于普通用途。错误配置的容器或应用程序有可能会导致容器失控。因为容器使用的是内核的系统调用，如果容器是以root权限运行，那么系统调用的权限同样也是root。但非特权容器使用的是普通用户权限，因此要更安全。

主机必须支持Linux控制组（Linux Control Group）以及uid映射才能够创建非特权容器。Ubuntu发行版本身已经包含了这方面的支持，其他发行版需要自行添加。有些发行版中并没有cgmanager包。这个包是启动非特权容器的前提条件：

```
# apt-get install cgmanager uidmap systemd-services
```

启动cgmanager：

```
$ sudo service cgmanager start
```

Debian系统可能还需要启用克隆支持。如果在创建容器时出现chown错误，使用下面的命令来解决：

```
# echo 1 > /sys/fs/cgroup/cpuset/cgroup.clone_children
# echo 1 > /proc/sys/kernel/unprivileged_userns_clone
```

允许创建容器的用户名必须包含在/etc下的映射表中：

```
$ sudo usermod --add-subuids 100000-165536 $USER
$ sudo usermod --add-subgids 100000-165536 $USER
$ sudo chmod +x $HOME
```

上述命令将用户添加到User ID和Group ID映射表中（/etc/subuid和/etc/subgid）并将范围在100 000至165 536之间的UID分配给该用户。

13

接下来，设置容器的配置文件：

```
$ mkdir ~/.config/lxc
$ cp /etc/lxc/default.conf ~/.config/lxc
```

将下面两行添加到~/.config/lxc/default.conf：

```
lxc.id_map = u 0 100000 65536
lxc.id_map = g 0 100000 65536
```

如果容器支持网络访问，将下面一行添加到/etc/lxc/lxc-usernet，该行定义了谁能够访问网桥：

```
USERNAME veth BRIDGENAME COUNT
```

在这里，`USERNAME`是容器的所有者。`veth`是虚拟以太网设备的常用名称。`BRIDGENAME`是`ifconfig`显示的名称，一般是`br0`或`lxcbro`。`COUNT`是允许的并发连接数：

```
$ cat /etc/lxc/lxc-usernet
Clif veth lxcbr0 10
```

7. 创建网桥

容器不能直接访问以太网适配器。它需要在虚拟以太网和真实以太网之间搭建一个桥梁。最近的Ubuntu发行版会在安装lxc包的时候自动创建网桥。Debian和Fedora需要手动创建网桥。在Fedora中创建网桥时，首先需要使用libvirt包创建虚拟网桥：

```
# systemctl start libvirtd
```

然后，编辑/etc/lxc/default.conf，将其中的引用由lxcbr0改为virbr0：

```
lxc.network_link = virbr0
```

如果你已经创建好了容器，按照上面的方法修改容器的配置文件。

在Debian系统中创建网桥时，必须编辑网络配置文件以及容器配置文件。

编辑/etc/lxc/default.conf，将默认值为empty的配置项注释掉，然后加入lxc网桥的定义：

```
# lxc.network.type = empty
lxc.network.type = veth
lxc.network.link = lxcbr0
lxc.network.flage = up
```

接下来，创建网桥：

```
# systemctl enable lxc-net
# systemctl start lxc-net
```

经过这些设置之后，新创建的容器就可以联网了。将lxc.network这几行加入到已有容器的配置文件中，就可以为其添加网络支持。

13.2.3　工作原理

lxc-create命令所创建的容器是一个目录树，其中包含了配置选项以及容器的根文件系统。特权容器位于/var/lib/lxc。非特权容器位于$HOME/.local/lxc：

```
$ ls /var/lib/lxc/CONTAINERNAME
config rootfs
```

你可以通过编辑容器顶层目录下的config文件来检查或修改容器的配置：

```
# vim /var/lib/lxc/CONTAINERNAME/config
```

rootfs目录中包含的就是容器的根文件系统。其内容正是运行中的容器的根目录（/）：

```
# ls /var/lib/lxc/CONTAINERNAME/rootfs
Bin   boot cdrom dev  etc  home  lib  media mnt  proc
Root  run  sbin  sys  tmp  usr  var
```

你可以通过添加、删除或修改rootfs目录中的文件来改变容器的内容。例如，要想运行Web服务，容器可以利用包管理器来安装基本的Web服务，通过将文件复制到rootfs目录来提供服务所用到的实际数据。

13.3　使用 Docker

lxc容器非常复杂，不易使用。这就催生出了Docker。Docker使用了相同的Linux底层功能（namespaces和cgroups）来创建轻量级容器。

Docker只正式支持64位系统，对于遗留系统来说，lxc是一种更好的选择。

Docker容器和lxc容器的主要区别在于前者通常只使用一个进程，而后者要使用多个。要部署一个带有数据库支撑的Web服务器，你需要至少两个Docker容器：一个用于Web服务器，另一个用于数据库服务器。如果使用lxc容器的话，一个就够了。

Docker的设计哲学使得我们很容易从小的构建块（building block）入手来构造系统，但也增加了开发构建块的难度，因为在完整的Linux系统中（包括crontab表项），需要运行大量的工具来执行清理、日志回卷等操作。

创建好Docker容器之后，其行为在其他Docker服务器上也不会出现变化。这使得在云端或远程站点上部署Docker容器变得非常简单。

13.3.1　预备知识

大多数发行版中都没有安装Docker。它是通过自己的Docker仓库发布的。因此需要在包管理器中添加新的仓库以及校验和。

Docker在其主页上针对每种发行版以及不同的版本都给出了操作指南，请参阅http://docs.docker.com。

13.3.2 实战演练

首次安装好Docker之后，它并不会自动运行。你必须使用下列命令来启动服务器：

```
# service docker start
```

Docker命令有很多子命令，提供了各种功能。这些命令会查找Docker容器，然后下载并运行。下面给出了其中几个子命令。

- ❏ docker search：从Docker归档（Docker archive）中查找指定的容器。
- ❏ docker pull：将指定名称的容器拉取到系统中。
- ❏ docker run：运行容器中的应用程序。
- ❏ dockerps：列出正在运行的Docker容器。
- ❏ docker attach：附着到正在运行的容器。
- ❏ docker stop：停止容器。
- ❏ docker rm：删除容器。

Docker默认要求以root身份或是使用sudo执行docker命令。

每个命令都有相应的手册页。将命令名与子命令名用连字符连起来就是命令的手册页名。如果要查看docker search的手册页，使用命令man docker-search。

接下来将演示如何下载并运行Docker容器。

1. 查找容器

docker search命令会返回匹配指定关键字的Docker容器列表：

```
docker search TERM
```

这里，TERM是一个包含字母和数字的字符串（不支持通配符）。

下面的search命令返回了25个名称中包含指定字符串的容器：

```
# docker search apache
NAME                DESCRIPTION               STARS OFFICIAL    AUTOMATED
eboraas/apache      Apache (with SSL support) 70                [OK]
bitnami/apache      Bitnami Apache Docker     25                [OK]
apache/nutch        Apache Nutch              12                [OK]
apache/marmotta     Apache Marmotta            4                [OK]
lephare/apache      Apache container           3                [OK]
```

其中，STARS表示的是该容器的评级。返回的容器列表中，评价最高的容器排在最前面。

2. 下载容器

`docker pull`命令可以从Docker registry下载容器。默认情况下，它会从位于registry-1.docker.io的Docker公共registry中拉取数据。下载到的容器会被添加到本地系统，通常保存在/var/lib/docker：

```
# docker pull lephare/apache
latest: Pulling from lephare/apache
425e28bb756f: Pull complete
ce4a2c3907b1: Extracting [======================> ] 2.522 MB/2.522 MB
40e152766c6c: Downloading [==================>    ] 2.333 MB/5.416 MB
db2f8d577dce: Download complete
Digest:
sha256:e11a0f7e53b34584f6a714cc4dfa383cbd6aef1f542bacf69f5fccefa0108ff8
Status: Image is up to date for lephare/apache:latest
```

3. 启动Docker容器

`docker run`命令可以在容器中启动一个进程。该进程通常是bash shell，这使得你可以附着在容器上并启动其他进程。命令会返回一个定义了此次会话的散列值。

启动Docker容器时，会自动为其创建网络连接。

`docker run`命令的语法如下：

docker run [OPTIONS] CONTAINER COMMAND

命令支持的选项如下：

- ❑ `-t`：分配一个伪终端（默认不分配）。
- ❑ `i`：在处于未附着状态时仍旧打开交互式会话。
- ❑ `d`：以非附着方式启动容器（在后台运行）。
- ❑ `--name`：为容器实例分配名称。

下面的例子在之前拉取到的容器中启动了bash shell：

```
# docker run -t -i -d --name leph1 lephare/apache /bin/bash
1d862d7552bcaadf5311c96d439378617d85593843131ad499...
```

4. 列出Docker会话

`dockerps`命令可以列出当前运行的Docker会话：

```
# docker ps
CONTAINER ID   IMAGE            COMMAND     CREATED   STATUS   PORTS     NAMES
123456abc      lephare/apache   /bin/bash   10:05     up       80/tcp    leph1
```

选项-a可以列出系统中所有的Docker容器，不管这些容器是否正在运行。

5. 将输出附着在运行的容器上

docker attach命令可以将输出附着在正在运行的容器中的tty会话上。你需要在容器中具备root权限。

输入^P^Q，退出所附着的容器。

下面的例子中创建了一个HTML页面，然后在容器中启动了Apache Web服务器：

```
$ docker attach leph1
root@131aaaeeac79:/# cd /var/www
root@131aaaeeac79:/var/www# mkdir symfony
root@131aaaeeac79:/var/www# mkdir symfony/web
root@131aaaeeac79:/var/www# cd symfony/web
root@131aaaeeac79:/var/www/symfony/web# echo "<html><body><h1>It's
Alive</h1></body></html>"
    >index.html
root@131aaaeeac79:/# cd /etc/init.d
root@131aaaeeac79:/etc/init.d# ./apache2 start
[....] Starting web server: apache2/usr/sbin/apache2ctl: 87: ulimit: error
setting limit (Operation
    not permitted)
Setting ulimit failed. See README.Debian for more information.
AH00558: apache2: Could not reliably determine the server's fully qualified
domain name, using
    172.17.0.5. Set the 'ServerName' directive globally to suppress this
message
. ok
```

浏览172.17.0.5，会显示出内容为It's Alive的页面。

6. 停止Docker会话

docker stop命令可以终止正在运行的Docker会话：

```
# docker stop leph1
```

7. 删除Docker实例

dockerrm命令可以删除容器。在删除之前必须先将其停止。使用容器名或标识符都可以完成删除操作：

```
# dockerrm leph1
```

或者

```
# docker rm 131aaaeeac79
```

13.3.3　工作原理

Docker容器和lxc容器一样都利用了内核的`namespace`和`cgroup`支持。Docker起初只是lxc之上的一个软件层，但现在已经演化成为一个独立的系统。

Docker服务器的主要配置文件位于/var/lib/docker和/etc/docker。

13.4　在 Linux 中使用虚拟机

在Linux中使用虚拟机共有4种选择。前3种开源方案分别是KVM、XEN和VirtualBox。后一种商业方案是VMware，它提供了一个客居于（hosted）Linux系统的虚拟化引擎和一个能够运行虚拟机的可执行程序。

VMware支持虚拟机的历史比其他对手都要久。它支持Unix、Linux、Mac OS X和Windows作为宿主系统（host），Unix、Linux和Windows作为宾客系统（guest）。就商业应用而言，VMware Player和VMware Workstation是两种最佳选择。

KVM和VirtualBox是Linux中最流行的两个虚拟机引擎。KVM的性能要更好，但是要求CPU支持虚拟化（Intel VT-x）。如今大多数Intel和AMD的CPU都支持该特性。VirtualBox的优势在于跨平台：Windows和Mac OS X下也可以使用，便于将虚拟机挪到其他平台。VirtualBox不要求VT-x支持，因此既适合于遗留系统，也适合于现代系统。

13.4.1　预备知识

大多数发行版都支持VirtualBox，但未必在发行版的默认仓库中都包含该软件。

如果要在Debian 9上安装VirtualBox，需要添加virtualbox.org的仓库：

```
# vi /etc/apt/sources.list
## ADD:
deb http://download.virtualbox.org/virtualbox/debian stretch contrib
```

需要使用curl包来安装相应的密钥。如果还没有安装这个包，先安装，再添加密钥并更新仓库信息：

```
# apt-get install curl
# curl -O https://www.virtualbox.org/download/oracle_vbox_2016.asc
# apt-key add oracle_vbox_2016.asc
# apt-get update
```

更新过仓库之后，使用`apt-get`安装VirtualBox：

13

```
# apt-get install virtualbox-5.1

OpenSuSE
# zypper install gcc make kernel-devel
Open yast2, select Software Management, search for virtualbox.
Select virtualbox, virtualbox-host-kmp-default, and virtualbox-qt.
```

13.4.2 实战演练

安装好VirtualBox之后，开始菜单中会出现相应的菜单项，可能是在System或Applications/System Tools的下面。在终端中输入virtualbox或VirtualBox也可以启动软件的图形界面。

VirutalBox采用的图形用户界面使得我们很容易创建及运行虚拟机。在界面的左上方有一个名为New的按钮，可用于创建空白的新虚拟机。设置向导会提示你有关新虚拟机内存以及磁盘等方面的限制。

虚拟机创建好之后，Start按钮就可以点击了。默认会将虚拟机的CD-ROM连接到宿主机的CD-ROM。你可以将安装光盘放入CD-ROM，然后点击Start，开始在新虚拟机中安装操作系统。

13.5 云端的 Linux

使用云服务器的原因主要有两个。服务供应商采用了商业化的云服务（例如亚马逊的AWS），因为这可以使服务商根据需求量的大小轻松地增加或减少资源、节省成本。云存储供应商（例如Google Docs）允许用户使用任何设备访问及分享个人数据。

OwnCloud包可以将Linux服务器转换成私有云存储系统。你可以使用OwnCloud服务器作为公司私有的文件共享系统，或是用作手机、平板电脑的远程备份。

OwnCloud项目诞生于2016年。NextCloud服务器和应用有望采用和OwnCloud相同的协议，这使得两者可以实现数据的互换。

13.5.1 预备知识

运行OwnCloud要求事先安装好LAMP（Linux、Apache、MySQL、PHP）。所有的Linux发行版都支持这些包，只不过有些可能并没有默认安装。在第10章中，我们已经讲过了MySQL的安装与管理。

大多数发行版的仓库中并没有OwnCloud服务器。不过OwnCloud项目维护了自己的仓库，用于支持各种发行版。在安装之前，你需要自行添加OwnCloud仓库。

1. Ubuntu 16.10

可以按照下列步骤在Ubuntu 16.10上安装LAMP。对于其他基于Debian的系统，所使用的命令也差不多。只是包的名字在不同的发行版之间会有所不同：

```
apt-get install apache2
apt-get install mysql-server php-mysql
```

默认设置无法满足OwnCloud的安全要求。mysql_secure_installation脚本可以对MySQL作出相应的配置：

```
/usr/bin/mysql_secure_installation
```

配置OwnCloud仓库：

```
curl \ https://download.owncloud.org/download/repositories/stable/ \
Ubuntu_16.10/Release.key/'| sudo tee \
/etc/apt/sources.list.d/owncloud.list
```

```
apt-get update
```

设置好仓库之后，就可以安装并启动服务器了：

```
apt-get install owncloud
```

2. OpenSuSE Tumbleweed

可以使用Yast2在OpenSuSE上安装LAMP。打开yast2，选择Software Management，然后安装apache2、mysql和owncloud-client。

接着选中System标签，从中再选择Services Manager标签。确定mysql和apache2都已经启用且处于活动状态。

安装好OwnCloud之后就可以将你的工作同步到OwnCloud服务器上了。另外还需要安装服务器。

OwnCloud在安全方面的要求比默认设置要高。需要使用脚本mysql_secure_installation来配置MySQL：

```
/usr/bin/mysql_secure_installation
```

按照下面的步骤安装并启动OwnCloud服务器。前3条命令用于配置zypper，使其包含OwnCloud仓库。添加好仓库之后，就可以向平常那样安装OwnCloud包了：

```
rpm --import
https://download.owncloud.org/download/repositories/stable/openSUSE_Leap_42
.2/repodata/repomd.xml.key

zypperaddrepo
http://download.owncloud.org/download/repositories/stable/openSUSE_Leap_42
```

```
.2/ce:stable.repo

zypper refresh

zypper install owncloud
```

13.5.2　实战演练

安装好OwnCloud之后就可以配置管理员账户并添加用户了。安卓版的NextCloud app可以与OwnCloud服务器和NextCloud服务器通信。

配置OwnCloud

OwnCloud安装完毕之后，可以在浏览器中输入本地地址进行配置：

```
$ konqueror http://127.0.0.1/owncloud
```

一开始会提示输入管理员用户名和密码。登录之后就可以创建备份，在手机、平板电脑和计算机之间复制数据了。

13.5.3　补充内容

之前演示的安装过程适合用测试。OwnCloud和NextCloud都可以使用HTTPS会话（如果HTTPS可用的话）。启用HTTPS支持需要有X.509证书。

你可以从商业公司购买安全证书，然后制作供自己使用的自签名证书，或者也可以使用**Let's Encrypt**（http://letsencrypt.org）创建免费证书。

自签名证书足够测试用途了，但是大部分浏览器和手机App将其标为不可信任站点。Let's Encrypt是Internet安全研究小组（Internet Security Research Group，ISRG）提供的一项服务。由其生成的证书经过了完全注册，所有的应用程序都能够接受。

获取证书的第一步是验证站点是否属实。Let's Encrypt证书利用一个叫作自动证书管理环境（Automated Certificate Management Environment，ACME）的系统来完成验证。ACME系统会在你的Web服务器中创建一个隐藏文件，然后告诉证书认证机构（Certificate Authority，CA）这个文件的位置，CA会对此进行确认。这样就证明了你拥有该Web服务器的访问权，DNS记录的指向也没有问题。

如果你使用的是常见的Web服务器，例如Nginx或Apache，设置证书最简单的方法就是使用EFF（Electronic Frontier Foundation）的certbot：

```
# wget https://dl.eff.org/certbot-auto
# chmod a+x certbot-auto
# ./certbot-auto
```

该程序会添加新的软件包并将新证书安装到合适的位置。

如果你使用的Web服务器不太常见，或是采用了非标准化安装，getssl软件包的可配置程度更高。getssl软件包是一个bash脚本，它会读取两个配置文件来自动创建证书。可以从https://github.com/ srvrco/getssl下载该软件包并解压缩。

解压缩getssl.zip后生成一个名为getssl_master的目录。

生成和安装证书需要执行以下3个步骤。

(1) 使用`getssl -c DOMAIN.com`创建默认的配置文件。
(2) 编辑配置文件。
(3) 创建证书。

切换进getssl_master目录，创建配置文件：

```
# cd getssl_master
# getssl -c DOMAIN.com
```
将其中的DOMAIN替换成你自己的域名。

这一步会创建$HOME/.getssl和$HOME/.getssl/DOMAIN.COM目录并分别在其中生成文件getssl.cfg。这两个文件都必须得编辑。

编辑~/.getssl/getssl.cfg，加入你的电子邮件地址：

```
ACCOUNT_EMAIL='myName@mySite.com'
```
其余字段的默认值适用于大部分站点。

接下来编辑~/.getssl/DOMAIN.com/getssl.cfg。这个文件需要修改多个字段。

主要是要设置Acme Challenge Location（ACL）字段。ACME协议会尝试在http://www.DOMAIN.com/.well-known/acme-challenge中查找文件。ACL字段的值是该目录在系统中的实际位置。你必须创建.wellknown和.well-known/acme-challenge目录并设置所有权（如果这两个目录不存在的话）。

如果Web页面保存在/var/web/DOMAIN，你可以像下面这样做：

```
# mkdir /var/web/DOMAIN/.well-known
# mkdir /var/web/DOMAIN/.well-known/acme-challenge
# chownwebUser.webGroup /var/web/DOMAIN/.well-known
# chownwebUser.webGroup /var/web/DOMAIN/.well-known/acme-challenge
```

ACL设置类似如下：

```
ACL="/var/web/DOMAIN/.well-known/acme-challenge"
USE_SINGLE_ACL="true"
```

13

你还得定义证书的存放位置。该位置必须和Web服务器的配置相符。例如，如果证书被存放在/ver/web/certs，那么应该像下面这样设置：

```
DOMAIN_CERT_LOCATION="/var/web/certs/DOMAIN.crt"
DOMAIN_KEY_LOCATION="/var/web/certs/DOMAIN.key"
CA_CERT_LOCATION="/var/web/certs/DOMAIN.com.bundle"
```

另外还必须设置ACME协议的测试类型。只需要取消配置文件末尾两行的注释就行了。其默认值效果通常最好是：

```
SERVER_TYPE="https"
CHECK_REMOTE="true"
```

完成上述编辑步骤后，执行下列命令测试：

```
./getssl DOMAIN.com
```

该命令和之前第一个命令很像，但是不包含-c（create）选项。你可以不停地执行这条命令，直到解决出现的所有错误，得到想要的结果。

getssl脚本默认所生成的测试证书其实并不合法。这是因为Let's Encrypt为了避免出现滥用证书的现象，限制了真正的站点证书的生成数量。

如果配置文件没有问题，修改其中的服务器字段，将其改为实际的Let's Encrypt服务器：

```
CA="https://acme-v01.api.letsencrypt.org"
```

最后再运行一次带有-f选项getssl脚本，强制重建并替换掉之前的文件：

```
./getssl -f DOMAIN.com
```

你可能需要重启Web服务器或系统才能识别新的文件。

技术改变世界 · 阅读塑造人生

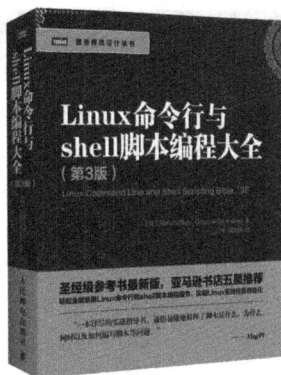

Linux 命令行与 shell 脚本编程大全（第 3 版）

◆ 圣经级参考书最新版，亚马逊书店五星推荐
◆ 轻松全面掌握Linux命令行和shell脚本编程细节，实现Linux系统任务自动化

作者： Richard Blum , Christine Bresnahan
译者： 门佳，武海峰

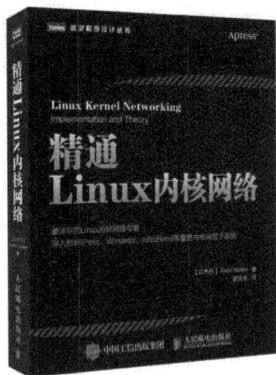

精通 Linux 内核网络

◆ 最详尽的Linux内核网络专著
◆ 深入剖析IPsec、Wireless、InfiniBand等重要内核网络子系统

作者： Rami Rosen
译者： 袁国忠

只是为了好玩：Linux 之父林纳斯自传

林纳斯唯一亲笔自传，充满各种笑料以及对技术和软件的严肃思考

作者： Linus Torvalds , David Diamond
译者： 陈少芸

技术改变世界 · 阅读塑造人生

C++ 性能优化指南

精选编程中频繁使用和能够带来显著性能提升效果的技术

作者: Kurt Guntheroth
译者: 杨文轩

Kafka 权威指南

◆ Kafka核心作者和业界一流一线人员共同执笔
◆ 全面介绍Kafka设计原理和架构细节

作者: Neha Narkhede, Gwen Shapira, Todd Palino
译者: 薛命灯

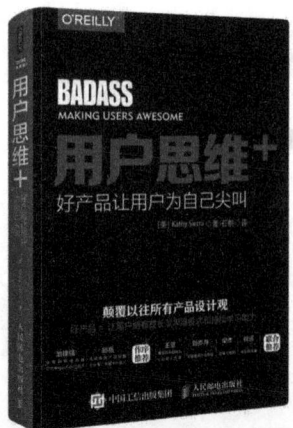

用户思维 +：好产品让用户为自己尖叫

◆ 颠覆以往所有产品设计观
◆ 好产品 = 让用户拥有成长型思维模式和持续学习能力
◆ 极客邦科技总裁池建强、公众号二爷鉴书出品人邱岳作序推荐
◆ 《结网》作者王坚、《谷歌和亚马逊如何做产品》译者刘亦舟、前端工程
   师梁杰、优设网主编程远联合推荐

作者: Kathy Sierra
译者: 石航